MANUEL

DU

LIMONADIER

ET DU

CONFISEUR.

MANUEL

DU

LIMONADIER

ET DU

CONFISEUR;

CONTENANT

Les meilleurs procédés pour préparer le café, le chocolat, le punch, les glaces, les boissons rafraîchissantes, liqueurs, fruits à l'eau-de-vie, confitures, pâtes, vins artificiels, pâtisseries légères, bière, cidre, etc.

Ouvrage utile, non-seulement aux Limonadiers, Confiseurs et Distillateurs. mais encore aux Droguistes, Herboristes, Chefs-d'office, Economes, et indispensable à toutes les personnes qui se font un délassement de confectionner et d'améliorer toutes les douceurs agréables dans les usages de la vie :

Par M. CARDELLI, CHEF D'OFFICE.

CINQUIÈME ÉDITION,

Entièrement refondue et considérablement augmentée.

PARIS,

A LA LIBRAIRIE ENCYCLOPÉDIQUE DE RORET,

RUE HAUTEFEUILLE, AU COIN DE LA RUE DU BATTOIR.

1830.

PRÉFACE.

Toujours empressé de satisfaire le public, nous avons, dans cette cinquième édition, étendu l'art du *Limonadier* et celui du *Confiseur ;* nous renvoyons au Manuel du *Distillateur liquoriste* pour tout ce qui ne se trouverait pas dans ce volume et qui serait relatif à cet art. Le premier contient, dans les plus grands détails, tout ce qu'il est nécessaire d'observer pour obtenir le meilleur café, le thé, le chocolat, les crêmes, les glaces, le punch, toutes les boissons aqueuses en général, les fruits à l'eau-de-vie, les ratafias de toute espèce.

Comme il serait trop long de rapporter ici toutes les préparations qui dépendent du confiseur, nous renverrons à la table des matières, il suffit d'un simple coup d'œil pour apercevoir qu'elles sont nombreuses.

Les officiers de bouche, les maîtresses de maisons, et généralement tous ceux qui désireraient confectionner tout ce qui peut y avoir quelque rapport, peuvent y puiser les véritables ainsi que les moins dispendieuses méthodes pour conserver les objets, aussi utiles qu'agréables, pendant la mauvaise saison et dans plusieurs autres circonstances de la vie.

Le succès des autres éditions nous est un sûr garant que celle-ci ne peut manquer d'être encore favorablement accueillie ; nous chercherons par tous les moyens à mériter de plus en plus les suffrages dont nous avons déjà eu souvent les preuves les plus marquées.

MANUEL

DU

LIMONADIER

ET DU CONFISEUR.

INTRODUCTION.

Si, dans les éditions précédentes du *Limonadier et du Confiseur*, nous avions eu l'intention d'exposer, le plus clairement possible, tout ce qui pouvait être relatif aux procédés à suivre pour la préparation du café, du chocolat, du punch, pour la confection des glaces, ou autres boissons agréables qui sont en usage dans les cafés ; dans celle-ci, qui est la cinquième, nous avons revu et entièrement refondu notre travail, dans l'espoir que, d'après l'exposé méthodique sur la meilleure manière de faire tout ce qui est relatif à l'art du limonadier, toute personne un peu intelligente pourrait parvenir à préparer pour elle, comme pour les autres, tout ce qui est du ressort et dans les attributions de ces divers établissemens.

Si le luxe et les changemens amenés par la suite des temps ont influé, d'une manière si brillante, sur la tenue des cafés de la capitale, nous n'en sommes pas éblouis ; tout y est pour l'enseigne et fasciner les yeux. En effet, à quoi peut servir une tasse en magnifique porcelaine dorée sur ses bords, dont l'épaisseur de la matière trompe encore sur sa capacité, si le café qu'on y verse toujours très chaud est sans goût, ou sans autre odeur que celle de la chicorée qui a servi à lui donner la belle couleur jaunâtre que la blancheur du vase rend encore plus brillante. Que peut ajouter de plus à du punch mal fait le bol en argent doré et les verres en cristal dans lesquels on le prend; la carafe lourde et épaisse faite du cristal le plus pur et le plus apparent pourrait-elle changer en rien la liqueur désagréable qu'elle renferme? Non, sans doute. Cependant, nous sommes bien éloignés de rejeter un certain luxe, une belle apparence, une grande propreté dans ces lieux destinés à servir aux délassemens, aux réunions amicales, aux rencontres imprévues : mais tromper ceux qui les fréquentent sur la confection des objets qui y sont de consommation journalière, ne peut et ne doit pas être toléré. Quand même l'intention des propriétaires de ces établissemens serait très-éloignée des vues qu'on pourrait leur supposer, les garçons chargés du laboratoire devant être sous leur surveillance continuelle, comment pourront-ils les diriger s'ils ne possèdent pas les connaissances relatives à la profession qu'ils exercent. Ainsi c'est autant pour les guider dans le choix des matières premières, que pour les éclairer sur leurs véritables intérêts, et ne fournissant aux habitués que des choses bonnes, agréables, salutaires, que nous avons réimprimé, pour la cinquième fois, ce Manuel. Puissions-nous avoir la satisfaction de les voir prospérer selon leur désir et celui du consommateur, nous aurions rempli notre but !

DES BAVAROISES.

Bavaroise à l'eau.

On attribue aux habitudes d'un prince bavarois l'origine du mot, qui, chez tous les limonadiers, sert à désigner une boisson plus ou moins chaude, extemporanée, et que l'on peut servir à toute heure : celle qui est préparée avec suffisante quantité d'une simple infusion théiforme, édulcorée avec plus ou moins de sirop de capillaire, est celle que l'on désigne partout sous le nom de *Bavaroise à l'eau.*

Bavaroise au lait.

Lorsqu'on fait le mélange avec la même infusion théiforme et partie égale de lait bouilli d'avance, toujours édulcorée avec le même sirop, on la nomme *Bavaroise au lait;* quelques-uns lui donnent encore un peu plus de consistance en y mêlant un peu de lait d'amandes.

On peut donner aux bavaroises tous les aromes désirables, en les édulcorant avec des sirops aromatisés d'une manière différente ; les uns choisissent celui de cannelle, d'autres celui de vanille, d'autres enfin celui de fleurs d'orangers.

Bavaroises à la grecque.

On les désigne ainsi lorsqu'avec une partie du suc exprimé des fraises dans leur pleine et entière maturité, on ajoute deux parties de celui du citron pour suffisante quantité d'eau ordinaire ; le tout édulcoré avec du sucre, ou du sirop simple ; ce qui fait alors une boisson légèrement acidule, extrêmement agréable.

DU BICHOPP.

On désigne ordinairement sous cette dénomination une boisson vineuse plus ou moins aromatique et spiritueuse, qui se prend chaude comme le punch, ou bien encore à la glace. On la prépare avec du bon vin rouge, et le plus communément avec du Bordeaux.

avec des oranges amères, connues sous le nom de *bigarades*, que l'on fait griller, et dont on exprime le jus pour le laisser infuser, pendant quelque temps, avec les zestes des mêmes oranges coupés le plus menu possible; on édulcore le vin avec suffisante quantité de sucre, et après l'avoir fait chauffer, on le verse sur le tout dans un vase de faïence pour terminer le mélange.

DE LA BIÈRE.

L'usage de la bière, actuellement presque général, en a fait établir partout la fabrication : quoique très-variable dans la quantité d'orge, de houblon et de toutes les autres substances qui servent à la confectionner, elle varie encore beaucoup plus dans les divers procédés suivis par les brasseurs pour l'obtenir. Presque toutes les petites bières, plus ou moins légères et mousseuses, sont beaucoup plus recherchées que les autres, et c'est avec juste raison; car, lorsqu'elles ont été brassées avec soin, sans précipitation, lorsqu'elles sont suffisamment aromatisées avec le houblon, qu'elles sont claires, limpides, d'un jaune brillant, beaucoup de personnes les recherchent et les supportent très-bien; elles les désaltèrent agréablement, provoquent l'urine, excitent une légère transpiration à la peau, et activent toutes les autres sécrétions; mais on ne peut les garder long-temps. Il faut donc, lorsque le débit est assuré, au moment des chaleurs, s'en approvisionner à l'avance, seulement pour n'en pas manquer, sans cependant en avoir une grande quantité; car elles fermentent continuellement, et passent très-promptement à l'état acide.

La bière forte se trouve de deux manières dans le commerce, blanche et brune; épaisse, trouble, le plus souvent faite avec de la drèche mal torréfiée, mal cuite, ou qui n'a pas subi le degré de fermentation nécessaire; alors, au lieu d'être une boisson saine et agréable, elle devient difficile à passer dans l'estomac; elle excite des nausées, des coliques, de la douleur en urinant, quelquefois même un écoulemeet plus ou moins abondant, occasionné par la levure qui est trop abondante : c'est même pourquoi ceux qui en font leur boisson habituelle prennent toujours, après en avoir bu, une quantité plus ou moins considérable d'eau-de-vie. Cependant cette bière se garde beaucoup plus long-temps que l'autre, surtout si on la colle avec précaution, et qu'on la laisse vieillir dans de bonnes futailles; mais, par son usage un peu long-temps continué, il survient relâchement dans tous les organes de la digestion, et le corps se surcharge d'embonpoint qui devient parfois aussi gênant qu'il est incommode.

La bière forte, qui serait bonne et bien préparée, pourrait remplacer le vin dans plusieurs circonstances. En Belgique, en Hollande, et surtout en Angleterre, elle est d'un usage si habituel, que la plus grande partie de la population ne boit pas autre chose : celle que l'on fabrique à Louvain est trop nourrissante, ce qui provient de la farine d'avoine ou de blé qu'on mêle avec la drèche. Quant au faro de Bruxelles, il enivre; son odeur et sa saveur piquante le rapprochent beaucoup des vieux cidres que l'on boit en Normandie. Le porter, quoique tonique et stimulant, produit l'ivresse d'une manière assez prompte, surtout si l'on n'en a pas l'habitude; ivresse désagréable, toujours accompagnée de vertiges et d'indigestion, qui dure plus long-temps que celle du vin, et dérange encore davantage toutes les facultés intellectuelles ; car tous ceux qui en font des excès long-temps continuels, ou trop souvent répétés, tombent dans un état d'abrutissement complet.

Pour améliorer la bière et lui donner une saveur assez agréable, on fait fondre dans une casserole, et sur un feu doux, sucre blanc, une demi-livre dans une pinte d'eau ; lorsqu'elle est bouillante, on y ajoute huit à dix clous de girofle, un demi-gros de cannelle, autant de badiane et une poignée de raisins secs : après quelques bouillons on laisse refroidir ; on y jette un peu de levure, et on laisse fermenter le tout pendant quatre heures, après l'avoir écumé et passé au tamis ou à la chausse, on tire la bière et on y mêle exactement une ou deux cuillerées à bouche pleine de cette mixture par chaque bouteille.

*

Pour la conserver un peu plus long-temps que d'habitude, il suffit d'y ajouter une verrée d'esprit-de-vin par quart ; et, lorsque, par vétusté, ou toute autre circonstance imprévue, elle a tourné ou passé à l'aigre, on parvient à la rétablir en mettant dans le quart six ou huit onces de bol d'Arménie broyée, un peu de craie ou des coquilles d'huîtres calcinées ; on s'assure ensuite par la dégustation si elle a perdu son acidité, et on soutire pour la mettre en bouteilles.

Bière céphalique.

Faire infuser à la chaleur de l'atmosphère, dans un vase contenant dix pintes de bière blanche et nouvelle, racine de grande valériane, dix onces, graine de moutarde, six onces ; serpentaire de Virginie, deux onces ; sommités de sauge et de romarin, de chaque trois onces : au huitième jour, passez la liqueur à la chausse, et mettez en bouteilles pour l'usage.

Bière de ménage.

Passer au tamis de crin, bonnes recoupes de froment, un boisseau ; les faire bouillir dans une chaudière avec suffisante quantité d'eau ordinaire, pour remplir un quart, en y ajoutant fleurs de sureau, une poignée ; houblon, deux poignées ; après l'ébullition nécessaire, retirez du feu, et, lorsque le tout est encore chaud, passez au tamis ou à la chausse pour remplir le tonneau ; délayez une verrée de levure pour la jeter dans l'intérieur, et l'agiter fortement avec un bâton ; la fermentation s'établit promptement, et au bout de huit jours on peut la mettre en bouteilles ; car, gardée plus long-temps dans le tonneau, elle deviendrait acide, tandis qu'en bouteilles on peut la conserver pendant l'année toute entière : on peut encore la rendre plus agréable à boire qu'elle ne l'est ordinairement, soit en y ajoutant, au moment de la mettre en tonneau, une livre de miel, ou deux livres de raisins secs, et même les deux ensemble mélangés à dose convenable.

Bière purgative.

Dans vingt-cinq pintes de bière brassée sans addition de houblon, faites infuser, pendant huit jours, à la chaleur de l'atmosphère, et lorsqu'elle fermente encore, polypode de chène, une livre; séné follicules, passerilles, rhapontic, de chaque quatre onces; racine de raifort sauvage coupée par tranches minces, rhubarbe concassée, de chaque une once et demie; quatre oranges coupées par tranches plus ou moins épaisses; au bout de la huitaine décantez la liqueur, et passez à la chausse pour mettre en bouteilles et conserver pour l'usage. On considère cette préparation comme anti-scorbutique.

DES BOISSONS AQUEUSES ACIDULES.

Nous comprenons sous cette dénomination diverses boissons qu'on peut confectionner avec le suc exprimé de quelques fruits agréables et acidules pour être employées de suite, principalement en été, au moment des grandes chaleurs.

Eau de cerises.

Avec deux livres de cerises acidules, dites de Montmorency, rouges, transparentes, bien mûres, dont on aura d'abord ôté les queues, ensuite les noyaux pour les conserver à part, on écrase la pulpe du fruit en y ajoutant un peu d'eau pour conserver dans un vase de faïence, après y avoir exprimé le suc d'un citron que l'on mêle exactement en agitant, pour laisser infuser pendant deux heures à la chaleur de l'atmosphère.

Après avoir bien lavé et nettoyé les noyaux on les pile, on les écrase avec huit onces de sucre et l'on ajoute le suc exprimé des cerises; passez et tirez le tout à clair, mettez le marc sous une presse, agitez la liqueur obtenue, laissez reposer ensuite pendant vingt minutes, passez à la chausse et conservez pour l'usage.

Eau de fraises.

Choisir les fraises les plus grosses et les plus mûres;

après les avoir mondées de leurs queues et des petites
feuilles qui les accompagnent, on les écrase, on les
broie en versant un peu d'eau par-dessus ; après deux
heures d'infusion, on passe le tout à la chausse ou au
tamis pour le tirer à clair ; on met le suc exprimé dans
une bouteille non bouchée que l'on expose ensuite pendant quelque temps à la chaleur du soleil ou devant le
feu, et mieux encore dans une étuve ; on en prend
un demi-setier qu'on met dans un vase de faïence et
sur lequel on verse une pinte d'eau en y ajoutant six
onces de sucre ordinaire, pour le battre en transvasant
alternativement d'un pot dans un autre ; on laisse ensuite rafraîchir et l'on conserve pour l'usage.

Eau de framboises.

Exprimez par le moyen d'un linge peu serré et assez
fort une certaine quantité de framboises bien mûres ;
après avoir laissé reposer, tirez à clair, et sur un demi-
setier versez une pinte d'eau ; édulcorez ensuite le
tout avec quatre ou six onces de sucre ; lorsque le mélange est exact, passez encore une fois à la chausse et
faites rafraîchir pour l'employer à volonté.

Eau de groseilles.

Après avoir choisi une livre et demie de groseilles
bien mûres, transparentes et fraîchement cueillies, on
les égrène, on les broie dans un mortier en roulant le
pilon pour ne pas écraser les pépins ; après avoir ajouté
quatre onces de framboises aussi écrasées, on ras-
semble le tout dans un vase de verre que l'on expose
pendant quelque temps aux rayons du soleil, ou à l'ardeur d'un feu très-clair pour mêler ensuite à dose convenable ; ordinairement l'on prend un demi-setier de
suc de groseilles par pinte d'eau dans laquelle on a fait
fondre auparavant quatre ou six onces de sucre ; après
avoir agité le tout en versant le liquide d'un vase dans
un autre pour que le mélange soit aussi exact que possible, on fait rafraîchir, pour passer et tirer à clair,
soit avec la chausse soit avec un tamis, en exprimant

encore le marc avec la presse, pour conserver et s'en servir au besoin.

On prépare de la même manière et en suivant les mêmes procédés *l'eau d'épine-vinette*, mais on n'y ajoute point de framboises.

LIMONADE.

Boisson aqueuse qui tire son nom de ce qu'on la faisait autrefois avec le suc exprimé des limons, fruits assez communs dans le midi ; beaucoup plus gros et plus jaunâtres que le citron ordinaire ; son écorce est aussi plus épaisse et beaucoup moins amère ; on en distingue deux espèces, le doux et l'acide ; le premier n'est employé que pour confire, c'est le second qui sert pour la limonade ; mais, comme ils ne sont pas assez communs, c'est au jus exprimé des citrons dans l'eau ordinaire que l'on édulcore avec du sirop à qui l'on donne le nom de limonade, boisson aqueuse assez agréable, principalement lorsqu'elle est bien faite.

Limonade à froid.

Après avoir choisi des citrons bien mûrs, on frotte le sucre sur leur surface afin d'en extraire l'huile essentielle aromatique qui s'en détache facilement par les frottemens réitérés, pour le jeter ensuite dans la quantité d'eau nécessaire, froide et préparée d'avance ; quelques-uns coupent le fruit par son milieu pour exprimer le suc qu'il contient dans son intérieur, d'autres le partagent par tranches minces après l'avoir dépouillé du zeste ; mais de quelque manière qu'on s'y prenne, ce n'est que de leur suc dont on a besoin en pareil cas, tout le reste ne fournit qu'une saveur amère, acerbe et désagréable au goût : quoi qu'il en soit, pour une pinte d'eau, on peut employer un, deux et même trois citrons, y ajouter aussi le suc exprimé d'une ou deux oranges bien mûres et douces, telle doit être une limonade faite à froid ; on y ajoute, pour la prendre, une certaine quantité de sucre ou de sirop simple, lorsqu'elle est bien faite, c'est une boisson aussi saine qu'agréable et utile dans beaucoup de circonstances.

Limonade à chaud.

Elle se prépare de la même manière, excepté qu'on fait bouillir l'eau ; après l'avoir retirée du feu et laissé refroidir, on y ajoute tous les ingrédiens comme dans la précédente. Quelques-uns se contentent de la verser dessus au moment de l'ébullition, ce qui ne fait pas une bien grande différence ; d'autres enfin expriment d'abord le suc des citrons et des oranges dans une théyère et jettent l'eau bouillante par-dessus, mais tout cela est indifférent.

Limonade vineuse.

Encore appelée *limonade au vin.* Sur une livre de sucre frotté sur la pellicule de deux citrons et mise au fond d'un vase de faïence ou de porcelaine, on verse suffisante quantité d'eau un peu chaude pour le faire fondre ; on ajoute ensuite deux bouteilles de bon vin rouge ou blanc ; on passe ensuite à la chausse pour tirer le tout à clair, le laisser refroidir, et le conserver pour l'usage.

Des limons ; manière d'en préparer le suc.

Après les avoir choisis bien mûrs et sans tache, on les coupe en travers dans leur longueur, on ôte les pépins, on les écrase dans un vase de faïence, pour les laisser ensuite fermenter pendant vingt-quatre heures ; après les avoir exprimés par le moyen d'un linge fort et peu serré, on les filtre encore sur le papier sans colle, parce que le suc de ces fruits est toujours un peu trouble et louche ; on le met dans des bouteilles que l'on ne ferme qu'après avoir versé dans le dessus un peu d'huile qui séjourne entre le bouchon et la liqueur ; on place le tout dans un endroit aéré et à l'abri de la lumière et de la chaleur. Lorsqu'on veut l'employer on soutire l'huile par le moyen d'une mèche de coton ou de papier gris ; c'est à l'aide de ce suc de limons conservé par ce procédé qu'on peut faire en tout temps la limonade véritable.

Orangeade.

Encore appelée *eau d'orange pour boisson*, se prépare de la manière suivante. Après avoir choisi une belle orange bien mûre, après en avoir enlevé la peau qui la recouvre, on la coupe par tranches longues et minces, pour la mettre dans un vase avec quatre onces de sucre et une pinte d'eau ; on exprime ensuite le suc de deux autres oranges dans lequel on mêle celui d'un citron pour les battre ensemble pendant quelque temps ; en transvasant d'un pot à un autre, après avoir passé le tout et tiré à clair, on fait rafraîchir pour l'usage ; c'est une boisson désaltérante assez agréable, et qui devrait même être employée beaucoup plus souvent qu'elle ne l'est pour l'ordinaire.

DU CAFÉ.

Graine du cafier, originaire de l'Arabie heureuse, un des fruits les plus précieux de la terre d'Yémen, d'où il fut transporté en 1454, d'abord en Turquie, ensuite à Londres, par un négociant, en 1652, et de là à Versailles par l'ambassadeur *Soliman-Aga* en 1669, où il fut de suite adopté avec délices par tout ceux qui eurent la possibilité de s'en procurer. Le cafier croît abondamment dans plusieurs contrées ; son fruit a une enveloppe commune à deux coques minces, ovales, étroitement unies par l'endroit de leur jonction ; elles contiennent chacune une demi-graine d'un vert tantôt pâle, tantôt jaunâtre, arrondie d'un côté, et sillonnée profondément de l'autre. Tout le café qu'on trouve dans le commerce est dépouillé de ces enveloppes ; il y en a de plusieurs espèces, que tous les amateurs doivent connaître ; d'abord le Martinique, le plus ordinaire et le plus commun de tous, d'une couleur verdâtre, assez gros et arrondi, dont la saveur est plus ou moins âcre ou astringente ; vient ensuite le café Bourbon, actuellement mieux apprécié, plus connu et meilleur que le premier, d'un jaune clair, dont les graines ne sont différentes du Moka que par la grosseur et l'égalité des grains ; quant au café

Cayenne, c'est une espèce très-bonne et très-aromatique, même sans avoir été brûlé ; mais le Moka l'emporte sur tous les autres. Beaucoup plus suave, plus agréable, délicieux sous tous les rapports, il tire son nom de l'endroit où il se vend ; car Moka n'en fournit qu'une très-petite quantité.

Trop heureux sont ceux qui peuvent se procurer la jouissance indéfinie de prendre du Moka dans toute sa pureté ; aussi rare qu'il est cher, on est forcé de le mélanger avec le Martinique, et, par le moyen d'une torréfaction appropriée à chacun d'eux, on produit encore un mélange excellent, qui deviendrait beaucoup meilleur avec le Cayenne plutôt qu'avec l'autre. C'est avec le Bourbon mélangé que les marchands de café en gros débitent le Moka ; quant au Martinique, il ne fournit rien que de médiocre ; on est obligé, pour l'améliorer, de le mélanger avec le Cayenne, ou mieux encore avec le Bourbon.

Le temps, les habitudes et le besoin ont donné des règles sûres et certaines pour torréfier convenablement le café ; cette opération, qu'une routine aveugle fait considérer comme très-simple, mérite cependant les plus grandes attentions ; car, dans les rues, dans les carrefours, on est tous les jours à même de juger de l'inhabileté des marchands ou des garçons limonadiers, qui le brûlent devant la porte ; le plus souvent ils le charbonnent, ou lui donnent une odeur noséabonde, en le soumettant au feu des débris de vieux tonneaux qui ont servi à contenir de l'huile à brûler, et recouverts d'une moisissure aussi épaisse que le bois. Sorti de leur brûloire ils le vannent, l'étalent au grand air, et laissent encore évaporer au nez du passant ce qu'il y a de plus précieux dans le café, plutôt que de le brûler à un feu clair de bois neuf, ou avec le charbon bien allumé, et le fermer hermétiquement, pour ne le moudre qu'à mesure qu'ils le débiteraient.

En effet, le meilleur café, fût-il du Moka, s'il n'est pas brûlé à point, est détestable ; refroidi, il doit être d'une belle couleur dorée, plutôt blonde que brune, jamais noire, car la plus petite quantité de grains charbonnés suffit pour communiquer à la masse entière une saveur particulière d'une amertume et d'une âcreté remarquable ; il serait même préférable en tout temps que le café fût plutôt *moins* que trop torréfié ; car les inconvéniens qui en résulteraient seraient encore beaucoup plus supportables au palais des amateurs qui ne peuvent assez recommander cette opération préliminaire, si essentielle pour ne pas le prendre avec répugnance, surtout à la suite d'un bon dîner ; c'est un malheur qu'il est souvent impossible de pouvoir réparer.

Il convient encore de ne moudre le café qu'à l'instant même où il faut l'employer, avec un moulin assez exactement serré pour le réduire en poudre grossière plutôt que trop fine, pour que l'eau le traverse et le pénètre plus facilement lorsqu'on veut l'obtenir ; le garder trop long-temps en poudre, fût-ce dans des flacons bouchés à l'émeri, il perd toutes ses propriétés aromatiques ; le mettre trop fin dans la cafetière, l'eau se refroidit, il faut alors le faire réchauffer ; l'un et l'autre de ces inconvéniens ne peuvent donner qu'une liqueur fade, sans saveur, qui n'est plus chargée d'aucuns principes spiritueux qu'aurait dû y laisser l'huile essentielle aromatique dont il est imprégné, après avoir été brûlé avec les précautions convenables.

Comme stimulant des organes de la digestion, le café à l'eau bien fait, bien préparé, devient d'une nécessité presque indispensable à tous ceux qui en ont contracté l'habitude ; il est pour eux un besoin réel dont leur estomac ne peut plus être privé, sans qu'ils soient assujettis à éprouver de la gêne, un mal-être ; un état de torpeur et même de l'insomnie ; et pour arriver à la privation absolue, ce n'est que peu-à-peu, et avec la précaution d'en diminuer insensiblement la dose, qu'ils peuvent parvenir à s'en passer entièrement.

En effet, dans tous ceux qui ont contracté l'habitude de cette liqueur et qui ne la prennent qu'avec modération, elle facilite la digestion, elle excite les fonctions de l'intelligence, de l'imagination, l'action des muscles, toutes les sécrétions perspiratoires ; elle convient parfaitement aux hommes de cabinet, qui font très-peu d'exercice corporel, à tous les êtres faibles. On a dit et répété qu'elle influait sur la durée de la vie ; Fontenelle et Voltaire pourraient prouver tout l'opposé.

On ne peut cependant pas nier que le café soit susceptible de produire quelques mouvemens nerveux dans les individus sujets à des affections fébriles, aux hémorrhoïdes, à l'hypochondrie ; mais le plus souvent aussi, on lui rapporte beaucoup d'incommodités passagères dont il est la cause fort éloignée ; car, quoi qu'on en dise, depuis bien long-temps et même depuis sa découverte, le café est une boisson aqueuse dont le besoin se fait sentir tous les jours de plus en plus, et qui est devenue pour ainsi dire *plébéienne* ; c'est aussi pourquoi le nombre des limonadiers augmente encore tous les jours, et s'étend d'une manière aussi incroyable ; le luxe avec lequel ces établissemens sont montés depuis quelque temps, devient presque effrayant ; il suffit de parcourir tous ceux de la capitale, pour en avoir une juste idée ; car, si, depuis la fondation du café Procope, en 1724, un siècle s'est écoulé, si tous les arts ont transformé, avec leur luxe et leur magnificence actuelle, ces premières tavernes où se prenait le café, en lieux qu'on croirait plutôt destinés à servir de boudoirs qu'à la réunion d'habitués à faire la partie, c'est à l'habitude presque indispensable de prendre la demi-tasse après dîner que cette métamorphose doit être attribuée.

Café à l'eau.

Toutes les fois qu'il ne s'agira que de le préparer en petite quantité, la meilleure manière de le faire est de se servir d'une cafetière à la *Dubelloi*, ou d'une cafetière *Morize*, pour l'obtenir par infusion en versant l'eau bouillante par-dessus au lieu de le soumettre à l'ébullition ; c'est même le seul moyen de lui conserver tout son arome ; brûlé depuis peu, moulu de suite, on le tasse légèrement, et on le laisse filtrer doucement pour le conserver chaud et bouillant jusqu'à ce qu'il

soit employé, soit avec addition de sucre et de lait
pour le déjeuner, soit à l'eau seulement avec ou sans
sucre après le dîner.

Avant l'invention des cafetières dont nous venons
de parler, la méthode, ou plutôt la routine que l'on
suivait dans sa préparation, consistait à verser avec
une cuiller le café réduit en poudre dans suffisante
quantité d'eau bouillante, pour l'éloigner et le rap-
procher alternativement du feu au moyen d'une cafetière ouverte; et, à mesure qu'il boursoufflait, on le
laissait ensuite reposer quelque temps pour le clarifier,
soit en y ajoutant un peu de corne de cerf, soit en y
jetant une petite quantité de colle de poisson : on le
tirait à clair, pour le servir ensuite aussi chaud qu'il
était possible. Vinrent ensuite les chausses faites avec
un morceau d'étoffe de laine taillé en forme de capu-
chon renversé, à travers lequel filtrait l'eau bouillante
en passant sur le café qui y était contenu : c'était du
café à la grecque : mais. dans l'une comme dans l'autre
de ces méthodes employées pour faire du café à l'eau,
il se rencontrait plusieurs inconvéniens graves qui les
ont fait abandonner; car, outre l'évaporation de la substance aromatique, le plus souvent il contractait un
goût, une saveur extrémement désagréable, ou l'on
se trouvait réduit à ne plus avoir rien autre chose que
sa teinture plus ou moins colorée, ce qui est un fort
mauvais breuvage.

Le plus ordinairement on associe le café à l'eau avec
le lait ou la crème pour déjeuner le matin, cette mix-
tion modère sa trop grande activité, et rend le lait plus
facile à digérer; lorsqu'on y ajoute la crème il faut augmenter la dose du café, à cause de la substance grasse
et butireuse qui s'y développe : mais après avoir dîné il
ne convient pas d'user de ce mélange ; son effet est bien
éloigné d'avoir tous les avantages qu'on lui attribue
ordinairement. Pris au commencement de la journée,
le café au lait, ou à la crème, est l'aliment le plus ac-
coutumé, souvent même le plus recherché par une
multitude infinie d'individus pour qui il serait bien difficile de s'en passer, à cause de l'action momentanée

qu'il imprime sur toute leur organisation , et qui , par l'habitude , leur devient un stimulant de première né-cessité. Ce n'est pas ici le lieu de s'occuper de ceux à qui le café est nuisible.

Mais, sur l'immense quantité de café en poudre qu'on est forcé d'employer dans les grands établissemens de limonadier, où il s'en fait tous les jours et à toute heure une consommation continuelle, on ne peut guère se passer de l'ébullition : trop heureux lorsque le marc bouilli plusieurs fois de suite, ou bien la racine de chicorée brûlée et réduite en poudre n'y est pas encore ajoutée à trop forte dose ; car , si cette dernière donne à la liqueur une belle couleur jaunâtre , elle lui com-munique aussi une amertume très-sensible, une sa-veur fort souvent désagréable, qui dénature entière-ment la qualité du café. Quoi qu'il en soit ; ce n'est que d'après toutes les qualités qu'il possède, après avoir été pulvérisé; qu'il convient de calculer la quantité d'eau bouillante qu'il faut verser dessus pour obtenir le nombre de tasses qu'il doit fournir pour être bon ; et si on le sert bien préparé comme nous l'avons indi-qué, presque bouillant, avec une dose de sucre con-venable , on n'aura plus rien à désirer en pareille cir-constance.

Le petit verre d'eau-de-vie qu'on demande au li-monadier, et qui accompagne ordinairement la demi-tasse, pour faire ce qu'on appelle trivialement *du gloria*, n'est qu'un accessoire exigé par les uns, ré-pudié par les autres ; il ne dépend que de l'assuétude, il est souvent un moyen mis en usage pour changer et dénaturer en quelque façon l'amertume ou l'âcreté du café à l'eau ; quoiqu'il ne puisse rien y avoir de bien nuisible dans un procédé semblable, on ne peut s'em-pêcher d'avouer que l'eau-de-vie associée à du café un peu chaud deviendrait, dans plusieurs circonstances, un stimulant trop actif pour l'estomac ; et ceux qui en font usage doivent y apporter les plus grandes atten-tions. Les effets du café, pris de cette manière, se font sentir beaucoup plus long-temps que si on l'eût pris sans addition d'une substance qui augmente encore son activité particulière sur tous les organes qui servent à la digestion.

Enfin, que le café soit considéré comme une boisson aussi agréable que salutaire pour l'homme qui en a l'habitude, comme un stimulant céphalique, fébrifuge, digestif, anti-soporeux pour quelques autres, qu'il excite l'imagination, la digestion dans le plus grand nombre, tous ces effets ne dépendent que de la manière dont il est préparé ; ainsi tous les limonadiers, pour obtenir ces avantages remarquables, qui sont une suite du bon café, doivent s'appliquer et faire tous leurs efforts, 1º à chercher d'une manière précise et invariable le degré de torréfaction, qui doit être tel que l'arome ne soit pas évaporé par une chaleur trop vive, mais qu'il soit au contraire parfaitement développé et maintenu dans une proportion convenable : 2º obtenir du café brûlé à point, un liquide concentré porteur de la substance aromatique et de la solution de son huile essentielle dans laquelle réside toute entière son action stimulante ou agréable ; 3º conduire les deux opérations précédentes de manière à ce que la saveur âpre et styptique qui se rencontre souvent dans le café ne soit jamais associée ou mélangée dans son infusion très-chaude et sucrée.

Telles sont les premières notions que doit avoir, et les attentions principales que doit apporter tout limonadier qui veut acquérir les connaissances théoriques pour bien faire le café ; elles exigent du savoir et surtout de l'expérience ; il est si difficile de les rencontrer dans un officier de bouche, et surtout dans une cuisinière, ainsi que dans beaucoup d'autres, que c'est même pourquoi, avec tout ce qui peut y avoir de meilleur en café en grain, on ne parvient le plus souvent qu'à obtenir une infusion mauvaise, pour ne pas dire détestable, que l'on décore du nom de café..... donc *c'est la façon de le faire qui fait tout*, a dit l'auteur de l'Almanach des gourmands, prenez les cafetières Morize et celles à la Dubelloi, supprimez l'ébullition et vous aurez déjà gagné beaucoup pour avoir du bon café.

Des pharmaciens s'étant occupés de la concentration du café, et des moyens de le réduire sous le plus petit volume possible, sans lui rien faire perdre de ses qualités (M. Roussel, rue de La Harpe, vis-à-vis celle Serpente, le vend sous le nom de *Conserve de Moka*), nous laisserons aux dégustateurs à juger si le café obtenu par ce procédé est aussi bon, aussi parfumé, aussi délicieux que celui qui serait brûlé avec toutes les précautions dont nous avons parlé ; il ne nous est pas permis de le juger.

DU CHOCOLAT.

Le chocolat, dans son origine, était une bouillie que les Américains préparaient avant l'arrivée des Espagnols, avec la farine du blé de maïs étendue dans une décoction de cacao faite avec l'eau chaude, assaisonnée avec le piment et colorée avec le roucou ; actuellement on désigne sous ce nom une pâte avec laquelle on confectionne des pains ou tablettes oblongues, dont le cacao est la base ; le sucre qu'on y ajoute ne sert qu'à l'édulcorer, et les substances aromatiques à le rendre plus facile à digérer.

Le cacao est une amande dont le germe se trouve placé à la grosse extrémité, tandis que dans celles de nos contrées il est à la plus petite, ou plutôt, c'est le fruit d'un arbre qui a une grande analogie avec le châtaignier, et extrêmement commun en Amérique ; les cosses qu'il produit sont cannelées, épaisses de trois ou quatre lignes et remplies par une trentaine d'amandes plus ou moins grosses, dont la pulpe est violacée, roussâtre, d'un goût acerbe et un peu amer. On distingue le cacao par les lieux d'où il tire son origine ; dans le commerce on le trouve sous les noms de cacao Caraque, de Cayenne, de Berbiche, de Sainte-Madeleine, de Saint-Domingue, qui tous diffèrent entre eux par des qualités particulières. Le meilleur est le Caraque, celui de Sainte-Madeleine ; celui de Berbiche est d'une couleur cendrée ; ce sont les plus communs ; tous les autres ne peuvent servir qu'à fabriquer le beurre de cacao.

Un mélange à partie égale fait avec le cacao Caraque, de Sainte-Madeleine et de Berbiche, donne ce qu'il y a de mieux dans la confection du chocolat; il est doux, onctueux, légèrement huileux; tandis qu'avec le Caraque seul il est sec, cassant, friable; tous les autres sont aussi âcres qu'ils sont gras.

La moisissure du Caraque, qui devrait paraître une avarie, ne lui est point assez nuisible pour qu'on ne doive pas l'employer dans cet état; la substance terreuse qui le recouvre ne vient que de la préparation qu'on lui fait subir en le terrant pour le dépouiller de son âcreté; tous les autres ne le sont pas; mais le chocolat que l'on fait avec n'en est pas moins bon.

Torréfaction du Cacao et de sa pâte.

Après l'avoir mondé avec le plus grand soin, après lui avoir ôté toutes ses écorces, on en prend une quantité plus ou moins considérable que l'on met dans un moulin en tôle, pour l'exposer sur un feu doux en le tournant continuellement et très-lentement, afin que la masse générale puisse chauffer sans brûler et se dépouiller entièrement de son odeur de moisi; toutefois qu'on brûle trop, le chocolat devient noirâtre, d'un brun foncé et d'un goût désagréable, par suite de la décomposition qui commence à survenir dans la substance grasse onctueuse que renferme le cacao. On le sort, et après l'avoir laissé refroidir et vanné, on en choisit une quantité que l'on pèse pour recommencer de le torréfier à un feu plus vif; lorsqu'il est luisant on s'arrête, et on vanne encore une fois. On a voulu essayer de faire le chocolat sans torréfier le cacao, mais c'est contre tous les principes, et l'expérience prouve qu'il perd toute son âcreté par la transsudation de l'huile, et qu'il devient beaucoup plus facile à réduire en pâte lorsqu'on vient à le broyer sur la pierre. Le second vannage achevé, on remplit un mortier de fonte avec des charbons incandescens, jusqu'à ce qu'on le juge suffisamment chaud; après l'avoir nettoyé et y avoir pilé le plus promptement qu'il est possible la masse entière, de manière à ce que le pilon posé dessus la puisse traverser par son poids seulement, alors le cacao étant devenu une pâte huileuse homogène, on incorpore l'un avec l'autre, et poids pour poids de pâte et de sucre ; on y ajoute une substance aromatique quelle qu'elle soit, telle que la vanille, le thym, la cannelle, le girofle, et l'on achève de piler le tout ensemble pour terminer en broyant sur la pierre. Partagé et placé dans des moules en fer-blanc que l'on agite en frappant par secousses réitérées jusqu'à ce que le tout devienne luisant, poli et égal, dans toute l'étendue du moule ; refroidi, on le sort pour l'envelopper dans des feuilles de papier blanc, et le conserver à l'abri de l'humidité.

Nous ne sommes entrés dans ces différens détails que pour faire sentir combien il est nécessaire d'apporter les plus grands soins, afin d'obtenir du chocolat qui soit aussi agréable au goût que facile à digérer. Mais combien l'on s'éloigne du véritable procédé ; que de noms inventés pour tromper la crédulité ; depuis l'expression de *chocolat de santé*, qu'on devrait beaucoup mieux appeler celui des *simples*, puisqu'il est sans arome, et qu'il devient par conséquent des plus difficiles à digérer, ceux de *façon de Paris*, *de Baïonne*, *de Milan*, *d'Analeptique* au *Salep de Perse*, etc., ne peuvent qu'induire dans les erreurs les plus nuisibles ceux qui se laissent tromper par les apparences.

On doit encore se féliciter d'avoir du chocolat à-peu-près bon, lorsqu'il n'y a que l'étiquette qui puisse établir la fraude ; mais c'est dans sa falsification qu'il est encore bien plus important de chercher les moyens de reconnaître s'il peut être plus ou moins nuisible. Outre la cassonnade, au lieu de sucre, on emploie les amandes en poudre, la farine, les fécules ; au lieu de vanille on se sert du storax ; quant à ce dernier moyen, pour peu qu'on connaisse la vanille on le distingue facilement ; il n'y a que l'épaississement ou plutôt la coagulation du liquide, qui devient comme une espèce de colle, qui puisse prouver que le chocolat est sophistiqué et incapable de remplir l'usage auquel on le destine.

Pour reconnaître si la préparation du chocolat a été bien faite, les tablettes doivent être d'un brun clair tirant plutôt sur le rouge que sur le noir; leur surface doit être lisse, brillante; et si au toucher avec les doigts la lucidité disparaît, si elle devient terne, on peut déjà avoir de fortes préventions contre sa bonté; sa cassure doit être unie, sans aspérités, il doit fondre doucement sur la langue, sans donner aucune odeur âcre ou piquante au nez; il ne doit développer aucune aigreur, aucune rancidité. Il est encore nécessaire qu'il ne soit pas vieux, mais confectionné depuis trois à quatre mois au plus, sans moisissure, ni piqûre de vers, comme on le rencontre lorsqu'il est vieux et qu'on y a mis une trop grande quantité de sucre; dans ce cas, au lieu d'être une substance tonique propre à relever l'énergie de l'estomac, à soutenir les forces vitales, le chocolat devient nuisible, et les rigueurs que l'on exercerait contre tous ceux qui se permettent de le vendre et de le débiter avec des qualités aussi délétères seraient justes; car ils mériteraient d'être poursuivis suivant toute la sévérité des lois.

Malgré toutes les préventions qu'on peut avoir contre le chocolat à la vanille, nous ne pouvons terminer sans le recommander encore plutôt de cette manière que de toute autre. Loin d'être échauffant, il est beaucoup plus facile à digérer: ne fût-il même qu'à demi-vanille, on devrait encore le préférer à celui dit *de santé*, et qui n'est associé à aucune substance aromatique capable d'exercer une action stimulante sur l'estomac.

Manière de préparer une tasse de chocolat.

Dans une chocolatière capable de contenir six onces d'eau, et placée sur le feu jusqu'au moment de l'ébullition, on jette le chocolat cassé par petits morceaux (quelques-uns le râpent, ou le coupent menu) pour le remuer jusqu'à ce qu'il soit complètement dissout; au bout de quelques minutes, retirez du feu et laissez reposer; faites chauffer encore un peu et agitez en tournant fortement avec la paume des mains un moussoir dentelé placé au milieu de la masse du liquide chargée de chocolat; lorsqu'il est bien mousseux, versez dans la tasse.

Pour le faire avec le lait, on met dissoudre la quantité de chocolat nécessaire dans deux ou trois onces d'eau d'abord, puis on y ajoute quatre, cinq, ou six onces de lait, et l'on fait mousser, comme nous l'avons dit, à l'instant de le verser dans la tasse pour le prendre intérieurement; et, si au lieu de lait on se sert de crême, on agite et l'on remue seulement le chocolat au lieu de le faire mousser.

On vante beaucoup le procédé suivant, connu sous le nom de *vacaca chinorum*, pour aromatiser soi-même le chocolat que l'on aurait sans addition d'autre substance odorante.

Après avoir broyé deux onces de cacao choisi, on y ajoute vanille et cannelle, de chaque, quatre gros; ambre gris, vingt-quatre grains; suc e, une once et demie, le tout en poudre très-fine; on fait une pâte à partager en pastilles plus ou moins grosses, et de douze grains au plus, pour en mettre une dans chaque tasse de chocolat.

Il fut un temps où le chocolat n'était en France qu'une matière aussi bonne que bien préparée pour servir de déjeuner à tous les vieillards, aux estomacs délabrés; les médecins le prescrivaient comme substance capable de remonter l'action des organes digestifs; on ne la rencontrait même que chez les pharmaciens; mais beaucoup d'autres personnes y ont pris goût; il en est résulté une vogue qui contre-balance celle du café. Plusieurs maisons ne fabriquent pas autre chose; tous les épiciers, droguistes, confiseurs, distillateurs vendent des chocolats où tout y entre, excepté le cacao; outre les pesanteurs, les difficultés de les digérer qu'ils occasionnent, on se trouve très-heureux de n'avoir rien autre chose à redouter d'une substance alimentaire qui pourrait occasionner des accidens beaucoup plus graves encore.

A l'instant où nous nous occupons de cet article du chocolat, nous devons faire connaître aux limonadiers

une notice encyclique des divers prix d'une manufac-
ture de chocolats par excellence, dont le magasin est
placé sur un des grands marchés de la capitale (celui
des Jacobins); son épigraphe latine, ses vingts sortes
de produits, ses façons diverses, leurs empreintes,
tout, jusqu'aux enveloppes, a été mis en œuvre pour
inspirer la confiance ; nous désirons même beaucoup
que les essais que chacun pourrait tenter d'en faire
puissent répondre aux prix énoncés dans la notice ;
comme il faudrait dépenser une somme assez forte pour
s'en convaincre, nous nous contenterons d'envoyer les
amateurs chez M. Auger, chocolatier de France, de
Russie et d'Autriche, breveté de plusieurs princes
français et étrangers. Outre ses huit sortes de chocolat
ordinaire, il en annonce plusieurs au salep de Perse,
au lichen d'Islande ; il en a même de gommeux, ainsi
que plusieurs autres à façon espagnole, italienne ; il
en a des portugais, des martinique ; enfin d'autres qui
sont sans sucre et sans aromates, en boîtes, en pastilles, pistaches, pilules, pralines, bâtons, crottes de
toute espèce, bouchons, saucisses, marrons, châ-
taignes, fruits divers, colliers, chapelets, rognons,
coquillages ; c'est une véritable encyclopédie de chocolats, qui finit par A. B. C. D. et par les bonbons du
peuple.

DU CIDRE.

Boisson assez bonne, lorsque le cidre est clair,
ambré, agréable au goût et à l'odorat, tiré des pommes
de plusieurs espèces combinées d'une manière convenable, et de manière à corriger le suc des unes par
celui des autres. Mais, comme il existe une multitude
infinie de causes qui font varier le cidre, ses qualités
dépendent essentiellement des fruits que l'on emploie
pour le faire ; tantôt ils sont doux, acides, acerbes ;
il n'est pas jusqu'au terroir où sont plantés les arbres
qui n'exerce une influence plus ou moins marquée sur
lui : si l'on y ajoute encore la manière de le faire, le
degré de fermentation qu'il a subi, le temps où il a été
fabriqué, les futailles dans lesquelles on l'a conservé ;

sa vétusté, on verra combien il est difficile d'avoir du cidre tel qu'on le désire.

En général, tout le cidre nouveau est assez doux, parce que le mucilage sucré des pommes y est encore dans son entier; aussi presque toujours il est difficile à digérer, il excite des éructations, des nausées : trop rapproché de l'état de moût, il est souvent purgatif; mais à mesure qu'il vieillit, il devient piquant, il se charge d'une amertume légère et d'une acidité assez agréable : c'est alors le cidre *paré*, tel qu'on le boit en Normandie. Dans cet état, il est nutritif et bon.

Tout le cidre qui a été soutiré peu de temps après avoir été fait, et lorsqu'il est devenu clair, reste sucré et devient mousseux ; celui d'Isigny est dans ce cas; quoique bon, lorsqu'on veut en faire sa boisson habituelle, il est bien loin de valoir le cidre paré. Quant à celui qui est préparé avec des pommes de bonne qualité, et que l'on désigne sous le nom de *gros cidre*, ce n'est qu'une année après qu'il a été fait qu'il devient paré. La matière sucrée et mucilagineuse qu'il renferme est si peu abondante, que l'esprit-de-vin y domine, et il est extrêmement fort ; il porte une action stimulante très-marquée sur l'estomac; l'ivresse qu'il occasionne dure très-long-temps; et, souvent répétée, elle serait dangereuse ; c'est pourquoi on le coupe avec de l'eau en suffisante quantité, pour lui donner la force convenable, quelques jours avant de le mettre en usage.

Le petit cidre n'est pas susceptible de devenir nuisible à la santé, surtout lorsqu'il est récent; mais la quantité d'eau qu'il contient le rend faible, léger et assez rafraîchissant. Dans le commerce, on le falsifie non-seulement en y ajoutant de l'eau, mais encore des substances colorantes, telles que des infusions faites avec la fleur de coquelicots, avec les merises desséchées au four, avec l'hièble, le sureau en grains : celui qu'on débite à Paris n'est doux que parce qu'on y ajoute du sirop de cidre ou de miel; aussi reste-t-il mousseux et doux pendant presque toute l'année; et il est généralement difficile à digérer.

Comme les limonadiers n'en ont pas dans leur établissement, nous ne dirons rien du poiré, sinon qu'il est plus acide et plus spiritueux que le cidre ; qu'il est impossible de le conserver pendant long-temps, et qu'en le voyant tous les jours débiter sur le comptoir des marchands de vin, mélangé avec un tiers de vin blanc, il n'est pas étonnant de remarquer l'ivresse survenir promptement chez ceux qui en font usage le matin à jeun ; les accidens qui en résultent, les douleurs d'entrailles, les coliques abdominales, et, par suite, l'hydropisie, sont presque inévitables en pareil cas ; les mesures à prendre pour empêcher cet abus ne pourraient jamais être assez sévères. Mais le moyen de parvenir à découvrir la fraude !

DES GLACES.

Par le moyen de la glace ordinaire, à laquelle on ajoute un tiers de sel commun, afin d'augmenter l'intensité du froid momentané dont on a besoin pour confectionner ce qu'on désigne sous le nom de *glaces*, les limonadiers obtiennent et administrent la congellation de diverses substances et des sucs de plusieurs végétaux, de ceux des fruits, celle des crèmes qui leur sont demandées en tout temps, mais particulièrement dans les soirées des jours où les chaleurs se sont fait sentir. Pour remplir leur objet, ils emploient des sabotières (quelques-uns les appellent *salbotières*, d'autres *sorbetières*) de fer-blanc ou d'étain : on doit même préférer ces dernières, parce que les sucs des fruits qui y sont contenus, se trouvant bien moins vîte saisis par le froid, peuvent laisser le temps d'agiter et de remuer ce qui doit servir à faire une glace, et lui donner par conséquent quelque chose de plus onctueux et de plus agréable au goût ; tandis que dans celles de fer-blanc les glaçons étant formés beaucoup plus vîte et plus gros, on est obligé de la casser continuellement, et d'augmenter la quantité de sucre ; aussi le goût de la glace qu'on en obtient n'est jamais aussi agréable.

Après avoir rempli avec le suc exprimé des fruits, ou tout autre ingrédient dont on désire avoir une glace, les sabotières, on les plonge dans un seau construit en bois de chêne, plus élevé qu'elles de six à huit pouces au moins, avec un trou dans son fond fermé avec une bonde ; on les tient un peu éloignées les unes des autres, et on remplit le seau et tout leur pourtour avec de la glace pilée et mélangée de sel : pour accélérer la confection des glaces, on double la quantité du sel, l'on tourne et l'on agite plus ou moins fortement les sabotières ; on remue, on détache avec une spatule de fer-blanc ce qu'elles contiennent, et on ne les retire que pour les servir de suite dans des petits verres de cristal à pied. On leur donne le plus ordinairement une forme pyramidale: on leur fait aussi prendre la figure de toutes sortes de fruits ; mais, pour les obtenir, on emploie des moules d'étain qu'on remplit de la liqueur dont on désire leur donner le goût et l'arome, en les fermant hermétiquement avec du mastic composé de quatre onces de saindoux, deux onces de cire jaune, et autant de poix-résine. Ces précautions prises, on les plonge dans le seau rempli avec la glace et le sel, en les remuant avec une spatule de bois pendant une demi-heure ou trois quarts d'heure, jusqu'à ce qu'ils soient entièrement pris et gelés. Après avoir été retirés du moule, au moyen de l'eau chaude dans laquelle on les plonge pendant quelques minutes, on les colore d'après les procédés connus. Mais, lorsqu'on désire leur donner encore quelques degrés d'un moelleux et d'une onctuosité plus marquée, on fait d'abord prendre à moitié la matière qui doit servir à les former dans la sabotière, on en remplit ensuite les moules à fruits, pour les replonger et les maintenir dans la glace jusqu'à ce qu'on soit arrivé au moment de les servir.

Glaces à l'abricot.

Choisir trente abricots de plein vent, bien mûrs, et bien jaunes ; ôter les noyaux, les couper par morceaux plus ou moins gros, après les avoir mis dans une bassine exposée sur le feu, les faire bouillir pendant quelques minutes dans une chopine d'eau, les retirer, les jeter sur un tamis de crin, afin d'en exprimer toute la pulpe et la recevoir dans une terrine, dans laquelle on ajoute demi-livre de sucre fondu dans l'eau ; mettre ensuite ce mélange dans la sabotière pour le glacer. Avec des moules d'étain ayant la forme du fruit, si l'on désire l'obtenir glacée, on introduit dans leur milieu une amande de l'abricot, on remplit avec la pulpe, on fait glacer ; et, après les avoir retirés des moules, on les colore en jaune avec la liqueur safranée, et, au moyen de la solution faite du carmin, on leur donne les nuances convenables.

Glaces à l'amande.

Jeter dans l'eau fraîche, et non pas chaude, comme on le fait habituellement, amandes amères, cinq onces ; amandes douces, dix onces ; les y laisser séjourner pendant six ou huit heures pour les dépouiller de leur écorce ; les piler ensuite dans un mortier de marbre, en y ajoutant quelques cuillerées d'eau de fleurs d'orangers : la pâte achevée, versez et étendez-la avec huit onces de lait ; passez ensuite avec expression ; mettez sur un feu doux huit onces de lait, et autant de crème dans une bassine ; agitez continuellement avec une spatule en bois, pour y faire fondre douze onces de sucre ; mêlez le lait d'amandes, et, lorsque le tout est arrivé à une épaisseur convenable, laissez refroidir, pour glacer par les procédés ordinaires.

Glaces aux amandes.

Faire fondre huit onces de sucre dans trois demi-setiers d'eau, en y jetant la même quantité d'amandes que ci-dessus, et préparées de la même manière : après les avoir fait praliner, on les retire pour les laisser refroidir ; on les pile ensuite en les arrosant d'eau de fleurs d'orangers, pour continuer l'opération comme dans la précédente, en ajoutant le reste du sucre avec le lait et la crème.

Glaces à l'ananas.

Prendre quatre ananas bien frais et bien mûrs, les râper et les mettre infuser, pendant trois heures, dans une livre de sucre clarifié et cuit au petit lissé, afin qu'il s'imprègne bien de la partie aromatique du fruit; ajoutez ensuite le suc de deux citrons; passez le tout à l'étamine ou au tamis, en pressant avec une spatule de bois; afin d'extraire toute la pulpe des ananas; on peut même y ajouter une verrée d'eau, pour faire ensuite comme d'habitude.

Avec des moules d'étain établis sur la forme primitive du fruit, on fait les glaces absolument pareilles aux ananas, en les remplissant avec sa substance préparée, comme nous venons de l'indiquer.

Glaces aux avelines.

Prendre une livre d'avelines, les casser, en tirer les amandes et les praliner avec une demi-livre de sucre, les griller, et, après les avoir laissé refroidir, les piler pour les réduire en poudre; les délayer ensuite dans un poêlon avec neuf jaunes d'œufs bien frais et une pinte de crème double; faire cuire sur un feu doux : lorsque le tout est pris à point, on passe à l'étamine pour faire glacer.

Glaces à la bigarade.

Dans une livre et demie de sucre clarifié et cuit au lissé, mettre infuser les zestes de deux bigarades, et y en ajouter six autres avec quatre citrons pour les passer avec expression ; après avoir laissé infuser le tout pendant une heure, tirez ensuite à clair en passant au tamis de soie, pour faire glacer dans la sabotière.

Glaces au café.

Torréfier d'une belle couleur cannelle, bon café, sept onces ; après l'avoir réduit en poudre, on le conserve dans un vase. Après avoir mis sur le feu une bassine, on y jette dix onces de crème, trente onces de lait, et sucre quinze onces, pour le faire bouillir; lorsque le tout commence à s'épaissir, on le verse sur le café, qu'on remue et qu'on agite avec une cuiller;

après l'avoir couvert, on le laisse refroidir et on le passe à travers un tamis, ou bien un linge clair, et faire glacer après par les procédés ordinaires.

Glaces au café à l'italienne.

Faire bouillir crême double, une pinte; retirée du feu, on la garde dans le coin du fourneau dans la casserolle; y ajouter un quarteron de café; couvrir et laisser infuser pendant deux heures : prendre dix œufs frais, séparez les blancs d'avec les jaunes, fouettez les blancs seulement à moitié; passez la crême à travers un tamis, la mêler avec les blancs d'œufs, y ajouter une demi-livre de sucre; faire cuire à petit feu; laisser épaissir et la retirer pour la passer au tamis, et faire glacer à la manière accoutumée.

Glaces au café à l'eau.

Faire du café à l'eau comme il est d'habitude de le prendre ; la dose du café moulu à employer est de quatre onces pour une chopine d'eau bouillante; après l'avoir laissé éclaircir ou passé à la chausse pour l'avoir de suite, on prépare dix jaunes d'œufs que l'on détrempe avec une pinte de crême double, et on y ajoute le café bien clair; édulcorez ensuite avec douze onces de sucre; mettez sur le feu pour lui faire prendre consistance, laissez refroidir, passez de nouveau à l'étamine et faites glacer.

Glaces à la cannelle.

Piler dans un mortier de marbre, et avec un peu de sucre, cannelle choisie, six gros, à faire bouillir ensuite avec quinze onces de sucre blanc, trente onces de lait ordinaire et dix onces de crême : lorsque le tout commence à s'épaissir, on le passe à travers un tamis ou une chausse, on laisse refroidir pour glacer ensuite par les procédés ordinaires.

Glaces aux cédrats.

Râper quatre cédrats bien frais et bien mûrs, les mettre ensuite sur le feu, dans une bassine, avec quinze onces de sucre, trois onces de lait et dix onces de crème ; remuez et agitez le mélange en le laissant bouillir, jusqu'à ce qu'il ait pris une consistance convenable ; passez ensuite au tamis, et laissez refroidir. De cette espèce de glace on peut confectionner des fromages, lui donner la forme du fruit avec des moules d'étain qui en auraient l'empreinte, en suivant les procédés que nous avons indiqués ; sortis du moule on les colore avec la solution de safran étendue dans l'eau.

Glaces à la cerise.

Prendre deux livres de cerises choisies et bien mûres, leur ôter les queues, en extraire les noyaux ; égrener trois onces de groseilles et mettre le tout dans un poêlon, en ajoutant quatre onces de sucre ; faire bouillir pendant quelques minutes, les jeter ensuite sur un tamis de crin posé sur une terrine pour extraire la pulpe par compressions successives faites avec une spatule de bois, de manière à ce qu'il ne reste plus sur ce tamis que les pellicules des cerises ; piler une poignée des noyaux et les faire infuser pendant une heure dans une verrée d'eau-de-vie ordinaire, acidulée avec le jus de deux citrons ; achevez le mélange avec une livre de sucre cuit au petit lissé, et l'infusion des noyaux tirée à clair ; agitez avec une cuiller de bois pour ne le mettre dans la sabotière qu'à l'instant de faire glacer.

Glaces au chocolat.

Faire bouillir jusqu'à ce qu'il soit parvenu à une épaisseur convenable, bon chocolat râpé, huit onces, étendu dans trente onces de lait et dix onces de crême, après y avoir ajouté dix onces de sucre blanc, en remuant et agitant avec une spatule ; versez ensuite dans une terrine pour laisser refroidir et glacer dans la sabotière.

Avec du chocolat à la vanille, cette espèce de glace présente quelque chose de beaucoup plus suave au goût et à l'odorat ; elle se fait de la même manière.

Pour la faire à la crême, on délaie dix jaunes d'œufs frais dans une pinte de crême, et une demi-livre de sucre en poudre ; après l'avoir exposée sur un feu doux et amenée à une consistance convenable, on y ajoute une demi-livre de chocolat fondu dans une verrée d'eau ordinaire, que l'on mêle exactement ; après avoir passé le tout à la chausse pour tirer à clair, on fait glacer dans la sabotière.

Glaces au citron.

Prendre huit à dix citrons, suivant qu'ils sont plus ou moins gros, les choisir bien mûrs, prendre une livre de sucre blanc clarifié et cuit au lissé et glacé, en mettre les deux tiers dans une terrine ; couper les zestes très-mince de trois ou quatre des citrons dans le sucre contenu dans la terrine, pour lui donner l'odeur aromatique de ce fruit ; couper le restant par tranches minces, et les prenez de manière à ce que leur suc tombe et s'incorpore dans le sucre en passant à travers le tamis, afin d'empêcher les pépins de se mêler avec ; laisser infuser à la chaleur de l'atmosphère pendant l'espace d'une heure ; avant de passer une seconde fois au tamis ou à la chausse pour clarifier, y jeter le restant du sucre conservé à part, pour glacer ensuite comme d'habitude.

Glaces à la crême.

Mettre sur le feu, jusqu'à ce que l'ébullition soit fortement prononcée, bon lait, trente onces ; crême, dix onces ; sucre blanc, quinze onces ; tournez continuellement jusqu'à ce que le mélange soit suffisamment épaissi ; retirez du feu et passez au tamis ; lorsque le tout est refroidi, on met dans la sabotière pour glacer.

Pour donner à cette crême le parfum de *la rose*, on prend deux poignées des pétales de cette fleur, fraîchement épluchées, qu'on jette pour laisser infuser seulement dans une pinte de crême épaisse, pendant l'espace de deux ou trois heures de suite, et dans un vase bien bouché ; lorsque le tout est refroidi, passez à travers un linge peu serré ou bien un tamis, afin de séparer la pulpe de la fleur ; délayez ensuite dix jaunes d'œufs dans la crême, ajoutez douze onces de sucre en poudre; placez sur un feu doux et remuez continuellement sans quitter, jusqu'à ce qu'elle ait acquis une consistance convenable, mais sans la laisser bouillir; passez à l'étamine et colorez avec du sucre, dans lequel il y aura un peu de carmin en solution pour qu'elle vienne d'une belle couleur rosée; faites glacer ensuite en plaçant dans la sabotière.

Pour la faire *à la fleur d'orange*, dans la pinte de crême on délaie dix jaunes d'œufs, douze onces de sucre pulvérisé, et une poignée de fleurs d'orange pralinées, après avoir fait cuire à petit feu et en remuant continuellement; parvenue à consistance convenable, on la passe à l'étamine pour la glacer ensuite comme celles qui précèdent.

Lorsqu'on veut lui donner le goût et la saveur *des pistaches*, on en prend une demi-livre; après les avoir mondées et lavées, laisser égoutter pour les piler dans un mortier de marbre avec le zeste d'un citron et un peu de sucre; on les met ensuite dans une petite bassine ou une casserolle, avec dix jaunes d'œufs frais et douze onces de sucre en poudre; mouillez le tout peu-à-peu avec une pinte de crême; faites cuire sur un feu très-doux; épaissie et parvenue à une consistance convenable, ajoutez, pour la colorer, du vert d'épinards; passez à l'étamine et faites glacer.

Glaces à l'épine-vinette.

Choisir de belles grappes d'épine-vinette en état de maturité, les monder, séparer les grains, ôter les pépins, les faire bouillir pendant quinze à vingt minutes dans une chopine d'eau, en y ajoutant une livre de sucre; passez le tout à travers un tamis avec expression, jusqu'à ce qu'il ne reste plus dessus que la pellicule des grains; ajoutez le jus de deux citrons et suffisante quantité de sucre clarifié pour faire glacer comme les autres.

Glaces à la fleur d'orangers.

Faire fondre sur un feu doux, dans trois chopines d'eau ordinaire, sucre blanc, dix onces; au moment de l'ébullition, jetez l'eau chargée de sucre sur une demi-livre de fleurs d'orangers, bonne et fraîchement cueillie ; fermez le vase qui la contient, ajoutez le jus de deux citrons, et laissez infuser pendant deux, quatre ou six heures ; passez le tout à l'étamine et glacez.

Glaces à la fraise.

Choisir de belles fraises bien mûres, en extraire le jus, en les passant avec expression sur un tamis assez fin, pour ne pas laisser traverser leurs graines. Quelques-uns, sur dix-huit onces de fraises, y ajoutent cinq onces de pulpe de groseilles rouges ; d'autres le jus de deux citrons, et mélangent avec une livre de sucre clarifié et cuit au petit lissé, pour, après les avoir laissé infuser ensemble, tirer à clair en passant à l'é-tamine, et glacer dans la sabotière ou des moules de ce fruit.

Glaces à la framboise.

Avec la pulpe de vingt-quatre onces de framboises choisies et parfaitement mûres pour qu'elles conservent tout leur parfum et tout leur arome, à laquelle pulpe on peut encore ajouter celle de douze onces de fraises et de groseilles, mêlez une livre de sucre cuit au petit lissé et le jus de deux citrons. Si, après avoir mis le tout pendant quelque temps sur un feu doux, il de-venait trop épais, ajoutez un peu d'eau ordinaire ; mêlez exactement en ajoutant encore du sucre, s'il en est besoin ; passez, tirez à clair et faites glacer.

Glaces au girofle.

Piler grossièrement dans un mortier de marbre six gros de girofle avec deux onces de sucre ; les faire bouillir avec trente onces de lait, dix onces de crème, et treize onces de sucre ; arrivé à consistance conve-nable, passer le tout à l'étamine et faites glacer.

Glaces à la grenade.

Prendre six grenades dont les fruits, à l'intérieur, soient bien rouges ; les broyer dans un mortier de marbre avec deux onces de gelée de groseilles et huit onces de sucre en poudre ; le mélange achevé aussi exactement que possible . versez - y une pinte d'eau ordinaire en agitant continuellement ; passez à travers un linge très-peu serré ou un tamis, en exprimant fortement ; quelques-uns le mettent à la presse pour en extraire tout ce qui est liquide ; et le glacer comme il est indiqué pour les autres substances mucilagineuses peu fluides.

Glaces à la groseille.

Choisir et égrener deux livres de groseilles bien mûres, une livre de cerises et demi-livre de framboises, les piler, les broyer toutes ensemble après en avoir extrait le suc en les passant à travers un linge peu serré ou un tamis ; sur une livre de fruit, ajoutez une livre de sucre cuit au petit lissé, et deux jus de citron : on peut, avec ce mode de préparation, obtenir des glaces plus ou moins consistantes ; et, si elles étaient trop onctueuses, trop épaisses, on ajouterait de l'eau jusqu'à ce qu'elles aient les qualités désirées. Mais, comme au bout de cinq à six semaines, tous ces fruits disparaissent, il convient de se précautionner et de les conserver par les moyens connus, soit en les gardant en consistance de gelée, soit en mêlant le suc exprimé des groseilles avec moitié sucre, pour le faire bouillir pendant quelque temps enfermé dans des bouteilles ; un peu avant de se servir de l'un ou l'autre de ces moyens pour faire des glaces, on les dissout pour les étendre dans de l'eau tiède ; on passe à travers un tamis ou une chausse, et l'on fait glacer, comme de coutume, lorsqu'il est refroidi.

Glaces au jasmin.

Faire fondre sur un feu doux, dix onces de sucre blanc dans trois chopines d'eau ordinaire pour le verser encore tiède sur quatre onces de fleurs de jasmin fraîchement cueillies et mises au fond d'un vase de porcelaine ou de faïence ; après quatre heures d'infusion dans le vase où il a été hermétiquement enfermé, retirer le tout pour passer à travers un linge ou un tamis, et faire glacer dans la sabotière.

Glaces à la jonquille.

Monder et choisir fleurs de jonquille fraîchement cueillies, dix onces ; les mettre au fond d'un vase de porcelaine ou de faïence, verser dessus trois chopines d'eau bouillante, dans laquelle on aura fait fondre dix onces de beau sucre ; fermer aussi hermétiquement qu'il est possible, et laisser infuser pendant six heures ; passez ensuite la liqueur au tamis pour glacer.

Glaces au marasquin.

Mettez dans une casserole ou une petite bassine, lait récemment tiré, une pinte ; crème fraîche et consistante, un demi-setier ; sucre blanc concassé, une demi-livre ; exposez ce mélange sur un feu doux et progressif en remuant avec une spatule de bois, jusqu'à ce qu'il ait pris quelques bouillons, pour le passer au tamis ; versez-y ensuite trois blancs d'œufs fouettés en neige, et continuant de remuer jusqu'à ce que le tout soit parvenu à consistance convenable ; ajoutez un demi-setier de marasquin, et versez dans la sabotière pour glacer comme d'habitude.

Autres glaces au marasquin.

Enlever les zestes de quatre citrons, aussi minces qu'il est possible, pour les faire infuser à la chaleur de l'atmosphère dans trois chopines d'eau ordinaire ; au bout de quelques heures ajoutez le suc exprimé des citrons, et quatre onces de sucre blanc concassé ; remuez et agitez le tout avec une spatule de bois pour le passer à travers un linge ou un tamis ; fouettez en neige quatre blancs d'œufs, et versez dans le mélange placé sur un feu doux ; ajoutez le marasquin ; laissez refroidir et faites glacer. Au lieu de marasquin on peut encore y ajouter toute autre espèce de liqueur aromatique agréable, et faire des glaces pour tous les goûts.

Glaces à l'orange.

Choisir une douzaine d'oranges de Portugal ou autres, pourvu qu'elles soient bien mûres, douces et aromatiques : cependant les rouges méritent encore d'être préférées ; en râper l'écorce de quatre, enlever soigneusement celles des huit autres, les couper par quartiers pour extraire le milieu et les pépins, les broyer ensuite dans un mortier de marbre avec la râpure, envelopper le tout dans un linge peu serré et fin, pour le soumettre à la presse et extraire toute la liqueur ; faire fondre huit onces de sucre dans une chopine d'eau pour le mélanger exactement avec le suc exprimé des oranges, et glacer comme d'habitude dans la sabotière ou dans des moules d'étain qui donneraient la forme du fruit, que l'on colore ensuite avec un mélange de jaune et de carmin.

Glaces à l'œillet.

Prendre huit onces d'œillet d'un beau rouge, les éplucher, les monder et séparer leurs onglets ; après les avoir mis dans le fond d'un vase de faïence ou de porcelaine, on fait fondre six onces de sucre dans une chopine et demie d'eau bouillante, que l'on verse dessus pour laisser infuser seulement pendant quatre heures, après l'avoir bouché hermétiquement, pour passer à la chausse ou sur un tamis, et faire glacer comme d'habitude.

Dans les instans où il est impossible de se procurer des fleurs ou autres substances aromatiques, on peut employer, pour confectionner les glaces, les eaux spiritueuses et les aromates desséchés ; mais elles ne sont jamais aussi agréables qu'avec les fruits ou les fleurs de la saison, prises dans le moment de leur fraîcheur.

Glaces à la pêche.

Prendre suffisante quantité de belles pêches bien mûres, suivant le nombre des glaces qu'on veut en faire ; ôter les noyaux et les couper en quatre ; les faire bouillir pendant quelques minutes sur un feu vif, les écraser ensuite sur un tamis de crin serré ; pour une livre de la pulpe du fruit, ajoutez une livre de sucre cuit au petit lissé, et le suc exprimé de deux citrons ; après avoir fait du tout un mélange exact, mettez dans la sabotière et faites glacer.

Glaces avec les poires.

Toutes espèces de poires peuvent servir à la confection des glaces ; cependant on préfère celles de beurré, de Saint-Germain, de rousselet et de crassanne : quelles que soient celles dont on a fait choix, il faut commencer par les pelurer, ensuite les couper par morceaux plus ou moins gros, ôter les pépins ; les faire cuire dans suffisante quantité d'eau, les passer en les exprimant avec une spatule sur un tamis de crin ; et sur une livre de la pulpe de poires, ajoutez trois quarterons de sucre cuit au petit lissé, acidulé avec le suc exprimé de deux citrons ; mettre dans la sabotière et faire glacer.

On peut donner aux glaces la forme du fruit en les moulant dans des formes d'étain ; pour les verdir on y ajoute de la décoction un peu chargée de la pulpe des épinards ; avec des couleurs, on y fait les nuances nécessaires : mais elles n'en sont pas meilleures : ce moyen n'est bon à employer que pour satisfaire les yeux.

Glaces avec les pommes.

Choisir une vingtaine de pommes de reinette, les pelurer, les couper par quartiers plus ou moins gros, ôter le cœur, les pépins, les mettre sur le feu avec un peu d'eau, jusqu'à ce qu'elles soient bien cuites et réduites en une pâte fine et homogène ; la jeter sur un tamis de crin placé sur un vase pour la recevoir, et y ajouter douze onces de sucre, soit en poudre, soit en sirop ; le mélange exactement fait, laissez refroidir, exprimez le suc de deux citrons, et glacez.

En la mettant dans des moules d'étain pour lui donner la forme du fruit, il faut y ajouter un peu de jaune de safran et de la décoction d'épinards ; ensuite, avec un pinceau fin et du carmin liquide, y ajouter les diffé-

4

rentes nuances de rouge plus ou moins foncé, dans les endroits où elles doivent se rencontrer.

Glaces avec les pistaches.

Choisir une demi-livre de pistaches fraîches de l'année, si on peut s'en procurer, les jeter pendant quelques heures dans l'eau froide pour les monder de leurs écorces, les piler dans un mortier de marbre, en y ajoutant de temps en temps un peu de lait; après en avoir fait une pâte, on la délaie avec un demi-setier de lait pour la mettre en presse et en extraire tout ce qui est liquide; vous mettez ensuite dans une bassine exposée à un feu doux une chopine de lait, dix onces de crème, la râpure ou le zeste très-mince d'un citron pour le faire bouillir et lui donner un peu de consistance; mêlez le lait de pistaches, et au bout de quelques minutes passez le tout à travers un tamis, laissez refroidir et ajoutez un peu de vert d'épinards, pour mettre dans la sobotière et glacer.

Glaces au raisin muscat.

Dans une pinte d'eau bouillante jetez, pour infuser seulement jusqu'à ce que tout soit parfaitement refroidi, fleurs de sureau, trois gros, pour verser ensuite sur trois livres de raisin muscat égrené et écrasé; laissez infuser pendant une heure; y ajouter sucre blanc, une livre. aciduler le tout avec le suc exprimé de quatre citrons, le passer à la chausse ou au tamis de crin, et faire glacer dans la sabotière.

Glace à la rose muscate.

Prendre dix onces de pétales de rose muscate ou de celles qui sont les plus aromatiques et les plus parfumées, les mettre dans un vase de porcelaine ou de faïence, que l'on puisse fermer hermétiquement; versez dessus trois chopines d'eau bouillante, dans lesquelles vous aurez fait fondre dix onces de sucre blanc; laisser infuser pendant six heures; passez au tamis ou dans un blanchet pour faire glacer dans la sabotière.

Glaces au safran.

Piler dans un mortier de marbre avec une ou deux onces de sucre, safran de Gâtinais, six gros ; faire bouillir ensuite, lait de vache fraîchement tiré, trente onces ; crème fraîchement levée, dix onces ; sucre, treize onces ; angélique confite, six gros, jusqu'à ce que le tout ait acquis une épaisseur convenable, passez ensuite à travers un linge peu serré ou au tamis ; laissez refroidir et mettez le tout dans la sabotière pour glacer.

Glaces au thé.

Réduire en poudre grossière six gros de thé vert, le mêler avec trente onces de lait de vache fraîchement tiré ; y ajouter dix onces de crème et quinze onces de sucre blanc ; faire bouillir le tout pendant quelques minutes, en remuant avec une spatule de bois ; jeter ensuite dans une terrine ou un vase de gres, pour entretenir la chaleur au bain-marie pendant une heure ; passer à la chausse ou au tamis fin, pour y ajouter après, sirop de violettes, une once et demie, et faire glacer dans une sabotière.

Glaces à la tubéreuse.

Faire fondre sur un feu doux dix onces de sucre blanc dans trois chopines d'eau ordinaire ; les jeter ensuite sur quatre onces de fleurs de tubéreuse, pour laisser infuser seulement dans un vase hermétiquement fermé pendant l'espace de quatre heures, en agitant le vase de temps en temps, pour faciliter la solution de l'arome de la fleur ; passez le tout à travers un linge peu serré, pour mettre glacer dans la sabotière.

Glaces à la vanille.

Fendre et couper quatre ou six gros de vanille par petits morceaux, les piler dans un mortier de marbre avec deux onces de sucre, jusqu'à ce qu'elle soit réduite en poudre assez fine, mettre une bassine sur le feu et faire bouillir la poudre de vanille dans trente onces de lait, dix onces de crème et treize onces de sucre, jusqu'à ce que ce mélange soit parvenu à une épaisseur et une consistance convenable ; passer le tout à la chausse ou au tamis ; après avoir laissé refroidir, mettre dans la sabotière pour glacer.

Glaces au verjus.

Egrener deux livres de verjus parvenu à sa maturité, les broyer dans un mortier de marbre ; lorsqu'il est parfaitement écrasé, ajoutez une pinte d'eau ordinaire, passez ensuite à travers un linge ou un tamis, achevez l'expression du marc à la presse, réunissez toutes les liqueurs, faites fondre dedans une livre de sucre, acidulez en remuant avec le suc exprimé de quatre citrons ; lorsque le mélange est exact, mettez dans la sabotière pour glacer.

Glaces à la violette.

Piler dans un mortier de marbre, fleurs de violettes, six onces ; y ajouter iris de Florence en poudre, une once ; les mettre dans un vase avec deux pintes d'eau ordinaire sur un feu doux ; ajoutez dix onces de sucre ; et lorsqu'il est fondu et que l'ébullition est arrivée, laisser le tout infuser pendant quatre heures, passez la liqueur à la chausse ou au tamis pour glacer.

Glaces au vin.

Prendre les zestes d'une demi-douzaine de citrons bien mûrs, coupés très-mince, pour les mettre infuser à la chaleur de l'atmosphère, dans une pinte d'eau ordinaire, pendant deux heures ; mêlez cette eau avec une livre de sucre concassé, remuez jusqu'à ce qu'il soit bien fondu, et passez au tamis ; fouettez quatre blancs d'œufs en neige, et versez-les dans le mélange ; incorporez le tout exactement, ajoutez ensuite bon vin rouge ou blanc une pinte, et faites glacer.

Toutes les glaces avec les vins d'Arbois ou de Champagne, avec celui d'Espagne, de Côte-Rôtie, de Madère, de Malaga, et de Muscat enfin, ne diffèrent entre elles que d'après les qualités dominantes du fluide employé pour les confectionner : on doit les exécuter toutes, quelle que soit la qualité du vin, de la même manière et d'après les mêmes procédés décrits pour celles que nous venons d'indiquer.

Glaces au zéphir.

Mettre dans une grande casserole ou dans une petite bassine exposée à un feu doux, la râpure d'un cédrat, d'un citron et d'une orange, une gousse de vanille coupée par petits morceaux, ou réduite en poudre avec du sucre, trois cuillerées à bouche de bonne eau de fleurs d'orangers bien aromatique, trente onces de lait, dix onces de crème ; faire bouillir le tout jusqu'à consistance et épaisseur convenable, laisser refroidir et passer à la chausse ou au tamis pour mettre dans la sabotière et glacer.

DU PUNCH.

Depuis un temps déjà fort reculé, le punch est d'un usage presque général ; aussi maintenant chacun veut avoir la prétention de le confectionner à sa manière : les uns prétendent que c'est une boisson qui ne doit être composée qu'avec des liqueurs spiritueuses, du sucre, du thé ; d'autres veulent qu'il ne soit bon que lorsqu'il est préparé avec l'eau-de-vie ordinaire seulement ; d'autres ne peuvent le supporter autrement qu'avec le rhum, le kirchenwasser ; ceux-ci avec le vin rouge ou blanc ; ceux-là avec les vins du Rhin, de Champagne ou autres qualités ; il en est qui suppriment le thé pour ne le faire qu'avec l'eau pure bouillante ; on le prend même à la glace : c'est le punch *à la romaine* ; d'autre le varient encore avec les jaunes d'œufs, le marasquin ou une infinité d'autres liqueurs aromatiques. De toutes ces diversités dans le mode de préparation du punch résulte une confusion telle que, si l'on vient à parler du punch, on ne sait plus à quoi s'en tenir. Enfin, comme les sirops préparés pour abréger la préparation et que l'on débite dans le commerce ne sont et ne doivent jamais être les mêmes, on ne peut donc pas encore se flatter par leur moyen d'obtenir une liqueur uniforme ; quand il n'y aurait que l'inconvénient de faire chauffer l'acide citrique , il suffirait pour le faire abandonner : quoi qu'il en soit, nous allons donner la manière de préparer le punch , telle que nous pouvons la croire bonne à suivre dans tous les temps et toutes les circonstances.

Considéré comme une espèce de limonade composée d'eau-de-vie ou de rhum , de jus de citron , d'eau chaude ordinaire, ou d'une infusion de thé , il ne devient enivrant que par l'excès des spiritueux ; faible, il n'est point dangereux ; au contraire , dans les saisons froides et humides , il est excellent pour entretenir la transpiration : surtout dans les bals et les soirées d'hiver, où il faut continuellement entretenir les forces vitales.

Punch.

Après avoir frotté la surface des citrons avec un morceau de sucre pour en extraire l'huile essentielle aromatique ; après l'avoir fait fondre dans une quantité plus ou moins grande d'une infusion faite avec le thé vert, et un peu chaude, on y ajoute tout le sucre jugé convenable pour le rendre agréable à prendre ou suivant le goût des personnes ; après avoir exprimé le suc des citrons et mêlé exactement la quantité de liqueur alcoolique (eau-de-vie , rhum , rack , etc. ,) jugée convenable pour le rendre plus ou moins fort, le punch est fini.... On recommande et l'on ne manque jamais d'y mettre le feu , pour le laisser brûler ensuite plus ou moins long-temps ; mais c'est une opération fort mal raisonnée , et même entièrement inutile , si elle n'y est pas nuisible ; car , outre l'inconvénient de le rendre âcre , elle lui fait perdre tout ce qu'il peut contenir de spiritueux ; il vaudrait certainement mieux y mettre une quantité moins grande de liqueur alcoolique, quelle qu'elle soit, que de la faire brûler et évaporer inutilement.

Punch anglais.

Ou bien encore punch à l'anglaise ; se fait en ajoutant trois parties de bon rhum sur une partie de suc de citron, dans lequel on a mis infuser d'avance quelques zestes ; après avoir versé sur le tout neuf parties d'excellente infusion de thé, on édulcore avec la quantité de sucre jugée convenable ou nécessaire ; car il est des personnes qui le veulent très-sucré, d'autres à qui il est insupportable de cette manière.

On conseille encore, en suivant le même procédé, de remplacer le rhum par le rack, ou par du vin rouge, enfin par du vin de Champagne, ou toute autre liqueur aromatique vineuse ou alcoolique, pour obtenir du punch d'un goût différent.

Punch à la glace.

Pour faire des glaces au punch, ou du punch à la glace, après l'avoir confectionné comme il vient d'être dit du punch anglais, on le met dans une sabotière pour le glacer. (V. l'art. *glaces.*)

Punch aux œufs.

Dans partie égale de jaunes d'œufs et de jus de citron, mêlés et battus l'un avec l'autre, ajoutez trois parties de rhum, versez dessus dix fois autant d'infusion faite avec le thé sucré d'avance ; mêlez le tout exactement, et ajoutez la moitié des blancs d'œufs battus en neige.

DU THÉ.

C'est avec les feuilles d'un arbuste de quatre à cinq pieds de haut, extrêmement commun à la Chine et au Japon, que l'on prépare tout le thé répandu dans le commerce. En mars et en avril on cueille la multitude innombrable de ses petites feuilles de couleur verte, disposées sans ordre, dentelées, de formes ovales et terminées en pointes, pour les faire sécher à une chaleur douce, et nous les envoyer en caisses plus ou moins volumineuses. Le plus agréable et le plus estimé est celui qui arrive par les caravanes de la Chine à Saint-Pétersbourg ; il porte avec lui une odeur de violette prononcée, que celui qui vient par mer ne possède jamais. On ne le connaît en Europe que depuis le commencement du dix-septième siècle à-peu-p   . Ce furent les Hollandais qui l'apportèrent. L'infusion aqueuse que l'on prépare avec ces folioles desséchées et roulées sur elles-mêmes, prit une faveur tellement rapide, et leur consommation fut si grande, qu'en 1660 on avait établi en Angleterre un impôt sur l'introduction du thé, qui rapportait des sommes considérables.

Les feuilles les plus petites de l'arbuste, les plus jeunes et les plus tendres, sont aussi celles qui possèdent le plus d'arome ; c'est pourquoi elles sont choisies avec le plus grand soin pour faire le thé qu'on désigne sous le nom de *thé impérial ;* comme on ne le destine qu'à l'empereur et à sa famille, nous ne le connaissons que d'après le rapport des voyageurs. Il en est encore un autre connu sous le nom de *thé mandarin,* aussi extrèmement rare.

Les trois espèces suivantes sont plus connues ; aussi les voit-on affichées partout, quand même elles n'existeraient pas, sous les noms de *thé hyswen, thé vert, thé boui ;* le premier doit être d'un roux bleuâtre foncé ; ses feuilles presque toujours bien roulées sont d'une odeur aromatique très-agréable ; infusées, elles s'étendent dans toute leur largeur et dans toute leur longueur : il ne faut jamais les employer qu'en très-petite quantité. Le second, moins cher, est aussi d'une qualité inférieure ; ses feuilles, assez longues et toujours vertes, sont moins aromatiques ; elles fournissent une infusion verdâtre, très-claire, bonne et même assez agréable. Le troisième enfin, d'une couleur noire foncée, roussâtre, a les feuilles rondes, petites et fortement roulées sur elles-mêmes ; son infusion est jaunâtre et demande à être étendue dans une assez grande quantité de lait ou de crème.

Infusion de thé.

La meilleure manière de bien préparer le thé consiste à prendre une pincée plus ou moins forte de feuilles desséchées ; après les avoir mises dans le fond d'une théière, on verse d'abord par-dessus une demi-tasse d'eau bouillante, on couvre et on laisse infuser pendant quelques minutes, pour la remplir ensuite avec la même eau, toujours en ébullition. La substance aromatique se développe alors graduellement et toute entière. Si l'on veut suivre une autre méthode et le faire bouillir, pour le laisser reposer et ensuite refroidir, quelle que soit la bonté de celui qu'on emploierait, on ne produirait rien de bon ni d'agréable à prendre; avec cette infusion on n'aurait que de l'eau chaude chargée d'une substance odorante. Quant au sucre qu'il convient d'y ajouter pour l'édulcorer, ainsi que la quantité de lait ou de crème, elles ne dépendent que des goûts ou des habitudes du consommateur; les gourmets le prennent presque pur, d'autres le mélangent avec un peu de beurre bien frais; mais, comme l'assuétude, et plus souvent encore les caprices, ne suivent aucune règle déterminée, on ne peut, dans le cas dont il s'agit, que donner le conseil aux vrais amateurs du thé en infusion, de n'y ajouter le lait ou la crème qu'après qu'ils sont entièrement refroidis, afin de pouvoir permettre au thé de posséder son arome dans toute sa plénitude. On assure même que, si l'on y ajoute quelques tartines avec du beurre frais, recouvertes avec des filets d'anchois, c'est le *nec plus ultrà* de la friandise d'un déjeuner fait avec le thé.

Thé Mollapi.

Il faut choisir une quantité plus ou moins considérable de pommes d'api, les pelurer, les couper par quartiers, en ôter les pépins après les avoir fait bouillir pendant quelques minutes dans l'eau ordinaire, et laissé égoutter en les retirant; on les jette ensuite dans du sucre cuit à la nappe, pour achever leur cuisson entière: lorsqu'elles sont refroidies on les enferme dans des pots que l'on recouvre avec un papier double.

Pour obtenir l'infusion du *thé mollapi*, on met une petite quantité de pommes et de sirop préparé comme il vient d'être dit, dans un vase de faïence ou de porcelaine; après avoir versé dessus du thé bouillant fait d'avance, on laisse un peu refroidir, pour prendre par tasses plus ou moins rapprochées.... Boisson agréable.

Propriétés du Thé.

Le thé pris intérieurement en infusion est une des boissons aqueuses des plus répandues en Europe ; les Hollandais et les Anglais, dont le sol est constamment humide, presque toujours sous un ciel brumeux et couvert, en font une consommation des plus extraordinaires. La substance que contient le thé, lorsqu'il est bon, et qui agit d'une manière aussi énergique sur les membranes de l'estomac, renferme en elle un principe absolument pareil a celui du tannin ; quant à son arome, il lui est inhérent et particulier : mais l diffère, suivant l'âge de l'arbuste, le temps où ses feuilles ont été récoltées et le sol où il a été cultivé ; une infinité d'autres circonstances influent encore d'une façon si énergique sur le thé, qu'on a peine à en rencontrer qui soit absolument semblable. Les thés verts, perlés, le hyswen, sont d'une âcreté et d'un arome beaucoup plus prononcés que les thés noirs, le cougo, le saotchou, le peko, le thé boui, sont le plus généralement employés et le plus répandus aussi dans le commerce ; leur douceur aromatique particulière les rend beaucoup plus susceptibles de produire une action générale sur les fonctions digestives que tous les autres, principalement sur les individus qui n'en font usage que par circonstance.

Généralement on attribue à la mauvaise qualité des eaux en Chine, la propension des habitans à faire usage du thé. Si nous en croyons les divers rapports de tous ceux qui ont fréquenté les Chinois, on ne peut employer l'eau de ce pays qu'après l'avoir soumise à l'ébullition avec une certaine quantité de feuilles de thé : on ne peut cependant pas, parmi les Européens, le considérer d'une nécessité aussi absolue ; car, si d'un côté cette boisson excite la perspiration cutanée, si elle est un stimulant exigé dans les contrées humides, si elle donne quelque énergie aux tempéramens séreux et lymphatiques, on ne peut pas s'empêcher de le considérer aussi comme un liquide chaud relâchant, et par conséquent susceptible d'affaiblir et diminuer les forces vitales; de déterminer l'état d'inertie apathique, dans laquelle passent leur vie entière tous ceux qui en abusent. En effet, souvent aussi lorsqu'on prend du thé trop fort et trop chargé, on éprouve des affections spasmodiques nerveuses et une irritation générale qui n'auraient pas lieu si on se contentait de le prendre léger; c'est même de cette manière seule qu'il convient de l'administrer dans les cas d'indigestion occasionnée par la plénitude de l'estomac, après une congestion de liqueurs alcooliques, et surtout du vin, cet organe n'ayant plus besoin d'un stimulant nouveau lorsqu'il a été surchargé de quelque manière que ce soit.

On conseille encore, parce que le thé, dans plusieurs circonstances, active et facilite la digestion, à tous ceux qui déjeunent ou voudraient déjeuner à la fourchette, d'en prendre au lieu de vin; leur tête, à ce que l'on assure, s'en trouverait beaucoup mieux pour les affaires, et leur appétit sur-tout pour le dîner. Nous doutons de la vérité d'une assertion semblable; au surplus chacun peut en faire l'expérience; car, lorsqu'il s'agit d'action sur l'organe central de la digestion, il n'y a que ce moyen de connaître la vérité.

Les thés que l'on donnait, depuis que l'on ne soupe plus, sont un peu tombés en désuétude, et cela devait être; car, quoique le thé ait prêté son nom à cette manducation opérée dans le milieu de la nuit, comme il fallait l'exécuter sur des viandes froides, des pâtisseries plus ou moins difficiles à digérer, des pièces montées et toutes les pâtes sucrées dites du petit four, les inconvéniens qui en ont été la suite inévitable ont amené une circonspection beaucoup plus grande, et le thé n'est plus guère en usage que pour le déjeuner du matin.

DES LIQUEURS.

En général on comprend sous la dénomination de liqueurs un grand nombre de préparations confectionnées avec l'alcool ou esprit-de-vin, ou bien avec l'eau-de-vie seulement, mais toujours avec addition d'une substance aromatique et édulcorées avec le sucre.

On désigne alors sous le nom de *liqueurs simples*

toutes celles qui sont le produit de la première distillation d'une matière muqueuse et sucrée, mais après
lui avoir fait subir un mouvement de fermentation
plus ou moins long-temps prolongé ; telles sont l'eau-
de-vie , le rhum , le rack , le kirchenwasser (*Voy*. le
Manuel du Distillateur, et un peu plus bas l'article
Esprit-de-vin) ; et si avec ces premiers produits on distille une ou plusieurs autres substances aromatiques ,
qu'on les étende ensuite avec de l'eau ordinaire, qu'on y
ajoute une plus ou moins grande quantité de sucre ou
de sirop, on obtient des *liqueurs composées* ; lorsqu'on ne les met qu'infuser à la température de l'atmosphère, et , pendant un temps plus ou moins long ,
on les désigne sous le nom de *ratafiats*. Les fabricans
de liqueurs vendent encore sous la dénomination
d'*huile de crême* d'autres liqueurs plus ou moins di-
versifiées ; mais elles ne diffèrent des précédentes que
par la quantité du sucre ; leur composition est absolument la même.

Pour composer et obtenir des liqueurs douces ,
agréables , légères, transparentes ; enfin , celles qu'on
est convenu d'appeler *liqueurs fines*, il ne faut employer que des matières choisies, étendues dans l'eau
distillée, ou au moins filtrée ; celle de rivière est préférable à celle des puits , des fontaines. On doit ne se
servir que du sucre le meilleur et le plus blanc , surtout pour faire les ratafiats, parce qu'il ne peut être
clarifié pendant l'opération, et que , pour avoir toute
espèce de liqueurs limpides , claires , transparentes , il
faut toujours cuire le sucre à la nappe. L'alcool , ou esprit-de-vin , ne doit porter avec lui aucune odeur empyreumatique, et avoir été rectifié d'avance ; l'eau-
de-vie , prise aussi vieille que possible , doit marquer
vingt-deux degrés : on préfère celle de Cognac , et
après elle celle de Montpellier.

Manière de filtrer les liqueurs.

Pour les tirer à clair , il est nécessairement de première obligation d'avoir des blanchets qui ne soient pas
confectionnés avec des étoffes de laine , comme c'est

l'habitude, mais feutrés avec du castor et adaptés à un entonnoir de fer-blanc, surmonté d'un couvercle pour ne rien laisser échapper de la substance aromatique; enfin, lorsqu'on est obligé de rendre les liqueurs très-diaphanes, il faut enduire toute la surface interne du blanchet avec la colle dont nous allons donner la composition, et lorsque le tiers du produit a passé par le filtre, on le rejette sur ce qui reste, parce qu'il n'est jamais aussi limpide au commencement que sur la fin de l'opération. Quelques-uns se servent de papier gris ou blanc non collé, pour filtrer : mais à l'inconvénient de former une pâte qui peut leur donner un goût désagréable, il faut les renouveler trop souvent, et éprouver une perte de temps et des produits par l'imbibition du filtre, ainsi que par l'évaporation continuelle de l'arome; on ne peut employer ce moyen que sur de très-petites quantités.

Manière de préparer la colle pour les liqueurs.

Après avoir choisi de la colle de poisson bien sèche, claire et transparente, après l'avoir coupée aussi menu que possible, on la fait dissoudre dans du vin blanc, en agitant avec des brins d'osier, jusqu'à ce qu'elle soit parfaitement liquéfiée; mise ensuite dans des bouteilles, on la conserve pour l'usage. Lorsqu'on veut s'en servir, on retourne la chausse, et avec un pinceau ou une éponge, on la recouvre d'une légère couche de cette solution; ensuite après l'avoir assujettie par le moyen d'un cercle en fer, fixé dans le mur à trois ou quatre pieds de hauteur, on arrête l'entonnoir, ou y verse la liqueur; la première qui passe est jetée sur ce qui reste, jusqu'à ce qu'elle arrive parfaitement claire et transparente; on remplit à mesure que la chausse se vide, et l'on reçoit la liqueur dans des bouteilles; c'est le meilleur moyen pour obtenir un produit continuellement clair et limpide jusqu'à la fin, sans rien perdre de la partie aromatique par l'évaporation.

Coloration des liqueurs.

Pour peu qu'une liqueur soit louche, ou faiblement

colorée, on peut en augmenter l'intensité par addition d'autres substances ; mais il faut avoir attention de ne rien employer qui puisse la décomposer ou lui faire perdre de ses qualités. Le *jaune* est de toutes les matières colorantes la plus simple et la plus facile à mettre en œuvre ; elle ne consiste qu'à faire brûler du sucre dans un poëlon de fer, et, lorsqu'il est parvenu à l'état de caramel, on y ajoute un peu d'esprit-de-vin pour le conserver ; la quantité plus ou moins grande qu'on fait entrer dans la liqueur suffit pour lui donner une couleur jaune plus ou moins foncée. On obtient le même résultat avec la teinture de safran, mais on ne peut s'en servir que pour les liqueurs où il entre comme substance aromatique. Le *violet* se fait avec la solution de tournesol dans l'eau bouillante ; mais elle est rarement employée à cause de l'altération qu'elle peut occasionner dans la qualité de la liqueur. Le *rouge* s'obtient au moyen de la cochenille ; pour quatre pintes de liqueur, on prend dix grains d'alun (sulfate d'alumine), cochenille deux gros, tous deux en poudre fine ; on verse dessus une demi-verrée d'eau bouillante qu'on laisse refroidir ; on tire le tout à clair pour l'employer en plus ou moins grande quantité, suivant l'intensité de couleur dont on a besoin.

De l'esprit-de-vin.

Encore appelé *alkool*, que l'on a écrit *al kool* et *alcohol*, expression empruntée des Arabes (*al kool, le subtil*), généralement adoptée pour désigner un fluide léger, volatil, inflammable, d'une odeur vive, pénétrante, d'une saveur chaude, forte, miscible à l'eau, dissolvant les résines, les huiles volatiles, que l'on obtient par la distillation des vins et autres liqueurs qui ont subi la fermentation vineuse ; ainsi le suc de raisin, de la canne à sucre, du maïs, la sève de l'érable, le suc du coco, de la cerise, des prunes douces, des fraises, des pêches, des mûres blanches et de tous les fruits qui contiennent le muqueux sucré, donnent facilement, par la fermentation, une liqueur vineuse, propre à fournir de l'esprit-de-vin ou l'alcool.

On en obtient aussi des poires et même des fruits âpres et acerbes, lorsque, par un certain degré de maturation, on est parvenu à y produire le principe sucré. Les graines céréales farineuses, telles que l'orge, le froment, le riz, peuvent aussi, lorsque la 'ermentation y a développé le principe muqueux sucré, passer à la fermentation vineuse, et fournir ensuite l'esprit-de-vin ou alcool; on en obtient même du lait des animaux, lorsque, par différens procédés, il a été amené à la fermentation vineuse.

Essentiellement le même par ses principes constitutifs et ses propriétés générales, l'esprit-de-vin, à moins qu'il ne soit bien rectifié, présente quelque différence dans sa force, son odeur, sa saveur, suivant qu'il a été extrait de telle ou telle substance; aussi distingue-t-on diverses espèces d'esprit, auxquelle, on a même donné des noms particuliers: ainsi, on nomme *kirchen-wasser, esprit, eau de cerises*, celui qu'on en a tiré lorsqu'elles ont fermenté; *taffia, rhum*, celui qui provient de la liqueur fermentée de la canne à sucre; *rack* celui qu'on retire de la fermentation du riz; *eau-de-vie, esprit de grain*, celui qu'on retire de la fermentation du froment; *eau-de vie, alcool, esprit-de-vin*, celui qui est obtenu par la distillation du vin.

C'est ce dernier que l'on doit spécialement employer pour confectionner les liqueurs; mais il importe d'en distinguer les degrés de spirituosité, pour les diverses préparations dans lesquelles on le fait entrer: ainsi, dans quelques cas, il convient d'employer l'esprit-de-vin faible, *l'eau-de-vie ordinaire* ou *double, eau ardente:* d'autres fois, un esprit-de-vin fort parfaitement rectifié. Pour s'en assurer, on les détermine par l'aréomètre.

L'esprit-de-vin, ou alcool, est le dissolvant des résines, des huiles volatiles et aromatiques: il fournit toutes les préparations connues sous les noms de crèmes, huiles, liqueurs, ratafiats; les unes s'obtiennent par une infusion plus ou moins prolongée; d'autres s'obtiennent en distillant l'esprit-de-vin avec les différentes substances qui s'y dissolvent, s'y combinent, ajoutent à ses propriétés. Nous allons traiter de chacune de celles qui sont le plus répandues dans le commerce, et dont on fait ordinairement usage.

Anisette.

Beaucoup plus connue sous le nom d'*anisette de Bordeaux*, quoiqu'on la prépare partout et de la manière suivante : *prendre* anis étoilé deux onces, anis vert trois onces, coriandre et fenouil de chaque quatre gros, eau-de-vie quatre pintes, sucre blanc trois livres deux onces, eau distillée deux pintes..... Après avoir cassé grossièrement les graines, après les avoir fait infuser pendant deux ou trois jours dans l'eau-de-vie, on distille au bain-marie, pour retirer deux pintes de liqueur qu'on ajoute à l'eau dans laquelle on a fait fondre auparavant le sucre ; filtrer et conserver ensuite dans des bouteilles bien bouchées. Lors de la distillation, il faut bien prendre garde de ne pas la laisser arriver jusqu'à la partie extractive, car elle rendrait la liqueur louche et laiteuse, ce qui serait désagréable.

Avec l'esprit-de-vin composé de la manière suivante, on prépare toutes les anisettes extemporanées; mais elles diffèrent beaucoup de la première.

Faire infuser pendant dix à douze heures à la chaleur de l'atmosphère, dans quatre livres d'esprit-de-vin ordinaire, graines d'anis et graines d'angélique, de chaque huit onces ; après les avoir contusées et cassées ; on les met dans la cucurbite d'un alambic, et on ajoute deux livres d'eau ordinaire, pour procéder ensuite à la distillation sur un feu très-doux, en se bornant à tirer seulement quatre livres de fluide.

Brou de noix.

Au moment où les noix sont déjà parvenues aux deux tiers de leur grosseur, on en choisit un cent des plus belles, et après les avoir essuyées, après les avoir traversées avec une épingle assez grosse, parce qu'il ne faut pas les prendre avec les cerneaux, on les écrase, on les pile dans un mortier de marbre pour les mettre infuser ensuite, pendant l'espace de deux mois, dans six pintes de bonne eau-de-vie, que l'on aromatise avec muscade et girofle, de chaque demi-gros ; après avoir tiré à clair, par le moyen d'une chausse ou d'un tamis, toute l'eau-de-vie chargée de la substance amère et aromatique, sans en exprimer le marc, on y fait fondre le suc pour en continuer l'infusion encore pendant deux mois ; on filtre alors une seconde fois avant de mettre la liqueur dans les bouteilles, qui doivent être bien bouchées.

Le brou de noix préparé de cette manière est considéré comme une liqueur dont l'action se fait particulièrement sentir sur l'estomac ; on le dit propre à accélérer la digestion, empêcher les flatuosités, les éructations ; en un mot, il est même vanté comme un cordial aussi tonique qu'il est stimulant.

DES CRÈMES.

Toutes les liqueurs spiritueuses, qu'elles soient chargées ou non de substances aromatiques amères, extractives, mais dans lesquelles on fait toujours entrer une quantité plus ou moins considérable de sucre blanc sous forme de sirop, et que l'on fait chauffer jusqu'à ce qu'il soit prêt à bouillir, deviennent grasses et onctueuses ; c'est même d'après ces deux qualités absolument essentielles, qu'on leur a donné le nom de *crèmes*. Aussi nombreuses que variées, soit par leur mode de composition, soit par les substances aromatiques qu'elles tiennent en suspension, il n'en est pas moins hors de doute que, dans les usages de la vie, elles sont plus ou moins recherchées par un grand nombre de personnes, à qui elles sont pour ainsi dire devenues un stimulant nécessaire ; parce que, d'abord, leur saveur est assez agréable, et ensuite que leur action sur l'estomac a bien moins d'énergie que si l'esprit-de-vin était isolé et sans aucun mélange que l'eau qui lui sert de véhicule ordinaire : telles sont en effet les préparations suivantes.

Crème d'absinthe.

Dans quatre pintes d'eau-de-vie ordinaire on fait

★

infuser, pendant dix heures et à la chaleur de l'atmosphère, une demi-livre de sommités de grande et petite absinthe, les zestes de deux citrons, ou bien encore ceux de deux oranges, coupés menu ; on distille ensuite pour retirer la moitié de la liqueur seulement ; on fait fondre ensuite quatre livres de beau sucre dans deux pintes d'eau ordinaire : lorsqu'il est refroidi, on fait du tout un mélange exact ; après avoir tiré à clair en le passant à la chausse, on l'enferme dans des bouteilles bien bouchées.

Créme des Barbades.

Faire infuser pendant cinq à six jours à la chaleur de l'atmosphère, dans trois pintes d'eau-de-vie, macis et cannelle, de chaque deux gros, les zestes de trois cédrats ; distiller ensuite à un feu doux jusqu'à ce qu'on ait obtenu la moitié de la liqueur ; faire fondre, en mettant sur le feu, et dans une pinte d'eau ordinaire, trois livres de sucre ; lorsque le tout est refroidi, faire le mélange, ajouter une demi-livre d'eau de fleurs d'orangers pour tirer à clair en filtrant à la chausse, et conserver dans des bouteilles bien bouchées.

Créme de cacao.

Encore appelée crème de *chocolat*. Prendre deux livres de cacao choisi, le torréfier comme pour fabriquer le chocolat. Après l'avoir cassé dans un mortier de marbre, on le mélange avec trois pintes d'eau-de-vie, en y ajoutant cannelle en poudre, deux gros ; on procède ensuite à la distillation jusqu'à ce qu'on ait retiré la moitié de la liqueur. Après avoir fait fondre deux livres et demie de sucre dans une pinte et demie d'eau ordinaire, mise sur le feu, on laisse refroidir après avoir fait du tout un mélange exact ; ou ajoute un gros et demi d'esprit de vanille pour filtrer, tirer à clair par les moyens accoutumés, et conserver pour l'usage.

Créme des cinq fruits.

Couper très-mince l'écorce et les zestes de deux bergamottes, de deux bigarades, de deux cédrats, de deux citrons et trois oranges, les faire infuser pendant huit jours à la chaleur de l'atmosphère dans quatre pintes d'eau-de-vie, à vingt ou vingt quatre degrés; procéder ensuite à la distillation jusqu'à ce que l'on ait obtenu un peu plus de moitié de la liqueur: dans deux pintes d'eau ordinaire, mises sur le feu, faire fondre quatre livres de sucre blanc; après avoir laissé refroidir et fait du tout un mélange exact, on passe à la chausse pour tirer à clair et conserver dans des bouteilles bien bouchées.

Crême de fleurs d'orangers au lait et au vin de Champagne.

Prendre une pinte et demie de lait fraîchement tiré, le mettre sur le feu dans une bassine, en y ajoutant quatorze onces de fleurs d'orangers mondées et épluchées; après un ou deux bouillons, mettre ce mélange dans un vase de faïence ou de porcelaine; lorsqu'il est refroidi, versez sur le tout une pinte d'eau-de-vie rectifiée; agitez et filtrez à la chausse pour en séparer le lait caillé et la fleur d'orangers qui est alors dépouillée de tout l'arome qu'elle pouvait contenir, et ne conserve plus que son âcreté. Après avoir cassé quatre livres de sucre blanc, que vous ferez fondre sur le feu dans deux pintes d'eau ordinaire, laissez refroidir et mélangez-le avec quatre pintes de bon vin de Champagne, blanc et limpide, dans lequel vous ajouterez le premier extrait aromatique confectionné avec la fleur d'orangers pour le filtrer et passer à la chausse encore une fois.

Ce procédé est bien préférable à celui qui consiste à faire une simple infusion plus ou moins long-temps continuée dans l'eau-de-vie avec la fleur d'orangers, dont le produit est toujours d'une âcreté et d'une amertume insupportable, comme de la distiller pour en obtenir ce qu'on appelle l'*esprit:* car on perd, dans ce dernier cas, la plus grande partie de sa saveur, et surtout de son arome, qui est la chose essentielle.

Crême de jasmin.

Faire fondre sur un feu doux deux livres de sucre

blanc cassé dans une pinte d'eau ordinaire ; laisser refroidir et y ajouter esprit double de jasmin, trois onces ; eau de fleurs d'orangers, quatre gros ; esprit de vin, une pinte ; faire du tout un mélange exact, filtrer en passant à la chausse pour conserver ensuite dans des bouteilles bien bouchées.

Crême de kirchen-wasser.

Distiller quatre pintes de kirchen-wasser ; après avoir obtenu un peu plus de moitié de la liqueur, y ajouter quatre onces d'eau de fleurs d'orangers, une pinte et demie d'eau de rivière, dans laquelle on aura fait fondre, en la mettant sur le feu, quatre livres de sucre blanc, pour le laisser refroidir avant de faire du tout un mélange exact, que l'on passera à la chausse, afin de la clarifier et confectionner une des liqueurs les plus agréables, et qui se conserve le plus long-temps sans éprouver la moindre altération, surtout si on la met dans des bouteilles bien bouchées.

Crême de laurier.

Dans le bain-marie d'un alambic distiller feuilles de laurier, sept onces ; fleurs de myrte, cinq onces ; la moitié d'une muscade réduite en poudre grossière ; vingt-quatre clous de girofle qu'on aura mis infuser d'avance pendant dix heures dans quatre pintes d'eau-de-vie ordinaire ; après en avoir tiré la moitié, faire fondre sur un feu doux quatre livres de sucre blanc dans deux pintes d'eau ordinaire, laisser refroidir pour faire du tout un mélange exact, filtrer à la chausse et conserver dans des bouteilles bien bouchées.

Crême de menthe.

Prendre une livre de feuilles fraîches de menthe frisée, les zestes de cinq citrons coupés menu, les distiller après les avoir fait infuser pendant quelques heures dans quatre pintes d'eau-de-vie, pour en tirer la moitié, dans laquelle il faut ajouter essence de menthe poivrée, demi-gros ; faire fondre ensuite dans deux pintes d'eau ordinaire quatre livres de sucre blanc qu'on laissera refroidir pour mélanger ensuite le plus exactement possible, et filtrer à la chausse pour tirer à clair et conserver dans des bouteilles, que l'on tiendra à l'abri de la chaleur et de la lumière.

Créme de myrte.

Mélanger six onces de fleurs de myrte (à leur défaut prendre les feuilles de cet arbuste), une once de feuilles de pêcher, le quart d'une muscade en poudre grossière, mettre le tout infuser à la chaleur de l'atmosphère dans quatre pintes d'eau-de-vie, en retirer ensuite moitié par la distillation au bain-marie : faire fondre sur le feu quatre livres de sucre blanc dans deux pintes d'eau, laisser refroidir, mélanger le tout exactement et filtrer : comme en se servant des feuilles pour confectionner cette espèce de liqueur, elle est le plus souvent d'une âcreté insupportable, surtout lorsqu'elle est récente, il faut la laisser vieillir, et après un certain laps de temps, on est tout étonné de la trouver chargée d'un arome extrêmement agréable au palais.

Créme de Moka.

Choisir une livre de bon café (du Moka, s'il est possible d'en trouver), le torréfier jusqu'au roux seulement sans le laisser brunir, couper menu le zeste d'un orange pour le jeter avec le café encore chaud, et réduit en poudre, dans quatre pintes d'eau-de-vie pour l'y laisser infuser pendant cinq à six jours de suite ; distiller ensuite au bain-marie et retirer un peu plus de moitié de la liqueur ; faire fondre quatre livres de sucre sur le feu dans deux pintes d'eau ordinaire ; laisser refroidir, faire un mélange exact, et filtrer à la chausse pour conserver dans des bouteilles bien bouchées.

Créme de roses.

Distiller au bain-marie, pétales de roses, trois livres, après les avoir fait macérer pendant quelques heures dans deux pintes de bonne eau-de-vie, après avoir tiré un peu plus de moitié de la liqueur, faire fondre à froid, dans un litre d'eau commune, une livre de sucre dans laquelle vous mêlez la liqueur obtenue par la distillation des roses, pour la colorer avec un peu de cochenille, et filtrer ; lorsqu'on emploie de l'eau simple distillée avec les roses pour faire fondre le sucre, la liqueur devient beaucoup plus agréablement parfumée que par le premier procédé.

Créme de vanille.

Couper par petits morceaux trois gros de vanille, y ajouter un grain d'ambre, faire fondre sur le feu deux livres de sucre blanc pour une pinte d'eau ordinaire ; au moment de l'ébullition, le verser sur la vanille ambrée, laisser refroidir et ajouter esprit-de-vin deux pintes ; laisser ensuite le tout infuser à la chaleur de l'atmosphère pendant l'espace de huit à dix jours ; colorer avec la cochenille pour filtrer et conserver dans des bouteilles bien bouchées.

Quelques-uns se contentent de faire infuser la vanille et l'ambre dans de l'eau-de-vie rectifiée, pendant une quinzaine de jours, pour faire le mélange de suite après avoir fait fondre le sucre et coloré la liqueur pour la filtrer.

D'autres distillent la vanille infusée dans l'eau-de-vie ordinaire ; mais la substance aromatique qu'elle contient s'évapore, ou reste au fond de l'alambic ; on la retrouve telle qu'elle y a été mise. Il serait encore préférable de se servir d'esprit de vanille bien aromatisé, comme d'y ajouter aussi quelques gouttes d'esprit d'ambre, pour obtenir une crème de vanille agréable, après l'avoir colorée par les procédés ordinaires pour la filtrer, afin qu'elle soit claire et limpide.

Pour peu que l'ambre puisse paraître désagréable, car beaucoup de personnes ne l'aiment pas, on peut très-bien s'abstenir de l'employer ; la liqueur connue sous le nom de *créme de vanille* n'en est pas moins stomachique et peut également, dans toutes les circonstances, être considérée comme un cordial et un corroborant extrêmement agréable.

Créme virginale.

Mélanger exactement des roses muscates et des fleurs d'orangers, de chacune quatre onces ; les faire infuser pendant quelques heures dans deux pintes d'eau-de-vie pour distiller ensuite, et retirer un peu plus de moitié de la liqueur ; faire fondre deux livres de beau sucre dans une pinte et demie d'eau ; lorsque le tout est refroidi, y ajouter esprit de réséda une once ; faire un mélange exact, filtrer et conserver pour l'usage.

CURAÇAO.

Encore, mais très-improprement, appelé *cuirasseau*. Dans une pinte et demie de bonne eau-de-vie, faire infuser pendant l'espace de six à huit jours les zestes de quatre bigarades coupées mince et menu, avec cannelle et macis, de chaque demi-gros ; après avoir obtenu par la distillation les deux tiers de la liqueur, on fait fondre une livre de sucre pour une pinte d'eau ordinaire ; après avoir fait du tout un mélange exact, après avoir filtré et passé à la chausse, on enferme la liqueur dans des bouteilles bien bouchées.

DES EAUX SPIRITUEUSES.

Toutes les préparations désignées sous le nom d'*eaux spiritueuses*, et dont les marchands débitent tant d'espèces, s'obtiennent généralement par l'infusion d'une ou plusieurs substances dans l'esprit-de-vin ou alcool, dont le degré de force doit être déterminé suivant la nature de l'ingrédient que l'on soumet à l'infusion, et suivant l'objet qu'on se propose de remplir. Le plus souvent il suffit de mettre tout ce qui doit servir de base à la liqueur dans un vase, et verser dessus l'esprit-de-vin pour le laisser ensuite infuser pendant un temps plus ou moins long, à froid, c'est-à-dire à la seule température de l'atmosphère ; d'autres fois il est nécessaire d'employer la chaleur et de les distiller à l'alambic ; mais, quel que soit le moyen que l'on mette en usage, les substances que l'on soumet à l'infusion doivent être divisées, concassées, réduites en poudre ou coupées en petits morceaux ; le vase doit être bouché avec un liége ou un parchemin percé de trous ; quelquefois il faut l'agiter de temps en temps pour renouveler les surfaces, faciliter la solution, et lorsqu'elle est complete, filtrer pour conserver. Enfin, lorsque l'esprit-de-vin doit tenir en suspension plusieurs substances différentes, il importe souvent de ne pas les soumettre toutes ensemble à son action, mais successivement, suivant leur degré de solubilité, ou bien on réserve une partie de l'esprit-de-vin prescrite pour la préparation, que l'on n'ajoute que lorsque la première a été tirée à clair et filtrée.

Toutes les infusions faites dans l'esprit-de-vin diffèrent beaucoup par la saveur, l'odeur, la couleur, les propriétés : elles sont simples ou composées ; les unes contiennent des substances aromatiques huileuses, elles blanchissent ou se troublent par addition de l'eau ; d'autres ne contiennent que des substances extractives, sucrées, et ne donnent aucun précipité en y ajoutant de l'eau ; enfin, l'infusion, c'est-à-dire l'immersion, le séjour plus ou moins prolongé dans le vin, dans l'eau, le vinaigre, l'esprit-de-vin, ou se fait à froid, c'est la *macération*, ou bien elle se fait à chaud, on l'appelle alors *digestion* : toutes diffèrent essentiellement par la nature de l'excipient ou le liquide qui leur donne la forme : ainsi il y en a qui sont acéteux, aqueux, spiritueux, vineux. Ainsi, sous la dénomination d'eau spiritueuse, nous comprendrons toutes celles que l'on obtient avec l'addition et le mélange de l'eau-de-vie, avec les différentes substances qui peuvent s'y combiner, et lui donner une saveur, une odeur et des propriétés particulières : telles sont les eaux spiritueuses suivantes dont nous allons donner la formule.

Eau spiritueuse d'anis composée.

Prendre graines d'anis et graines d'angélique, de chaque demi-livre ; esprit-de-vin ordinaire quatre livres ; eau de rivière, deux livres ; après avoir contusé les graines des plantes, après les avoir fait macérer pendant quelques heures dans l'esprit-de-vin, on met le tout dans l'alambic, pour procéder à la distillation à feu modéré, en se bornant à tirer seulement quatre livres de liqueur.

Eau-de-vie d'Andaye.

Si toutes les eaux-de-vie qui se débitent dans le commerce sous cette dénomination venaient d'Andaye même, il serait absolument impossible que celles qu'on y fabrique pussent suffire. Aussi l'on a cherché à s'affranchir de cette difficulté en la composant partout ; et quoique les procédés suivis pour la fabriquer ne soient pas absolument les mêmes, il n'en est pas moins vrai que celle qui est confectionnée avec les eaux-de-vie d'Espagne est la meilleure ; enfin, quoique ses qualités varient encore suivant les matériaux qu'on emploie, la bonne eau-de-vie d'Andaye doit toujours être distinguée par une légère odeur anisée. La manière la plus ordinairement suivie est celle dont nous allons donner la formule. Prendre six pintes de bonne eau-de-vie (d'Espagne s'il y a possibilité de s'en procurer), anis étoilé grossièrement cassé une once, coriandre aussi cassée une once et demie, iris en poudre deux onces, eau commune trois pintes, les zestes de trois oranges, sucre blanc deux livres et demie. Distiller au bain-marie toutes ces substances réunies, excepté le sucre et l'eau dans laquelle on le met fondre pour le mêler après avoir retiré la moitié du produit par la distillation, filtrer ensuite à la chausse. Par ce procédé, l'eau-de-vie d'Andaye ne laisse rien à désirer dans les qualités qu'elle doit avoir pour la distinguer des autres. Lorsqu'on veut agir sur des quantités plus considérables, il ne faut qu'augmenter en proportions données les divers ingrédiens qui y entrent et suivre à la rigueur la préparation indiquée.

Eau spiritueuse archi-épiscopale.

Couper menu les zestes de deux cédrats, y joindre mélisse fraîche une once, macis un gros, eau-de-vie et eau commune ordinaire de chaque deux pintes, esprit de jasmin quatre gros, eau de fleurs d'orangers une chopine, sucre blanc une livre et demie ; après avoir fait infuser à la chaleur de l'atmosphère pendant quelques heures les zestes de cédrat, la mélisse, le macis, procéder à la distillation pour obtenir une pinte de liqueur, faire fondre le sucre dans l'eau, verser dedans la liqueur, mêler en même temps l'eau de fleurs d'orangers et l'esprit de jasmin ; tirez à clair au moyen d'une chausse pour conserver ensuite dans des bouteilles bien bouchées.

Eau spiritueuse d'argent.

Prendre les zestes de trois oranges et de deux bergamotes, y ajouter cannelle en poudre, deux gros ; mettre le tout infuser pendant dix heures, à la chaleur de l'atmosphère, dans trois pintes et demie d'eau-de-vie ; procéder à la distillation au bain-marie pour retirer la moitié du liquide ; faire fondre sur le feu deux livres et demie de sucre dans une pinte et demie d'eau ordinaire ; laisser refroidir, faire le mélange et filtrer à la chausse ; prendre deux ou trois feuilles d'argent en livres pour les briser en les battant au moyen d'une fourchette, pour les ajouter ensuite à la liqueur terminée et la conserver dans des bouteilles bien fermées.

Eau spiritueuse aromatique.

Encore appelée *teinture aromatique* ; elle se compose avec cannelle en poudre grossière, six gros ; petit cardamome, trois gros ; gingembre, deux gros ; esprit-de-vin à vingt-quatre degrés, deux livres : mettre le tout infuser à la chaleur de l'atmosphère pendant quatre ou cinq jours, filtrer et conserver pour l'usage.

Eau spiritueuse de bergamote.

Distiller après avoir fait infuser pendant quelques temps dans trois pintes d'eau-de-vie les zestes de quatre bergamotes, ceux de deux oranges et d'un citron, tout coupé menu ; après avoir retiré un peu plus de moitié de la liqueur, ajoutez deux livres de sucre ; après l'avoir fait fondre dans une pinte d'eau distillée, exposée à une chaleur modérée, laisser refroidir ; faire du tout un mélange exact, et filtrer à la chausse pour conserver dans des bouteilles bien bouchées.

Eau spiritueuse de cannelle.

Beaucoup plus connue sous le nom de *cinnamomun*, se fait en mettant infuser, pendant huit à dix jours, dans cinq pintes d'eau-de-vie ordinaire, quatre onces de cannelle grossièrement cassée, les zestes d'un cédrat et d'une orange, en les soumettant à une douce chaleur, pour les distiller ensuite au bain-marie et retirer la moitié de la liqueur; faire fondre ensuite quatre livres de sucre dans deux pintes et demie d'eau de rivière, mélanger le tout exactement, le colorer avec de la cochenille, et filtrer pour conserver ensuite dans des bouteilles bien bouchées.

Autre manière. Choisir de la belle cannelle de Ceylan, deux onces; la mettre infuser après l'avoir cassée en morceaux dans vingt-quatre onces d'eau-de-vie ordinaire; mise dans un vaisseau fermé et exposé pendant trente heures à la chaleur de l'atmosphère, y ajouter huit onces d'eau ordinaire, et procéder à la distillation en se bornant à tirer seulement vingt-quatre onces de liqueur.

Eau spiritueuse de carvi.

Graines de carvi, deux onces; eau-de-vie ordinaire, vingt-quatre onces, à laisser infuser à la chaleur de l'atmosphère pendant l'espace de vingt-quatre heures; y ajouter ensuite huit onces d'eau pour empêcher l'odeur empyreumatique qui se développerait par la distillation, qui doit être bornée à ne tirer que vingt-quatre onces de liqueur.

Eau spiritueuse de cédrat.

Faire infuser pendant vingt-quatre heures, à la chaleur de l'atmosphère, les zestes de quatre cédrats et de deux citrons, coupés menu et aussi mince que possible, dans trois pintes d'eau-de-vie ordinaire; procéder ensuite à la distillation et retirer un peu plus de moitié de la liqueur; faire fondre ensuite deux livres

de sucre blanc dans une pinte et demie d'eau-de-vie
ordinaire ; faire du tout un mélange exact, et filtrer
pour conserver dans des bouteilles bien bouchées.

Eau spiritueuse de céleri.

Mettre infuser pendant quelques heures, à la chaleur de l'atmosphère, dans deux pintes et demie d'eau-
de-vie ordinaire, graine de céleri, un gros ; procéder
ensuite à la distillation pour la continuer jusqu'à ce
qu'on en ait obtenu la moitié ; faire fondre vingt
onces de sucre blanc dans une pinte d'eau, pour faire
du tout un mélange exact ; le filtrer ensuite à la chausse
et le conserver pour l'usage.

Nota. Avec toutes les graines des différentes plantes
dont on voudra conserver l'arome pour servir dans la
fabrication des liqueurs de table, il faut en tout et pour
tout suivre les procédés dont il vient d'être fait mention pour les eaux spiritueuses de *carvi*, de *cannelle*,
de *cédrat* et de *céleri*.

Eau spiritueuse de la côte.

Faire infuser à la chaleur de l'atmosphère, et pendant l'espace de six à huit jours, cannelle en poudre
grossière, les zestes de deux cédrats, deux onces de
dattes, autant de figues grasses dans trois pintes d'eau-
de-vie ordinaire ; distiller ensuite pour obtenir un peu
plus de moitié de la liqueur ; faire fondre ensuite trente-
six onces de sucre blanc dans une pinte et demie d'eau
ordinaire ; faire le mélange, filtrer à la chausse et conserver pour l'usage.

On la fait encore en mettant infuser trois onces de
cannelle, réduite en poudre, dans huit bouteilles de
bon vin ; au bout de huit à dix jours d'infusion, on
distille pour en retirer seulement deux bouteilles ; on
fait fondre deux livres de sucre blanc dans une bouteille d'eau pour laisser réduire à moitié : lorsque le
tout est refroidi on fait le mélange pour le filtrer et le
mettre dans des bouteilles bien bouchées.

Eau spiritueuse divine.

Prendre les zestes de quatre cédrats et d'autant de

bergamotes, les couper menu, y ajouter deux onces de
mélisse récente, pour les faire infuser dans quatre
pintes de bonne eau-de-vie ; en tirer moitié par la distillation faite au bain-marie ; faire fondre sur le feu
quatre livres de sucre blanc dans une pinte et demie
d'eau ordinaire ; y ajouter, après le refroidissement,
une pinte d'eau de fleurs d'orangers : après avoir mélangé le tout et filtré à la chausse, le mettre dans des
bouteilles bien bouchées.

Eau spiritueuse de gérofle.

Après avoir cassé grossièrement une once et demie
de clous de gérofle, après les avoir fait infuser pendant
vingt-quatre heures à la chaleur de l'atmosphère, dans
trois pintes d'eau-de-vie ordinaire, distillez au bain-
marie pour retirer la moitié de la liqueur ; faire fondre
ensuite, dans une pinte et demie d'eau commune,
deux livres de sucre blanc ; mélanger le tout aussi exactement que possible, et filtrer à la chausse pour conserver dans des bouteilles bien bouchées.

Eau spiritueuse d'œillets.

Éplucher et dépouiller de leurs onglets une livre
d'œillets rouges, ajouter un gros de clous de gérofle
réduits en poudre grossière, faire infuser le tout,
pendant huit jours, dans quatre pintes d'eau-de-vie
ordinaire ; procéder ensuite à la distillation pour retirer deux tiers du liquide ; faire fondre ensuite quatre
livres de sucre dans deux pintes d'eau ; faire le mélange,
le colorer avec la cochenille, et filtrer à la chausse pour
conserver pour l'usage.

Nota. Quelles que soient les fleurs dont on pourrait
désirer obtenir la partie essentiellement aromatique pour
l'incorporer dans les liqueurs destinées pour la table,
au lieu d'employer le gérofle, il faut avoir recours à
la partie spiritueuse de chacune d'elles, obtenue par
la distillation avec l'eau-de-vie, connue sous le nom
*d'essence, huile essentielle aromatique, esprit recteur,
quintescence, esprit aromatique,* et l'incorporer à la

dose d'une cuillerée à café pour la quantité que nous venons d'indiquer ; c'est le vrai moyen de parvenir à confectionner, d'une manière aussi prompte que peu dispendieuse, une multitude infinie de liqueurs aussi agréables au goût qu'elles sont faciles à exécuter.

Eau spiritueuse d'or.

Coupez menu les zestes de trois citrons, ajoutez un demi-gros de macis, les mettre infuser pendant vingt-quatre heures dans deux pintes d'eau-de-vie ordinaire, procéder ensuite à la distillation pour extraire la moitié de la liqueur ; faire fondre dans un mélange fait avec une pinte d'eau ordinaire et une chopine d'eau de fleurs d'orangers, une livre et demie de sucre blanc, le colorer aver un peu de safran ou de caramel, et après avoir bien incorporé le tout l'un avec l'autre, passer à la chausse et filtrer ; briser, comminuer quelques feuilles d'or en livret avec une fourchette pour l'ajouter à la liqueur enfermée ensuite dans des bouteilles bien bouchées.

Eau spiritueuse de Malte.

Faire infuser dans trois pintes d'eau-de-vie ordinaire les zestes de six oranges de Malte, pendant l'espace de trois ou quatre jours ; distiller ensuite pour obtenir la moitié de la liqueur ; faire fondre deux livres de sucre blanc dans une pinte d'eau, y ajouter une chopine d'eau distillée de fleurs d'orangers, et filtrer après avoir laissé refroidir le mélange.

Eau spiritueuse de menthe.

Quelle que soit l'espèce de menthe que l'on choisisse pour la faire, il faut en prendre seize onces de leurs feuilles fraîches, mondées et épluchées, les mettre infuser pendant vingt-quatre heures, et à la chaleur de l'atmosphère, dans quatre pintes d'eau-de-vie, avec les zestes de cinq citrons ; et, dans un vaisseau fermé, ajouter un peu d'eau et procéder à la distillation pour éviter l'empyreume ; en retirer la moitié de la liqueur, la mélanger avec quatre livres de sucre fondu dans deux pintes d'eau , pour faire le mélange et incorporer en même-temps un demi-gros d'essence de menthe poivrée , le filtrer à la chausse et conserver dans des bouteilles bien bouchées.

Eau spiritueuse de mélisse.

Encore beaucoup plus connue sous le nom d'*eau des Carmes ;* elle se fait avec coriandre cassée , écorce jaune de citron , de chaque deux onces ; muscade et gérofle , de chaque quatre gros ; cannelle et angélique , de chaque six gros ; eau distillée de mélisse , une livre ; esprit-de-vin à vingt-quatre degrés , deux livres.

Après avoir contusé et cassé les différentes substances susceptibles de l'être , on les met infuser à la chaleur de l'atmosphère pendant quatre jours dans l'esprit-de-vin, on procède ensuite à la distillation pour retirer seulement deux livres de la liqueur.

Eau spiritueuse de myrrhe composée.

Nommée dans les usages de la vie et dans le commerce *élixir de Garus ;* se compose en prenant myrrhe choisie , aloës succotrin , de chaque six gros ; safran deux gros ; cannelle, gérofle , muscade , de chaque un scrupule ; esprit-de-vin rectifié , deux livres ; on concasse les substances susceptibles de l'être , on les met infuser pendant vingt-quatre heures dans l'esprit-de-vin, puis on distille au bain-marie jusqu'à siccité , et l'on conserve pour l'usage.

Ou bien , comme cela se pratique le plus ordinairement , pour rendre cette liqueur beaucoup plus agréable et plus aromatique, on en pèse seize onces que l'on mêle avec trente-deux onces de sirop de capillaire composé ; et après quelques jours d'infusion , on tire la liqueur à clair en la filtrant pour conserver dans des bouteilles bien bouchées.

Eau spiritueuse de noyaux.

Presque toujours dite *de Phalsbourg.* Mettre tremper dans de l'eau froide ordinaire, pour les dépouiller de leurs enveloppes , amandes d'abricots , une livre; amandes de pêches et de cerises, de chaque demi-livre ; les faire infuser ensuite à la température de l'atmosphère dans six pintes d'eau-de-vie ordinaire , pendant l'espace de huit à dix jours, procéder à la distillation et retirer les deux tiers de la liqueur ; faire fondre sur le feu quatre livres de sucre dans trois pintes d'eau , après le refroidissement, faire du tout un mélange exact et y ajouter huit onces d'eau distillée de fleurs d'orangers , filtrer à la chausse , tirer à clair et conserver pour l'usage. Quelques-uns ne se donnent point la peine de peler les amandes, et se contentent de les mettre infuser seulement dans l'eau-de-vie ; mais la liqueur contracte alors une saveur âcre et amère extrêmement désagréable.

Eau spiritueuse des quatre graines.

Dans quatre pintes d'eau-de-vie ordinaire , faire infuser pendant huit jours , en exposant à une chaleur douce et continue, graine d'angélique et coriandre cassée, de chaque une once ; graine de céleri et fenouil, de chaque cinq gros ; procéder à la distillation par le bain-marie, jusqu'à ce qu'on ait retiré les deux tiers de la liqueur ; faire fondre trois livres de sucre dans deux pintes d'eau ; mélanger le tout exactement pour filtrer et tirer à clair.

Eau spiritueuse de romarin.

Encore appelée *esprit aromatique de romarin*. Faire infuser pendant deux jours , à la chaleur de l'atmosphère , dans trois livres d'eau-de-vie à vingt degrés , sommités de romarin ; quatre onces et demie ; sommités de thym et de mille-feuilles , de chaque deux onces ; distiller ensuite et retirer la moitié de la liqueur ; faire fondre deux livres de sucre dans une pinte d'eau, laisser refroidir et filtrer.

Eau spiritueuse de thé.

Mettre infuser , à la chaleur de l'atmosphère , dans trois pintes d'eau-de-vie ordinaire , une demi-once de thé, le meilleur possible; procéder ensuite à la distillation pour retirer la moitié de la liqueur; faire fondre une livre et demie de sucre dans une pinte et demie d'eau ordinaire, laisser refroidir et mêler exactement pour tirer à clair par le moyen de la chausse.

Quelquefois on prépare cette liqueur par l'infusion seule du thé dans l'eau; quoique de cette manière il y ait certainement une grande économie, on n'obtient qu'une liqueur qui reste continuellement jaunâtre, et ne peut jamais devenir limpide et diaphane, ce qui ne laisse pas d'être très-désagréable; lorsqu'on la fabrique pour être vendue, on doit donc préférer la première méthode.

Fine orange.

Faire infuser, à la chaleur de l'atmosphère, dans trois pintes d'eau-de-vie ordinaire, quatre gros de zestes d'oranges, les y laisser pendant six jours, pour procéder à la distillation et retirer un peu plus de moitié de la liqueur; faire fondre deux livres et demie de sucre dans une pinte et demie d'eau, y ajouter demi-livre d'eau double de fleurs d'orangers, mélanger et filtrer à la chausse couverte, pour conserver dans des bouteilles bien bouchées.

DES FRUITS A L'EAU-DE-VIE.

Soit que l'on considère tous les fruits d'été, d'automne ou d'hiver, comme un objet de nourriture ou d'agrément, qu'il soit à noyaux, à pépins, rouges ou de toute autre couleur, quand même le jardinier, pour satisfaire au luxe ou à la fantaisie, parviendrait encore à intervertir l'ordre des saisons, pour faire manger à Noël ceux qu'on ne recueille qu'à la fin de juin, il n'en est pas moins vrai que l'art de les conserver au moyen de l'eau-de-vie, est une ressource précieuse dans toutes les circonstances, et que la consommation qui s'en fait de cette manière est presque aussi considérable que l'autre. Tout limonadier qui ne veut pas s'en rapporter à d'autres qu'à lui seul, pour se procurer les différens fruits à l'eau-de-vie, nécessaires à son établissement, doit suivre les procédés que nous allons indiquer pour ceux qui sont le plus généralement demandés dans tous les temps.

Des abricots à l'eau-de-vie.

Choisir des abricots à moitié mûrs, mais cependant assez colorés pour qu'ils puissent conserver leur goût et leur saveur ; après les avoir nettoyés et essuyés, on les pique avec une grosse épingle ou tout autre instrument d'acier, assez long et assez mince pour les pénétrer jusqu'à leur noyau ; on les jette ensuite les uns après les autres dans l'eau froide ; cette opération achevée, on change encore deux fois l'eau pendant l'espace de vingt minutes, après quoi on les retire pour les faire égoutter.

Prendre ensuite suffisante quantité de sucre (une livre pour livre et demie d'abricots), le clarifier et le faire cuire au petit lissé, y jeter le fruit en l'exposant sur un feu doux et continué également, le laisser frissonner en le remuant de temps en temps ; lorsque les abricots fléchissent en les comprimant avec les doigts, lorsqu'on les juge suffisamment blanchis, on les y laisse baigner pendant tout le reste du jour.

On replace la bassine sur le feu, pour faire cuire le sucre à la nappe, dans lequel on remet le fruit pour lui donner un bouillon couvert ; le lendemain on les fait égoutter une seconde fois pour les mettre dans des bocaux. Après avoir remis le sucre à la nappe, on y ajoute égale quantité d'eau-de-vie à vingt-quatre degrés ; lorsqu'il est refroidi et qu'on a fait du tout un mélange exact, on passe à la chausse en ayant soin de le jeter aussi souvent qu'il est besoin pour que le liquide soit clair et transparent ; on le verse ensuite sur les abricots que l'on ferme avec un liège recouvert d'un parchemin collé sur le verre, et pour les conserver on les place dans un endroit tempéré et à l'abri de la grande lumière.

Cerises à l'eau-de-vie.

Comme dans tous les fruits qu'on a pour habitude

de faire infuser dans l'eau-de-vie on ne doit avoir
d'autre intention que d'en conserver la pulpe entière
et intacte, si l'excipient se trouve encore être le même
que dans la composition du raiafiat, les procédés ne
sont pas tout-à-fait les mêmes. Les cerises, en raison
du principe sucré qu'elles renferment, sont de tous les
fruits un des plus agréables à manger : et, comme
elles passent très-vite, on les conserve à l'aide de l'eau-
de-vie ; c'est ce que l'on désigne ordinairement chez
les limonadiers sous le nom de salade de cerises. Pour
les préparer on choisit les plus belles, les plus sucrées,
ce sont ordinairement celles dites de Montmorency ; il
faut qu'elles soient fraîches, sans tache, dans un état
de maturité parfaite, mais sans être trop avancées ; on
leur coupe la queue à moitié. En opérant sur une petite
quantité, on les jette dans l'eau fraîche pour les retirer
au bout de quelques heures, les laisser égoutter après
les avoir mises dans des bocaux plus ou moins grands,
au fond desquels on aura placé d'avance un nouet contenant une substance aromatique, soluble par infusion,
comme la coriandre, la cannelle, le gérofle ; on verse
dessus l'eau-de-vie en assez grande quantité pour que
les cerises nagent dedans, après les avoir fermées, on
les laisse dans un endroit dont la température soit
douce, égale, et surtout à l'abri de la lumière ; au bout
de quelque temps on sépare le fruit de la liqueur pour
y délayer cinq à six onces de sucre par pinte ; la solution du sucre terminée, filtrer en passant à la chausse
pour remplir de nouveau les vases qui doivent les contenir ; après les avoir édulcorées, bouchez aussi hermétiquement que possible, pour les mettre en usage
deux mois après.

Quelques-uns, pour rendre les cerises à l'eau-de-
vie plus agréables, après un mois de leur infusion
dans l'eau-de-vie, les retirent et la remplacent par le
ratafiat dit de Grenoble ou autre, et emploient celle
où les cerises ont séjourné pour faire des liqueurs communes ; d'autres se contentent de mettre infuser le fruit
seulement, sans addition d'aucune autre substance
sucrée.

On prépare de la même manière les framboises, le cassis ; quant aux raisins secs dits de Corinthe, ils sont naturellement assez doux et assez sucrés, pour faire, avec leur seule infusion dans l'eau-de-vie et en très-peu de temps, une liqueur aussi agréable que bonne dans toutes les circonstances.

Nous devons avertir ceux qui, par agrément, habitude ou satisfaction, voudraient préparer eux-mêmes leurs cerises à l'eau-de-vie, de ne pas suivre le préjugé général qui leur fait croire qu'en les exposant au grand soleil et dans des bocaux quelquefois mal bouchés, elles peuvent, au bout d'un temps plus ou moins prolongé, obtenir quelque chose de passable ; il arrive tout le contraire ; l'esprit-de-vin ou alcool contenu dans l'eau-de-vie qu'elles soumettent à la chaleur s'évapore, il ne reste plus que l'eau toute pure ; le seul procédé à suivre dans ce cas est celui que nous venons d'indiquer : 1°. bien boucher avec un liège recouvert avec un parchemin mouillé, ficelé ou collé sur les bords du bocal ; 2° le mettre dans un endroit où la température soit aussi égale que possible, et toujours modérée ; 3°. enfin, le tenir absolument à l'abri de la grande lumière.

Mirabelles à l'eau-de-vie.

Prendre six livres de mirabelles choisies, bien blondes, sans être trop mûres, les piquer, les mettre dans une bassine remplie d'eau sur le feu, faire bouillir, et, à mesure qu'elles surnagent, les enlever avec une écumoire pour les jeter dans une terrine remplie d'eau fraîche ; faire fondre deux livres de sucre, le clarifier et le cuire au petit lissé, y remettre les mirabelles jusqu'à ce qu'elles aient subi un ou deux bouillons, répéter la même opération pendant deux jours de suite ; le troisième, après les avoir fait égoutter, on les entasse dans des bocaux ; faire cuire le sucre à la nappe, le laisser refroidir pour le mélanger exactement aux deux tiers de la quantité de sirop avec de l'eau-de-vie à vingt-cinq degrés, passer à la chausse pour clarifier, le verser ensuite sur les prunes, fermer exactement les bocaux pour les conserver dans une température égale et à l'abri de la lumière, pour s'en servir au besoin.

Noix à l'eau-de-vie.

Après avoir paré des noix tendres des plus grosses et choisies, après leur avoir enlevé la première pellicule jusqu'au blanc, on les jette dans l'eau fraîche acidulée avec un peu d'alun ou de suc de citron pour les conserver dans leur blancheur ; mises ensuite sur le feu, on les fait bouillir jusqu'à ce qu'elles soient attendries, ce que l'on juge en y implantant une épingle ; on les retire pour les laisser de nouveau séjourner un peu dans l'eau encore acidulée avec le citron ; pour trois livres de noix faire fondre deux livres de sucre, le clarifier ; cuit au petit lissé, on le verse et on le laisse séjourner pendant vingt-quatre heures sur le fruit ; le lendemain on fait cuire le sucre au grand lissé pour le remettre encore de même sur les noix ; la troisième fois on va jusqu'au petit perlé pour le laisser encore pendant vingt-quatre heures sur le fruit ; on retire le sirop, que l'on mêle avec quantité égale d'eau-de-vie à vingt-cinq degrés pour le faire chauffer jusqu'au frémissement ; le laisser refroidir ensuite pour le verser dans les bocaux sur les noix tassées avec ordre et symétrie, de manière à ce que la liqueur les recouvre, et qu'elles y baignent comme il faut. pour conserver avec les mêmes précautions dont nous avons déjà parlé dans les articles précédens.

Oranges à l'eau-de-vie.

Comme de tous les fruits qui peuvent être à notre disposition l'orange est un de ceux qui portent avec eux l'arome le plus agréable, on en choisit de très-belles parmi celles de Malte, ou tout au moins de Portugal, qui, sans contredit, sont les meilleures ; mais à leur défaut on se contente de celles qui nous viennent de Provence ; après les avoir tournées, c'est à-dire, après qu'elles ont été dépouillées de leurs écorces jaune et blanche, on les pique pour les jeter dans de l'eau fraîche ;

ensuite après les avoir fait blanchir à un feu doux, on
les plonge encore une fois dans l'eau froide. Après
avoir liquéfié du sucre en quantité suffisante, on le
fait cuire à la petite nappe pour être versé sur les
oranges placées dans une bassine pour leur donner un
bouillon couvert; après avoir recommencé deux fois
de suite, à vingt-quatre heures de distance, en remettant toujours le sucre amené au degré de petite
nappe, et en y ajoutant les oranges pour qu'elles re-
çoivent un ou deux bouillons seulement, à la troisième
fois on les laisse égoutter pour les mettre dans les bocaux. Ces opérations terminées, on met encore le sucre
sur le feu pour le faire bouillir pendant quelques minutes; après l'avoir laissé refroidir, on y ajoute deux
tiers d'eau-de-vie à vingt-cinq degrés, que l'on mêle
exactement; après avoir filtré en passant à la chausse
on le verse sur le fruit de manière à ce qu'il soit entièrement couvert; on ferme les bocaux aussi hermétiquement que possible pour les conserver avec les précautions indiquées pour les autres dont il a déjà été
fait mention plus haut.

Pêches à l'eau-de-vie.

Choisir un nombre déterminé des plus belles pêches
d'espalier, un peu avant qu'elles ne soient parvenues à
l'état de maturité complète, les frotter légèrement avec
un linge fin, pour les dépouiller de leur duvet, les
piquer jusqu'au noyau et les jeter dans l'eau fraîche;
ensuite, dans une bassine plate, mettre du sucre en
suffisante quantité et proportionnée au nombre des
pêches (depuis une once jusqu'à deux pour chaque
fruit), le clarifier, le faire cuire au petit lissé, pour,
après avoir diminué le feu, y faire frissonner les pêches,
que l'on remue de temps à autre jusqu'à ce qu'elles
soient assez blanchies; ramollies de manière à céder
en les comprimant avec les doigts, on les retire promptement du feu, car trop molles il serait impossible de
les conserver. Après avoir de nouveau mis le sucre sur
le feu, on le fait cuire à la nappe, pour le laisser refroidir et y verser ensuite les deux tiers de son poids

d'eau-de-vie à vingt-cinq degrés; on le mêle exactement, on le passe à la chausse de castor non collée,
pour que la liqueur ne soit pas louche, et la verser ensuite sur les pêches, rangées dans des bocaux fermés
avec un liège recouvert d'un parchemin mouillé, collé
et ficelé sur le goulot.

Dans le procédé que l'on désigne sous le nom de
façon de Paris, après avoir, de même que nous venons
de le dire, choisi les pêches, enlevé leur duvet, après
leur avoir fait subir la chaleur à un feu modéré, et
dans une quantité d'eau suffisante pour qu'elles en
soient couvertes de trois à quatre pouces, on les agite
pour les retirer à mesure que l'on sent qu'elles fléchissent sous les doigts, pour les jeter dans l'eau
froide, que l'on change encore une ou deux fois en
vingt minutes.

Ensuite, avec le quart pour les deux tiers de sucre
clarifié et cuit à la nappe, on mélange le double d'eau-
de-vie à trente degrés qu'on laisse déposer, ou que
l'on passe à la chausse pour remplir les bocaux dans
lesquels on a placé d'avance les pêches blanchies et
égouttées.

Ceux qui préparent en grand et qui opèrent sur des
quantités considérables de pêches, ou d'autres fruits à
l'eau-de-vie, font le mélange du sucre avec l'eau-de-
vie qu'ils tiennent enfermé dans des barriques, pour le
faire éclaircir par le repos, et à mesure qu'ils mettent
quelques-uns de ces fruits dans des bocaux, ils prennent
la quantité de liqueur qui leur est nécessaire ; au bout
de six semaines ils sont bons à manger, mais ils sont
loin d'avoir le moelleux et l'arome de ceux qui sont
préparés par les autres procédés; cependant quelques-
uns les préfèrent parce qu'ils sont beaucoup plus fermes
et diffèrent très-peu de ceux qu'on vient de cueillir ;
outre cela la liqueur est beaucoup plus claire et beaucoup plus transparente, et l'on abrège encore le temps
et les dépenses premières, non-seulement pour les
pêches, mais encore pour les abricots, les mirabelles,
les poires, les prunes de reine-claude, etc.

Poires à l'eau-de-vie.

Comme elles diffèrent par la grosseur et la substance aromatique qu'elles contiennent, comme il y en a de toutes les saisons, on ne met à l'eau-de-vie que les poires de *beurré* et celles dites de *rousselet*. Après les avoir choisies belles, fraîches, et peu de temps avant qu'elles ne soient tout-à-fait parvenues à l'état de maturité parfaite, on les met, comme les autres fruits, sur le feu, dans suffisante quantité d'eau, que l'on fait chauffer sans bouillir. Lorsqu'on les sent fléchir par la compression sous les doigts, on les retire en les jetant dans l'eau fraîche. Après les avoir pelurées, nettoyées avec soin, on coupe les grosses par quartiers, on laisse entières celles qui sont petites ; on prend quatre à cinq livres de sucre que l'on clarifie, et que l'on fait cuire au grand lissé ; on y met les fruits que l'on fait bouillir pendant quinze ou vingt minutes ; après avoir répété cette opération deux jours de suite, on les retire pour les laisser égoutter, on mêle dans le sirop deux tiers de son poids d'eau-de-vie à vingt-cinq degrés ; après l'avoir filtré et tiré à clair, on verse sur les fruits rangés dans des bocaux fermés avec le liége recouvert d'un parchemin collé sur les bords.

Prunes à l'eau-de-vie.

Choisir de belles prunes de reine-claude, avant leur entière maturité, les piquer jusqu'au noyau, les mettre sur le feu, dans de l'eau en suffisante quantité pour qu'elles y baignent entièrement : après les avoir fait bouillir on les remue continuellement, on les retire et on les transvase dans une terrine vernissée, on les saupoudre d'un peu de sel fin, ou bien on y ajoute un peu de vinaigre ; quelques-uns même conseillent du vert d'épinards. Couvrez le tour et laissez refroidir ; le lendemain replacez la bassine sur le feu, faites chauffer jusqu'à ce que le doigt ne puisse plus supporter la chaleur, mais sans bouillir ; continuez d'agiter le fruit pendant au moins deux heures ; lorsque les prunes sont redevenues vertes, retirez-les à mesure qu'elles montent assez blanchies, pour les remettre dans l'eau froide.

Pour six livres pesant de fruits, faire fondre, avec suffisante quantité d'eau, quatre livre de sucre ; arrivé au petit lissé, on le jette sur les prunes, qui doivent avoir été préalablement sorties de l'eau et égouttées ; on leur donne un ou deux bouillons, on les retire et laisse refroidir, après avoir répété trois fois de suite la même opération, à quatre heures d'intervalle ; le quatrième jour on retire les prunes pour les faire égoutter et les ranger dans des bocaux.

Le sirop remis sur le feu se fait cuire à la nappe ; après qu'il est refroidi on y ajoute les deux tiers d'eau-de-vie à vingt-cinq degrés ; le mélange achevé, on le passe à la chausse et on remplit les bocaux, que l'on couvre d'un liége et de parchemin collé.

Raisin muscat à l'eau-de-vie.

Quel que soit le raisin choisi pour mettre à l'eau-de-vie, qu'il soit muscat, qu'il soit de Corinthe, raisin sec de Provence, ou verjus, il faut prendre les grains les plus gros, en ôter les pépins après les avoir fendus avec une aiguille d'argent, d'ivoire, ou un cure-dent, les mettre ensuite dans un bocal, au fond duquel on aura placé un nouet contenant une substance aromatique agréable au goût, pour le remplir ensuite avec l'eau-de-vie.

Au bout de trois ou quatre semaines, retirez l'eau-de-vie et ajoutez-y demi-livre de sucre par pinte, faites dissoudre, passez à la chausse pour tirer à clair, et reversez de nouveau sur le fruit dans le bocal, pour le boucher et le conserver dans un endroit tempéré et surtout à l'abri de la lumière du soleil.

DES HUILES (liqueurs).

On trouve dans le commerce et l'on y fabrique, sous le nom d'*huiles*, des liqueurs grasses, onctueuses, qui se font à-peu-près comme les crêmes dont nous avons parlé, excepté cependant qu'on y ajoute un peu plus de sucre, que l'on fait bouillir plus ou moins long-temps afin de rendre la liqueur aussi grasse que possible ; telles sont les suivantes.

Huile des sept graines.

Cassez grossièrement graine d'anis, deux onces ; graines de cumin, de carvi, d'anet, de chaque une once ; coriandre, trois onces ; fenouil, deux onces ; pour les faire infuser à la température de l'atmosphère dans quatre pintes d'eau-de-vie ordinaire ; procéder ensuite à la distillation pour retirer moitié de la liqueur ; faire fondre quatre livres de sucre dans deux pintes d'eau ; après avoir mélangé le tout également, filtrer à la chausse et conserver.

Huile de myrte.

Prendre demi-livre des fleurs ou des feuilles de myrte, deux onces de feuilles de pêcher, la moitié d'une muscade ; mettre infuser ces deux dernières pendant quelques heures à la chaleur de l'atmosphère dans six pintes d'eau-de-vie ordinaire ; procéder à la distillation au bain-marie d'un alambic pour retirer trois pintes de liqueur, dans laquelle on jettera, pour infuser seulement pendant quatre jours de suite, les fleurs ou les feuilles de myrte ; l'infusion terminée, faire fondre cinq livres de sucre blanc dans trois pintes d'eau, le retirer bouillant ; après l'avoir laissé refroidir, faire un mélange exact, colorer, soit avec le safran ou le caramel, filtrer à la chausse et conserver.

Huile de roses.

Dans une belle journée de printemps effeuillez de leurs pétales sept livres de roses, pour les mettre infuser à la température de l'atmosphère dans quatre pintes d'eau-de-vie ordinaire ; procédez ensuite à la distillation et retirez deux pintes de liqueur ; faites fondre à froid quatre livres de sucre dans une pinte et demie d'eau simple distillée de roses, à laquelle vous ajouterez une livre d'eau double de roses, c'est-à-dire la plus chargée possible de l'arome de cette fleur ; faites du tout un mélange exact, et colorez en rose par le

moyen de la cochenille ; filtrez à la chausse et conservez à l'abri de la lumière.

Huile de Vénus.

Faire infuser pendant cinq jours et à la chaleur de l'atmosphère, dans quatre pintes d'eau-de-vie ordinaire,
une once d'anis, autant de carvi et de chervi, le zesta
d'une ou deux oranges, deux gros de macis et un
demi-gros de vanille ; procéder à la distillation pour
retirer la moitié de la liqueur ; faire fondre ensuite
quatre livres de sucre dans deux pintes d'eau, mélanger le tout exactement, filtrer à la chausse, colorer
en jaune avec le safran ou le caramel, et conserver.

HYDROMEL.

Produit de la fermentation du miel avec l'eau,
après avoir été soumis, mélangé l'un et l'autre, à une
température un peu élevée et nécessaire à la formation
des autres liqueurs spiritueuses.

Hydromel de primevère.

Dans vingt pintes d'eau ordinaire faire bouillir,
pendant l'espace de quatre heures, et en ayant soin
d'écumer, douze livres de miel, prendre le quart de
la liqueur pour la verser bouillante sur la primevère,
environ le quart d'un boisseau, et laisser infuser pendant une nuit tout entière. Dans ce qui reste de l'eau
mélangée avec le miel ajoutez une demi-douzaine de
citrons coupés par tranches minces ; le lendemain,
faites du tout un mélange exact en y ajoutant une
verrée de levure de bière et une demi-poignée de
fleurs d'églantier ; laissez fermenter pendant quatre
jours ; passer la liqueur avec expression pour la conserver dans un baril, et la mettre en bouteilles trois
mois après.

Hydromel russe.

Prendre parties égales de cerises, de fraises, de
framboises et de mûres, y ajouter autant de miel en
couteau (vierge), les faire macérer tous ensemble pen-

dant deux jours, avec le double d'eau ordinaire ; après
y avoir jeté dans l'intérieur un morceau de mie de pain
trempé dans la levure de bière, placez le tonneau contenant la liqueur dans un endroit chaud ; la fermentation, qui ne tarde pas à s'établir, dure environ pendant deux mois consécutifs : l'hydromel est bon à boire
au bout de ce temps.

Hydromel vineux.

Dans une grande bassine, placée sur le feu, mettez
trente pintes d'eau ordinaire et vingt livres de miel ;
faites bouillir et réduire à-peu-près à moitié en remuant
continuellement ; laissez refroidir, et dans un baril
neuf, capable de contenir la moitié de ce qui reste,
bien lavé à l'eau chaude, versez une verrée d'eau-de-
vie pour lui ôter toute odeur étrangère ; rempli avec
la liqueur, ne fermez la bonde qu'avec un morceau
d'étoffe ; le reste doit être gardé dans des bouteilles séparées. En conservant le baril, exposé dans un endroit
dont la température soit un peu chaude, la fermentation ne tarde pas à s'établir et à jeter continuellement
une écume jaunâtre, épaisse, qui le vide peu-à-peu ;
on remplit, lorsqu'il en est besoin, avec l'hydromel conservé dans les bouteilles. Cet état de fermentation dure
à-peu-près pendant trois mois consécutifs ; lorsqu'il
est entièrement cessé, on ferme le baril avec une bonde
juste, pour le descendre à la cave, et ne le mettre en
bouteilles qu'après une année révolue.

Pour ôter à l'hydromel le goût et la saveur du miel
qui y resterait, on y ajoute, peu de temps avant de le
sortir de dessus le feu, un sixième de bon vin, qu'on
remplace encore par la même quantité de suc de fraises
ou d'oranges, et par un nouet contenant du gérofle,
du gingembre, de la cannelle et du macis, de chaque
vingt ou trente grains, qu'on ajoute à la liqueur un
mois après qu'elle a été enfermée dans le baril qui doit
la contenir, jusqu'à ce qu'on la mette en bouteilles.

HYPPOCRAS.

Dans une pinte de vin de Malvoisie, ou tout autre
qui soit aromatique et sucré, étendu avec une pinte de

bon vin blanc ordinaire, mettre infuser deux onces de cannelle, quatre gros de gingembre, quatre grains de muscade, autant de gérofle et de galenga, y mêler ensuite une livre de sucre dans suffisante quantité d'eau ordinaire; passer à la chausse pour le tirer à clair et conserver dans des bouteilles bien bouchées.

Autre manière.

Faire infuser pendant quinze jours à la chaleur de l'atmosphère, dans trois pintes de bon vin rouge ou blanc, cannelle, trois gros; vanille et gérofle, un gros; sucre, deux onces, broyés les uns avec les autres ; passer la liqueur à la chausse après y avoir ajouté une goutte d'essence d'ambre.

Autre manière.

Peler deux onces d'amandes douces après les avoir fait infuser pendant quelque temps dans l'eau froide, les concasser avec une once de cannelle et vingt onces de sucre en poudre ; mettre ces trois substances infuser à froid, pendant huit jours, dans trois pintes de bon vin rouge ou blanc, auquel on ajoute, pour le rendre encore plus spiritueux, un demi-setier d'eau-de-vie ; passer la liqueur à la chausse, la verser dans un en-tonnoir de verre sur un nouet contenant un peu d'ambre gris, du macis en poudre ou toute autre substance aro-matique qu'on voudra incorporer dans la liqueur vi-neuse, pour conserver dans des bouteilles bien bouchées.

LIQUEURS EXTEMPORANÉES.

Encore désignées par quelques-uns sous le nom de *liqueurs anodines*, ne sont que des espèces d'*illico*, c'est-à-dire qu'elles ne sont réellement et ne doivent être composées que par un simple mélange, et pour être consommées sur-le-champ, toujours en raison du besoin qu'on peut en avoir, parce qu'il est impossible de les conserver au-delà de quelques jours : les sui-vantes sont les plus ordinaires et celles qu'on emploie le plus souvent de cette manière.

Liqueur extemporanée de cannelle.

Mélangez exactement un demi-poisson d'eau de cannelle avec autant de verjus, faites fondre dedans huit onces de sucre; ajoutez ensuite trois demi-setiers d'eau ordinaire; puis après avoir aromatisé avec trois ou quatre gouttes d'eau éthérée d'ambre, un poisson et demi d'eau-de-vie, bonne et vieille, versez-la sur le premier mélange, pour s'en servir de suite.

Liqueur extemporanée de cerises.

Elle se fait de la même manière que l'eau de cerises (*voyez* l'article à ce mot), en y ajoutant un poisson et demi de bonne eau-de-vie; ensuite, pour aromatiser, on verse dedans une cuillerée à bouche d'eau de cannelle spiritueuse, ou d'œillets avec addition de gérofle.

Liqueur extemporanée de citron.

Dans de la limonade faite comme nous l'avons dit (*voyez* l'article, page 9), ajoutez un poisson d'eau de mélisse simple, ou d'eau-de-vie rectifiée, bonne et vieille.

Liqueur extemporané avec l'écorce de citron confite.

Sur une once et demie de zestes de citrons confits, jetez une pinte d'eau : faites chauffer ; à l'instant où le tout sera prêt à bouillir, et que la liqueur aura pris la couleur du citron, retirez du feu, tirez à clair et laissez refroidir ; ajoutez six onces de sucre ; exprimez-y deux citrons passés à travers un linge, et versez dedans un poisson et demi d'eau-de-vie rectifiée.

Liqueur extemporanée avec l'écorce d'orange.

Suivez les mêmes procédés que pour la précédente, les résultats seront les mêmes.

Liqueur extemporanée de fleurs d'orangers confites.

Dans une pinte d'eau froide jetez demi-once de fleurs d'orangers pralinées ; faites chauffer, et au moment de l'ébullition, lorsque la liqueur est assez for-

tement colorée , retirez du feu ; laissez refroidir et soutirez en inclinant le vase ; faites fondre six onces de
sucre , ajoutez ensuite un poisson et demi d'eau-de-
vie , et un demi-poisson de verjus ; agitez, remuez
fortement le tout , pour conserver dans une bouteille
bien bouchée.

Liqueur extemporanée de fraises.

On la fait de la même manière que l'eau de fraises
(*voyez* l'article au mot) , en y ajoutant , après qu'elle
a été passée et tirée à clair, égale quantité de bonne
eau-de-vie , et une cuillerée de fleurs d'orangers.

Liqueur extemporanée de framboises.

On l'obtient par le même procédé que l'eau de framboises (*voyez* l'article au mot) , et on y ajoute quantité
égale d'eau-de-vie ; on aromatise le tout avec une
cuillerée à bouche d'eau d'œillets, avec essence de
gérofle.

Liqueur extemporanée de groseilles.

Cette liqueur se fait comme l'eau de groseilles (*voyez*
l'article au mot) , et lorsqu'elle a été tirée à clair en la
passant à la chausse , on y ajoute un poisson et demi
de bonne eau-de-vie rectifiée.

Liqueur extemporanée de mélisse.

Faire fondre une demi-livre de sucre dans un demi-
setier d'eau de mélisse simple ; y ajouter trois demi-
setiers d'eau ordinaire , le suc exprimé de deux citrons ; passez le tout à travers un linge et versez dans
la liqueur un poisson et demi de bonne eau-de-vie.

Liqueur extemporanée d'oranges.

Dans une quantité suffisante d'orangeade (*voyez*
ce mot, p. 11) mêlez un poisson d'eau de fleurs d'o-
rangers , et un poisson et demi de bonne eau-de-vie.

Liqueur extemporanée de roses.

Faire fondre demi-livre de beau sucre blanc dans un
demi-setier d'eau de roses ; y ajouter demi-poisson de

suc acide de verjus, et trois demi-setiers d'eau ordinaire ; agitez, remuez le mélange, et l'aromatisez avec quelques gouttes d'eau spiritueuse de cédrat ou de teinture d'ambre ; ajoutez un poisson et demi de bonne eau-de-vie ; remuez de nouveau ce mélange et conservez pour l'usage.

Liqueur extemporanée de thé.

Faire une forte infusion de thé vert, en prendre dans trois demi-setiers d'eau, la mettre de nouveau sur le feu après qu'elle est tirée à clair ; au moment de l'ébullition y ajouter du sucre en suffisante quantité ; ordinairement c'est une demi-livre ; acidulez avec une cuillerée à café de verjus pour un poisson et demi de bonne eau-de-vie aromatisée avec de l'ambre ou toute autre substance aromatique agréable, mais spiritueuse.

LIQUEURS SPIRITUEUSES COMPOSÉES.

Elles diffèrent des autres que nous avons désignées sous le nom de *liqueurs simples* ou *extemporanées*, en ce qu'on y ajoute les spiritueux aromatiques en plus ou moins grande quantité pour leur donner des goûts et des saveurs particulières, comme dans les suivantes.

Liqueur spiritueuse au bouquet.

Mettre infuser à froid dix-huit grains de macis dans deux pintes d'eau-de-vie ordinaire, pour les distiller et retirer la moitié de la liqueur ; faire fondre dans une pinte d'eau deux livres de sucre blanc ; mélanger exactement en y ajoutant huile essentielle de fleurs d'orangers, un gros ; alcoolat ou esprit de jasmin, de roses, de vanille et de réséda, de chaque, un gros, pour filtrer à la chausse et conserver dans des bouteilles bien bouchées.

Liqueur spiritueuse aux quatre fleurs.

Distiller au bain-marie d'un alambic trois pintes d'eau-de-vie ordinaire pour en retirer la moitié ; faire fondre ensuite sur un feu très-doux, deux livres et demie de sucre dans deux pintes d'eau commune ; laissez refroidir et mélangez exactement dans le sirop quatre onces d'esprit de roses et de fleurs d'orangers ; esprit de jasmin, trois onces, et deux onces d'esprit de réséda ; filtrez, tirez à clair toute la liqueur en la passant à la chausse ; versez dans des bouteilles bien bouchées, et conservez pour l'usage.

Liqueur suave.

Faire infuser pendant dix à douze heures, et à la chaleur de l'atmosphère, gérofle, un gros ; macis, demi-gros, pour procéder à la distillation au bain-marie et retirer les deux tiers de la liqueur ; faire fondre trois livres deux onces de sucre blanc dans une pinte et demie d'eau ordinaire, et demi-livre d'eau de fleurs d'orangers ; mêler le tout avec ce qui a été distillé ; ajouter demi-livre d'eau double distillée de roses ; esprit de jasmin, deux gros : esprit d'ambre, deux gouttes ; filtrer la liqueur à l'entonnoir fermé, et la conserver dans des bouteilles bien bouchées, car cette liqueur a un parfum tellement fugace qu'il s'évaporerait ; c'est une des plus suaves qui soient connues.

MARASQUIN.

Encore appelé *marasquin de Zara*. Choisir à-peu-près douze livres de belles cerises aigres, leur ôter la queue et les noyaux, les faire macérer dans quatre pintes d'eau-de-vie, en les enfermant dans un vase bouché hermétiquement pendant trois jours ; les distiller pour retirer à-peu-près trois pintes de liqueur.

Prendre ensuite une livre de feuilles de cerisier, les distiller avec suffisante quantité d'eau ordinaire pour retirer à-peu-près trois pintes d'eau ; mêlez les deux produits, dans lesquels on fait fondre quatre livres de sucre pour faire, avec esprit de jasmin trois gros, esprit de roses dix gros, autant de fleurs d'orangers, et une pinte de kirschenwasser, un dernier mélange aussi exact que possible ; filtrez et tirez à clair : cette liqueur doit toujours porter avec elle une saveur et un parfum exquis.

L'esprit de jasmin doit être récent ; vieux il devient

rance, et communiquerait un goût désagréable à la liqueur : quelquefois, au lieu d'employer la macération des cerises avec l'eau-de-vie, on se contente de faire le marasquin avec le kirschenwasser ; ce n'est pas la même chose, le produit ressemble, dans ce cas, plutôt à la crème de kirschenwasser parfumé, qu'à du véritable marasquin. Cependant, au moment où la fleur de pêcher donne, on peut en choisir six onces pour la quantité des ingrédiens indiqués, et la distiller avec l'eau-de-vie ; mais il faut supprimer l'esprit de roses et de fleurs d'orangers, et employer un gros d'esprit de jasmin ; mais on n'obtient encore, par ce moyen, qu'un résultat beaucoup moins bon et beaucoup moins agréable que le premier.

ORGEAT.

Expression le plus souvent employée pour demander et désigner une certaine quantité du sirop de ce nom, étendue dans l'eau chaude en hiver, et l'eau froide en été ; comme elle sert à désaltérer, à rafraîchir, pour qu'une carafe d'orgeat soit bonne, agréable au goût, il faut que le sirop dont on se sert soit bien préparé. Voici la manière la plus convenable de le faire.

Prendre amandes douces, récentes et mondées, trois onces ; amandes amères, une once ; décoction d'orge mondé et passé, seize onces ; sucre blanc, vingt-six onces ; eau de fleurs d'orangers, six gros ; essence de citron, deux gros.

Tous ceux qui préparent le sirop d'orgeat ne s'y prennent pas de la même manière : les uns se contentent de faire une émulsion avec les amandes et de l'eau simple, puis de la mettre dans une bassine avec le sucre, et de lui faire prendre un bouillon ; mais on doit y procéder de la manière suivante.

Après avoir préparé la décoction d'orge et mondé les amandes, en les laissant tremper pendant six ou sept heures dans de l'eau fraîche, et non pas chaude et bouillante comme on le fait ordinairement, on pile les amandes dans un mortier de marbre, avec une partie de sucre, ce qui est avantageux pour empêcher ou au moins retarder la séparation de la partie émulsive du sirop ; et lorsque les amandes sont réduites en pâte molle, fine et homogène, on ajoute peu-à-peu, et en triturant, la décoction d'orge, puis on passe avec expression à travers un blanchet ; alors on ajoute à la liqueur le restant du sucre que l'on fait fondre seulement à la chaleur du bain-marie ; enfin, on aromatise avec l'eau de fleurs d'orangers et l'essence de citron.

On regarde ce sirop, pris dans une bavaroise, comme susceptible de restaurer l'estomac, de rafraîchir et d'adoucir la poitrine : on le falsifie en le composant avec le lait de vache, dans lequel on ajoute très-peu de lait d'amandes : on substitue à du beau sucre la cassonnade commune, dans laquelle on incorpore très-souvent l'amidon délayé dans l'eau ; mais il est impossible de le conserver dans cet état, surtout si les bouteilles ne sont pas complétement pleines.

Pâte d'orgeat.

Faire tremper dans de l'eau fraîche, pendant cinq ou six heures, quatre onces d'amandes douces, autant d'amandes amères : et, lorsque l'enveloppe s'est séparée facilement, on les monde, on les lave dans de l'eau, on les met sur un tamis de crin pour les essuyer ; alors on les pile dans un mortier de marbre en y ajoutant peu-à-peu deux livres de sucre blanc et une once et demie d'eau de fleurs d'orangers : on les réduit ainsi en une sorte de pâte molle ; et, afin qu'elle soit plus uniforme, et qu'il n'y reste aucune partie grenue, on la passe à l'aide d'un pulpoir à travers un tamis de crin renversé ; après cela on met ce mélange dans une bassine étamée que l'on place sur des cendres chaudes, et l'on agite sans discontinuer avec une spatule de bois, jusqu'à ce que le tout ait pris une forme pulvérulente ; alors on retire la bassine du feu, on y mêle exactement un gros d'essence de citron, et lorsque la matière est refroidie, on la renferme dans des pots de faïence, et on la conserve pour l'usage.

On peut, avec cette pâte, préparer les bavaroises à l'orgeat dans tous les temps, et surtout lorsqu'on vient à manquer de sirop ; elle offre même des avantages sur ce dernier ; en ce qu'elle n'est pas susceptible de s'altérer par la fermentation.

PARFAIT AMOUR.

Faire macérer pendant quelques heures, à la chaleur de l'atmosphère, dans quatre pintes d'eau-de-vie ordinaire des zestes de citrons et de cédrats, de chaque deux onces ; gérofle, demi-gros : procéder à la distillation au bain-marie d'un alambic pour retirer la moitié de la liqueur ; faire fondre sur un feu doux quatre livres de sucre dans trois pintes d'eau ; après son parfait refroidissement, faites du tout un mélange exact pour le colorer en rouge avec quelques gouttes de cochenille ; le filtrer et le passer à la chausse, et conserver dans des bouteilles bien bouchées.

PERSICOT.

Prendre dix-huit onces d'amandes d'abricots ; les mettre pendant dix à douze heures dans l'eau froide pour les dépouiller de leur peau, les concasser grossièrement dans un mortier de marbre avec un gros de cannelle ; faire macérer pendant deux heures ce premier mélange dans trois pintes d'eau-de-vie ; procéder ensuite à la distillation dans le bain-marie de l'alambic pour retirer les deux tiers de la liqueur ; faire fondre trois livres de sucre dans une pinte d'eau, y ajouter un demi-septier d'eau de fleurs d'orangers ; passer à la manche pour tirer à clair et conserver dans des bouteilles bien bouchées.

DES RATAFIAS.

Liqueurs de pur agrément, et qui ne sont obtenues que par infusion ; beaucoup de personnes se font un plaisir de les exécuter, soit avec le suc exprimé des fruits rouges ou autres, soit en projetant et laissant infuser pendant un temps plus ou moins long, dans l'eau-de-vie, des fruits, des fleurs odorantes, des amandes auxquelles on ajoute encore diverses substances aromatiques, ou autres ingrédiens susceptibles de se fixer, ou de se conserver par le moyen du liquide spiritueux dans lequel on les a fait macérer , et qui doit leur servir de véhicule. On exécute d'autant plus communément les ratafias, qu'ils exigent bien moins de peine pour les faire que les liqueurs ; qu'il n'est pas besoin d'avoir recours aux appareils distillatoires, et que la plupart du temps, les fruits d'été se présentent avec une telle abondance , qu'il semblerait ne les avoir pas possédés, si on n'en continuait pas le souvenir par l'expression de leurs sucs particuliers , et par la conservation de leur arome au moyen d'un ratafia. Enfin, comme la plus grande partie des fruits sont extrêmement aqueux , il ne faut jamais employer d'autre liquide pour les conserver que l'eau-de-vie , quelquefois même rectifié ; pour que le ratafia soit assez spiritueux, les baies doivent être cassées, les semences écrasées, les fleurs seulement flétries et macérées : si l'on y ajoute de l'eau, c'est pour aider à fondre le sucre avec lequel on les édulcore. L'infusion doit aussi toujours être proportionnée à la nature de l'arome qu'on veut obtenir; trop abrégée, elle ne produirait qu'un résultat insignifiant ; trop long-temps prolongée, on courrait les risques de n'avoir que de l'amertume et de l'âcreté, ce qui serait désagréable. Pour séparer le ratafia on décante la liqueur après l'infusion , on la filtre au papier ou à la chausse, mais il faut toujours attendre, pour terminer un ratafia, que la solution des substances qui doivent le composer soit complète ; sans cette précaution on pourrait courir les risques d'avoir un dépôt continuel pendant tout le temps de sa durée ; il serait en outre louche, épais, plus ou moins désagréable à l'œil.

Il est inutile de répéter ici que toutes les infusions avec l'eau-de-vie , quels que soient les matières et les ingrédiens qui pourraient être employés pour faire le ratafia, doivent toujours être fermées et gardées dans un lieu tempéré, et à l'abri de la lumière du soleil, autant pour prévenir l'évaporation de l'alcool ou esprit-de-vin, que pour empêcher la décomposition lente et graduée de la liqueur.

Ratafia d'anis.

Faire infuser pendant trente jours, à la chaleur de l'atmosphère, dans quatre pintes d'eau-de-vie, anis verts quatre onces, anis étoilés deux gros ; décantez la liqueur, et la tirez à clair ; faire fondre deux livres de sucre dans suffisante quantité d'eau et mêlez exactement ce sirop avec l'eau-de-vie chargée de l'arome anisé ; le laisser de nouveau reposer pendant quelques jours ; le passer ou filtrer à la chausse, et le conserver dans des bouteilles bien bouchées.

Ratafia d'angélique.

Couper par morceaux plus ou moins gros des tiges vertes d'angélique, une demi-livre ; y ajouter une once de sa graine ; gérofle et macis, de chaque un gros, et mettre le tout infuser à la chaleur de l'atmosphère et à l'abri de la lumière dans trois pintes d'eau-de-vie ordinaire enfermées dans une cruche non vernissée ou dans un grand bocal ; au bout de deux mois passez la liqueur au tamis de soie ; faites fondre deux livres de sucre dans une pinte d'eau, laisser refroidir, et mêlez exactement pour enfermer dans des bouteilles bien bouchées.

Ratafia blanc.

Concasser grossièrement dans un mortier de marbre une livre d'amandes d'abricots, quatre onces de celles de pêches ; après les avoir fait baigner pendant quelque temps dans de l'eau ordinaire froide (et non chauffée comme le font quelques-uns pour aller plus vite, parce que la chaleur les rancit), pour les dépouiller de leur enveloppe, les mettre infuser à l'abri de la lumière et exposer à une douce température dans quatre pintes d'eau-de-vie ordinaire, en y ajoutant trente clous de gérofle enfermés dans un nouet, avec dix grains de poivre blanc entiers et deux bâtons de cannelle de la longueur du doigt, dans un grand bocal ou une cruche de grès non vernissée ; au bout de quatorze ou vingt jours au plus, tirez l'eau-de-vie à clair ; faites fondre deux livres de sucre dans une livre d'eau ordinaire exposée sur un feu doux, laissez refroidir, et mélangez pour enfermer dans des bouteilles bien bouchées.

Ratafia de cassis.

Egrener deux livres de cassis bien noir et bien mûr; ôter les queues à de belles merises choisies, une livre; écrasez, comminuez ces deux fruits l'un avec l'autre; ajoutez feuilles fraîches de cassis contusées ou coupées menues, six onces; gérofle et cannelle, de chaque demi-gros; mettre le tout infuser à froid dans un endroit à l'abri de la lumière dans une cruche non vernissée ou un grand bocal de verre, après avoir versé dessus six pintes d'eau-de-vie à vingt ou vingt-deux degrés, et laissez pendant l'espace de trente à quarante jours; passez au tamis ou à la chausse; faites fondre trois livres de sucre dans une pinte d'eau, laissez refroidir, et mélangez le tout exactement pour conserver dans des bouteilles bien bouchées.

Ratafia de coings.

Râpez des coings bien mûrs et jaunes après les avoir bien essuyés, et en assez grande quantité pour en obtenir trois pintes de leur suc exprimé en les faisant fermenter pendant vingt-quatre heures après les avoir mis en pâte sans y laisser ni le cœur ni les pépins; au jus de coings ajoutez quatre pintes d'eau-de-vie, dans laquelle auront infusé, depuis la veille, cannelle et gérofle, de chaque un gros, pour laisser macérer le tout bien mélangé pendant un mois dans une cruche ou un bocal; tirez à clair, faites fondre le sucre dans la liqueur pour la conserver dans des bouteilles bien bouchées.

Ratafia de fleurs d'orangers.

Faire bouillir pendant quelques minutes dans suffisante quantité d'eau pour le faire fondre et en faire un sirop, sucre blanc deux livres, pour y jeter, avant de le tirer du feu, douze onces de fleurs d'orangers fraîchement cueillies; laissez refroidir et ajoutez eau-de-vie, quatre pintes; enfermez le tout dans une cruche de grès non vernissée pour laisser infuser à la chaleur de l'atmosphère et dans un endroit tempéré pendant l'espace de vingt jours; filtrez et conservez pour l'usage.

Ratafia de framboises.

Exprimez des framboises bien mûres en assez grande quantité pour obtenir deux pintes de leur suc; exprimez d'autre part des cerises et en tirer demi-livre de jus; y ajouter, pour le laisser fondre, sucre blanc, deux livres; laissez le tout en repos jusqu'à ce qu'il soit déposé et devenu clair et limpide, décantez et filtrez ce qui reste au fond pour conserver dans des bouteilles bien bouchées. Il faut toujours proportionner la quantité du suc des fruits à la force de l'eau-de-vie.

Ratafia de fruits rouges.

Après avoir choisi quatre livres de cerises, guignes noires et merises, de chaque une livre; groseilles, fraises, framboises, de chaque deux livres; on les épluche, on les écrase et on fait infuser le tout pendant quinze à vingt jours dans suffisante quantité d'eau-de-vie, et égale au jus des fruits, pour passer au tamis, et tirer à clair à travers une chausse ou un linge; pour chaque pinte de liqueur on ajoute deux gros d'amandes amères concassées, deux clous de gérofle, vingt gros de cannelle, autant de macis et de poivre blanc, pour faire infuser de nouveau pendant l'espace de deux mois; décantez et y ajoutez demi-livre de sucre pour pinte de liqueur; lorsqu'il est fondu, on filtre et l'on conserve dans des bouteilles bien bouchées.

Ratafia de genièvre.

Faire infuser pendant l'espace de trente à quarante jours dans quatre pintes d'eau-de-vie, huit onces de baies de genièvre, cannelle, coriandre, angélique et gérofle, de chaque un gros; après avoir mis le tout en poudre grossière, passez ensuite la liqueur au tamis; y ajouter deux livres de sucre: filtrez de nouveau et conservez dans des bouteilles bien bouchées.

Ratafia de grenades.

Choisir des grenades bien mûres, les ouvrir, et en extraire les graines pour n'en conserver que la pulpe, en assez grande quantité pour en obtenir deux pintes de leur suc, en la soumettant à la presse ; y ajouter un gros de cannelle en poudre, et faire infuser le tout à la température de l'atmosphère, dans quatre pintes d'eau-de-vie ordinaire pendant l'espace de deux mois ; décanter pour y faire fondre ensuite trois livres de sucre, filtrer de nouveau et conserver dans des bouteilles bien bouchées.

Ratafia de Grenoble.

Prendre une quantité suffisante de belles merises choisies, leur ôter la queue, les écraser dans une passoire en les comprimant fortement avec une écumoire de manière à séparer complètement la pulpe des noyaux, que l'on casse ensuite ; réunir le tout et l'exposer dans une bassine placée sur un feu doux et continué en agitant avec une spatule de bois ; après quelques instans d'ébullition, verser dans une terrine de faïence et laisser refroidir pour le mettre en presse et en exprimer cinq pintes du suc qu'il contient, dans lequel on fera fondre deux livres de sucre ; rectifier ensuite cinq pintes d'eau-de-vie ordinaire avec cannelle, un gros ; vingt-quatre clous de gérofle cassés, huit onces de feuilles de pêchers, amandes de cerises pilées et dépouillées de leur écorce, demi-livre ; faire du tout un mélange exact, passer à la chausse, et conserver dans des bouteilles bien bouchées. Plus ce ratafia vieillit, plus il acquiert de qualité ; quelques-uns même, pour le rendre acidule, y ajoutent moitié ou un quart des cerises dites *de Montmorency*.

Ratafia de groseilles.

Egrener suffisante quantité de groseilles bien mûres pour en extraire, en les comprimant, deux pintes de jus ; après avoir rectifié quatre pintes d'eau-de-vie ordinaire avec cannelle et gérofle, de chaque un gros, pour la mélanger avec la groseille, et la laisser infuser pendant l'espace de trente à quarante jours, décanter ensuite et y ajouter trois livres de sucre ; lorsque ce dernier est entièrement fondu, on passe à la chausse pour tirer à clair, et conserver dans des bouteilles bien bouchées. Quelques-uns, au lieu de cannelle et de gérofle, y mêlent une certaine quantité de framboises, ce qui sert encore à l'aromatiser d'une manière assez agréable.

Ratafia de millepertuis.

Faire infuser pendant l'espace de trente ou quarante jours à la chaleur de l'atmosphère, dans quatre pintes d'eau-de-vie ordinaire, fleurs de millepertuis, une livre ; passer le tout à travers un tamis de soie pour y ajouter, en le faisant fondre, deux livres de beau sucre ; filtrer ensuite à la chausse et conserver dans des bouteilles bien bouchées.

Ratafia de mûres.

Choisir deux livres de mûres bien noires, groseilles et framboises, de chaque quatre onces ; tous ces fruits doivent être dans un état de maturité parfaite ; égrener les groseilles, monder les autres de leurs queues, écraser le tout ensemble pour faire infuser à la chaleur de l'atmosphère dans quatre pintes d'eau-de-vie ordinaire et pendant l'espace de quinze jours ; passer ensuite au tamis de crin ; faire fondre dans suffisante quantité d'eau, en l'exposant au feu, deux livres et demie de sucre ; après le refroidissement faire du tout un mélange exact, filtrer à la chausse pour conserver dans des bouteilles bien bouchées.

Ratafia de noix.

Choisir deux livres de noix vertes un peu avant qu'elles ne soient en cerneaux, les piler dans un mortier de marbre, et les mettre infuser à la chaleur de l'atmosphère dans quatre pintes d'eau-de-vie ordinaire pendant l'espace de six semaines ; poser un tamis sur un vase assez large pour le tirer à clair ; faire fondre deux

livres de sucre dans suffisante quantité d'eau chaude,
laisser refroidir et faire du tout un mélange exact pour
filtrer à la chausse, et conserver dans des bouteilles
bien bouchées.

Ratafia de noyaux.

Dans quatre pintes d'eau-de-vie ordinaire mettre infuser à la chaleur de l'atmosphère et dans une cruche
non vernissée, amandes de pêches ou d'abricots bien
mûrs, mondées et dépouillées de leur enveloppe,
après les avoir mis infuser pendant le temps nécessaire dans l'eau froide, vingt onces ; y ajouter un nouet
avec cannelle et gérofle, de chaque, demi-gros ; au
bout d'un mois passer la liqueur au tamis, faire fondre
sur un feu doux sucre blanc, deux livres ; dans suffisante quantité d'eau, mélanger exactement le tout ensemble, passer à la chausse, et conserver dans des
bouteilles bien bouchées.

Ratafia d'œillets.

Monder et dépouiller de leurs onglets pétales d'œillets gérofles, simples, d'une couleur rouge très-foncée,
très-connus sous le nom d'*œillets à ratafia*, une livre,
pour les mettre infuser à froid pendant quarante ou
soixante jours exposés à la chaleur de l'atmosphere,
dans trois pintes d'eau-de-vie ordinaire, contenues
dans une cruche non vernissée, y ajouter demi-gros
de gérofle concassé, passer au tamis, et faire fondre
deux livres de sucre dans suffisante quantité d'eau
chaude, laisser refroidir, mélanger exactement, et
passer à la chausse pour conserver dans des bouteilles
bien bouchées.

Ratafia de pêches.

Après avoir choisi une quantité suffisante de belles
pêches de plein vent bien mûres, après en avoir retiré les noyaux, on les écrase et on les enferme dans
un linge pour les mettre à la presse et en extraire une
pinte de jus, dans lequel on ajoute les amandes privées
de leur écorce et cassées, pour laisser infuser à la

chaleur de l'atmosphère dans une cruche de grès ou un bocal, et pendant quarante à soixante jours, après y avoir mêlé trois pintes d'eau-de-vie ordinaire, pour y faire fondre deux livres de sucre ; décantez d'abord la liqueur, et, lorsque le mélange du sucre est achevé, filtrez de nouveau pour conserver.

Ratafia des quatre fruits.

Choisir quinze livres de belles cerises bien mûres, leur ôter la queue, y ajouter sept livres de groseilles égrenées, trois livres de cassis, et quatre livres de framboises ; mettre le tout à la presse, et extraire entièrement le suc que ces fruits peuvent contenir, dans lequel on fera fondre, par pinte, six onces de sucre blanc. Mélanger exactement quantité égale d'eau-de-vie rectifiée avec deux gros de gérofle et un gros de macis ; laisser déposer le tout pour décanter, tirer à clair et conserver dans des bouteilles bien bouchées.

Ratafia des sept graines.

Concasser dans un mortier de marbre des semences ou graines d'anet, d'angélique, d'anis, de cassis, de coriandre, de cumin et de fenouil, de chaque, trois gros ; les faire infuser à la chaleur de l'atmosphère dans un bocal susceptible de contenir eau-de-vie ordinaire, trois pintes ; au bout de trente ou quarante jours faire fondre une livre et demie ou deux livres de sucre dans une chopine d'eau de rivière ; mise dans une bassine exposée à un feu doux, laisser refroidir, mêler le tout aussi exactement que possible, filtrer à la chausse pour conserver dans des bouteilles bien bouchées.

Rossoglio.

Et par changement d'une langue à l'autre, *rossolis*. Faire macérer pendant vingt-quatre heures, dans quatre pintes d'eau ordinaire et à la chaleur de l'atmosphère, roses muscates, cinq onces ; fleurs de jasmin et d'orangers, de chaque, quatre onces ; cannelle concassée, quatre gros ; gérofle aussi cassé, demi-gros : procéder à la distillation du tout ensemble pour en retirer deux pintes de liqueur, dans laquelle on fait fondre quatre livres de sucre pour y ajouter ensuite esprit-de-vin, deux pintes; colorer en cramoisi, passer à la chausse, et conserver pour l'usage.

Scubac.

Quelques-uns disent encore *escubac*. Après avoir fait infuser pendant huit jours à la chaleur de l'atmosphère, safran, six gros; macis, vingt-quatre grains; le zeste d'une orange et deux de citron, dans quatre pintes d'eau-de-vie ordinaire; procédez à la distillation au bain-marie pour retirer un peu plus de moitié de la liqueur; faites fondre ensuite quatre livres de sucre dans deux pintes d'eau, et faites du tout un mélange exact pour filtrer ou passer à la chausse, et conserver dans des bouteilles bien bouchées.

Vespetro.

Faire infuser pendant huit jours à la chaleur de l'atmosphère, dans six pintes d'eau-de-vie ordinaire, graine d'anis vert, de fenouil, de cassis, de coriandre et de céleri, de chaque, cinq gros, auxquelles vous aurez ajouté les zestes de deux citrons et de deux oranges, procéder ensuite à la distillation au bain-marie pour retirer trois pintes de liqueur; faire fondre quatre livres de sucre dans deux pintes d'eau; passer et tirer à clair pour conserver dans des bouteilles bien bouchées.

DU RIZ.

Chez les limonadiers cette substance alimentaire se trouve annoncée au gras et au lait; surtout dans les longues soirées d'hiver, elle offre encore une ressource à l'estomac de l'amphytrion qui aurait manqué l'heure du dîner d'invitation, à ceux qui, au sortir des spectacles, éprouvent un besoin de manger; mieux vaut encore entrer dans un café, même à onze heures du soir, que de se coucher sans souper, surtout lorsqu'on en a l'habitude. Quel que soit le motif, le riz n'en est pas moins une nourriture également agréable, substan tielle, et incapable de nuire ; dans celui de la Caroline et du Piémont la substance nutritive est extrêmement abondante ; aussi les limonadiers doivent les adopter par préférence, et les préparer pour tous les goûts ; il doit être choisi bien net, blanc, nouveau, assez gros et dur, pour qu'il renfle aisément lorsqu'il est sur le feu.

Riz au gras.

Comme la consommation journalière doit toujours être à-peu-près connue, il faut laver de suite et à plusieurs eaux différentes autant d'onces de riz que l'on voudra obtenir de bols pleins ; après avoir laissé égoutter, le placer sur un feu très-doux avec une quantité suffisante de bouillon gras ordinaire fait d'avance avec le bœuf ; entretenir un degré de chaleur toujours égal jusqu'à ce que le riz soit parvenu au point de cuisson convenable ; l'assaisonner et le saler de manière à ce qu'il soit d'un goût agréable.

Riz au lait.

Prendre une quantité déterminée de riz comme dans le précédent, le laver aussi à plusieurs fois différentes avec de l'eau, mettre le lait sur le feu, et lorsqu'il est prêt à bouillir y jeter le riz pour le laisser cuire à petit feu ; il faut le surveiller et y ajouter du lait à mesure qu'il épaissit ; toutes fois qu'il en sera demandé il convient de le servir accompagné de sucre en poudre et même d'un petit flacon renfermant de l'eau de fleurs d'oranger.

Pour toutes les autres préparations faites avec le riz, comme elles sont très-peu demandées dans les cafés (*Voyez* le *Manuel du Cuisinier et de la Cuisinière* de notre Collection).

DES VINS DE LIQUEURS ARTIFICIELS.

Encore plutôt vins liquoreux artificiels, car on ne doit comprendre sous cette dénomination que les liquides vineux, aromatiques, doux et sucrés, obtenus par la fermentaion des fruits ou autres substances muqueuses qui leur sont analogues. Comme, dans ce

Manuel, nous avons à exposer tous les procédés à suivre pour se les procurer, soit comme objet d'agrément, soit pour éviter la cherté des vins naturels, nous ne craignons pas d'affirmer qu'ils ne peuvent et ne doivent rien produire de nuisible ou de malfaisant ; notre intention même est extrêmement éloignée de tout ce qui tendrait à favoriser la fraude ou la cupidité malheureusement trop connue de ceux qui spéculent sur la confiance et la crédulité des consommateurs, soit par leurs diverses annonces, soit par la sophistication de ces produits naturels. Nous avons pour but des intentions bien contraires, en exposant les méthodes à suivre pour confectionner les vins liquoreux artificiels ; nous assurons même qu'étant bien éloigné de les regarder comme des vins véritables, dans toute la force de l'expression, nous ne les considérons que sous le rapport des produits doux, sucrés, aromatiques et agréables, qu'on peut facilement obtenir après une infusion plus ou moins long-temps continuée, et une exposition à la chaleur plus ou moins élevée, enfin à toutes les conditions nécessaires à la fermentation vineuse.

Quelle que soit donc l'infusion vineuse que l'on veuille exécuter, c'est toujours une opération aussi simple que facile ; mais elle exige quelque attention pour le choix des ingrédiens, le mode et la durée de l'infusion ; ainsi, dans plusieurs cas, on recommande le vin de Bourgogne, celui de Champagne rouge ou blanc ; il faut aussi que l'opération se fasse dans un vase fermé, presque toujours à froid, ou au moins à une température peu élevée, pour faciliter l'action des diverses substances employées les unes avec les autres; peut-être même serait-il nécessaire de remuer, d'agiter de temps-en-temps le vase où se fait l'infusion ; et lorsque la dissolution est complète on décante ou l'on filtre, pour conserver dans des bouteilles bien bouchées.

Vin d'absinthe.

Faire infuser pendant vingt-quatre heures, et à la chaleur de l'atmosphère, dans deux pintes de bon vin blanc, feuilles sèches de grande et petite absinthe, de chaque, une demi-once ; couler ensuite par expression et filtrer.

Vin artificiel.

Mettre infuser dans un endroit exposé à une température un peu chaude, raisins secs de Malaga, de Corinthe ou de Provence, une centaine de grappes dans vingt pintes d'eau filtrée, y ajouter quelques gros de tartre amassé dans un tonneau ayant contenu du vin de Bourgogne ; soutirez, tirez à clair, pour conserver dans des bouteilles bien bouchées.

Vin de cerises.

Fouler dans une cuve à robinet, une quantité plus ou moins considérable de belles cerises bien mûres et choisies, c'est-à-dire dont on aura séparé toutes celles qui pourraient être gâtées et moisies ; y ajouter un huitième de framboises aussi parvenues à leur état de maturité complète ; couvrir la cuve avec une toile serrée ; y placer dessus des planches en travers, et laisser fermenter pendant quelques jours, et si la fermentation ne se développait pas assez vite, fouler de nouveau ; ici la chaleur doit être soigneusement évitée, crainte que le produit ne passe à l'acidité ; lorsque le tout exhale l'odeur vineuse, laissez couler la liqueur par le robinet ; exprimez tout ce qui reste au moyen de la presse, et mêlez l'un avec l'autre ; comme la fermentation continue dans le vase qui le contient, on le change deux ou trois fois jusqu'à ce qu'il ne se manifeste plus d'effervescence ; on filtre à la chausse pour le conserver dans des bouteilles bien bouchées.

Vin composé de Bordeaux.

Ajoutez, en mélangeant exactement, une verrée de suc de framboises dans chaque bouteille de bon vin de Bourgogne, filtrer à la chausse pour tirer à clair et mettre en bouteilles.

Vin cuit.

Faire bouillir dans un chaudron ou une bassine assez grande pour les contenir, six pintes de moût ;

laisser réduire à moitié en l'écumant jusqu'à la fin ; au moment de l'ébullition, y ajouter eau-de-vie ordinaire trois pintes , dans laquelle vous aurez fait infuser d'avance anis et coriandre cassée , de chaque une pincée ; cannelle , demi-gros ; dix amandes de pêches et d'abricots privées de leur écorce et aussi cassées ; verser le tout dans une cruche non vernissée , et laissez infuser pendant trois ou quatre jours à la température de l'atmosphère en empêchant tout contact de l'air ; passez la liqueur à travers un linge ou un tamis , pour la reverser dans le même vase , aussi bien fermé , dans lequel on laisse infuser encore pendant quatre mois , pour filtrer à la chausse , tirer à clair et conserver dans des bouteilles bien bouchées.

Vin des Dieux.

Coupez par tranches minces une quantité plus ou moins considérable de belles pommes et de citrons dans leur état de maturité parfaite , dans un vase de faïence assez grand pour les contenir ; faites des lits alternatifs avec les uns et les autres , saupoudrez avec du sucre pulvérisé : lorsque le tout est employé , versez dessus du bon vin rouge ou blanc, de manière à ce qu'il baigne entièrement ; couvrez et laissez infuser à la chaleur de l'atmosphère, passez avec expression toute la liqueur , et filtrez à la chausse pour tirer à clair et conserver dans des bouteilles bien bouchées.

Vin diurétique.

Faire infuser à la chaleur de l'atmosphère, dans une pinte de bon vin blanc, cannelle en poudre, trois gros ; racine de zédoaire, rhubarbe en poudre, de chaque, deux gros ; squammes de scille sèche, baies de genièvre cassées, nitrate de potasse (salpêtre), de chaque, un gros ; passer ensuite avec expression et prendre garde que les vases dans lesquels on conserve ce vin soient le moins possible en vidange ou exposés au soleil.

Vin grec artificiel.

Exposer au soleil, pendant l'espace de quatre jours, des raisins bien mûrs, les fouler, en tirer le vin par expression, le mettre dans une bassine sur le feu ; au moment de l'ébullition y projeter huit onces de sel ordinaire desséché et réduit en poudre pour quarante bouteilles ; laisser ensuite, lorsqu'il est refroidi, infuser pendant huit jours à la température de l'atmosphère, pour le soutirer et le conserver dans des bouteilles bien bouchées.

Vin de Madère (factice).

Prendre une quantité plus ou moins considérable de cidre à l'instant où il vient d'être fait, y ajouter du miel jusqu'à ce qu'un œuf qu'on y projeterait surnage ; faire bouillir ensuite le tout dans un chaudron ou une bassine étamée, ou tout autre vase de porcelaine ou de faïence, en l'écumant continuellement ; laisser refroidir pour le verser dans un baril et le conserver pendant cinq à six mois, parce qu'il acquiert de nouvelles qualités à mesure qu'il vieillit, et surtout qu'il prend de plus en plus le goût et l'odeur aromatique du Madère.

Vin de Malaga (factice).

Dans dix bouteilles de vin de Champagne, faire infuser à la chaleur de l'atmosphère, raisins secs de Damas, cinq livres ; fleurs de pêcher, trois onces, pendant l'espace de deux mois, après les avoir remués et agités avec une spatule en bois ; on laisse encore subir une nouvelle infusion égale à la première, pour soutirer et passer avec expression ; laisser reposer de nouveau pendant trois semaines, pour le coller et le mettre en bouteilles.

Vin de Malvoisie (factice).

Faire infuser pendant vingt-quatre heures, dans suffisante quantité de bonne eau-de-vie, galanga, girofle et gingembre concassé, de chaque, un gros, et dont on aura fait un nouet, pour le suspendre ensuite dans un tonneau contenant environ cent cinquante bouteilles de vin clairet, après avoir été pressé nouvellement, et pendant qu'il fermente encore, pour le retirer du troisième au quatrième jour après qu'il y aura été mis; ajoutez ensuite du sucre pour édulcorer, et mettez en bouteilles après l'avoir collé pour le clarifier.

Vin muscat (factice).

Dans dix bouteilles de bon vin blanc de Chablis, mettre infuser pendant deux mois, à la chaleur de l'atmosphère, raisins muscats secs, cinq livres; fleurs de sureau dans un nouet, trois onces; après l'avoir agité avec une spatule de bois, laisser encore infuser pendant deux mois; soutirer, mettre le marc à la presse, laisser reposer le tout ensemble pendant quinze jours, passer à la chausse ou le coller pour le conserver dans des bouteilles bien bouchées.

Vin d'oranges.

Après avoir choisi des oranges de Portugal, surtout des rouges par préférence, on les exprime à travers un tamis, pour mettre le suc qu'on en retire dans une cruche de grès non vernissée, ou mieux encore, dans un grand bocal de verre que l'on bouche aussi bien qu'il est possible; lorsque la liqueur paraît éclaircie, on soutire avec un siphon; on passe le marc à la chausse, et l'on y ajoute un huitième d'eau double de fleurs d'oranger, et huit onces de sucre par pinte; lorsque ce dernier est entièrement fondu, on mêle une bouteille de bon vin de Champagne pour laisser reposer pendant quelque temps, en tenant le tout bien bouché jusqu'à ce qu'on le tire à clair pour le mettre en bouteilles.

Vin de pêches.

Au moment où les pêches à plein vent, ou de vignes, sont parvenues à leur état de maturité complet, on en choisit un cent des plus belles auxquelles on ajoute douze de celles d'espalier, des plus grosses et des plus

mûres ; après avoir ôté le duvet avec un linge, après
en avoir retiré les noyaux, on met la pulpe du fruit
dans une grande terrine, on les écrase et l'on y ajoute
une chopine d'eau, avec laquelle on a auparavant délayé une once de miel blanc, afin d'aider à la fermentation ; après avoir passé toute la liqueur au tamis,
après avoir mis à la presse le marc, on verse le tout
dans une cruche de grès non vernissée, et l'on y mêle
quatre livres de sucre ; feuilles de pêcher, cinq onces ;
cannelle, un gros ; vanille, deux gros ; tout coupés
par petits morceaux ; esprit-de-vin, une chopine ;
eau-de-vie ordinaire, une pinte ; et quantité suffisante
de vin blanc de Champagne non mousseux ; laissez le
tout infuser à la chaleur de l'atmosphère ; au bout de
trente à quarante jours, décantez la liqueur en laissant
le marc au fond, mise dans un autre vase, passez encore une fois à la chausse pour tirer à clair et conserver
dans des bouteilles bien bouchées.

Vin de quinquina et de quassia.

Mettre sur un marbre quinquina en poudre, deux
onces ; quassia (bois amer de Surinam), quatre gros ;
sel d'absinthe (potasse carbonatée), un gros ; les
broyer toutes ensemble en les humectant avec six gros
d'eau-de-vie ordinaire, pour en faire une pâte molle
et très-fine ; ramasser le tout pour le mettre dans un
bocal, en y ajoutant deux bouteilles de vin d'Espagne,
ou, à son défaut, de bon vin blanc, qu'on laisse infuser à la chaleur de l'atmosphère, en remuant de
temps en temps, pour tirer à clair et conserver dans
des bouteilles bien bouchées. On conseille d'en prendre
tous les matins deux cuillerées à bouche, et autant
avant le repas.

Vin de santé.

Faire infuser dans deux pintes de vin blanc, et à la
chaleur de l'atmosphère, cerfeuil et petite centaurée,
de chaque, une poignée ; mettre sur le feu un demi-
setier d'eau, dans laquelle on fera écumer deux onces
de miel blanc ; après l'avoir retiré et laissé refroidir,

on le mêle avec le vin pour laisser le tout infuser à froid pendant huit jours ; passer avec expression , le clarifier. On le conseille à la dose d'un petit verre tous les matins à jeun.

Vin stomachique.

Dans deux pintes de vin rouge vieux , faire infuser à la chaleur de l'atmosphère , en remuant de temps en temps , pour aider à la solution , racines fraîches d'aunée , quatre onces : passer avec expression pour filtrer et conserver pour l'usage. On conseille ce vin à la dose d'une cuillerée à bouche après les repas pour faciliter la digestion.

NOTICE SUR LE CACAO.

Si ce que nous avons dit du chocolat, depuis la page 18 jusqu'à la page 23 , ne suffisait pas encore aux amateurs, nous pourrions les renvoyer à la *Monographie du cacao*, pour en avoir une connaissance complète. M. *Gallais*, ex-pharmacien et associé de M. *Debauve*, fabricant de chocolat du roi, laisse peu de chose à désirer à cet égard. Il considère le cacao (*theobroma* cacao) comme une substance bien moins irritante que le café, beaucoup plus savoureuse que le thé , et pour laquelle le sucre n'est qu'un assaisonnement , mais qui offre cependant, suivant les climats , tantôt la douceur d'une amande , tantôt un parfum que recherchent les gastronomes , quelquefois une sauvage amertume , ailleurs une insipidité rebutante ; aussi le chocolat ne doit pas être, selon M. *Gallais*, regardé seulement comme un aliment agréable, mais encore comme un spécifique dans une multitude d'affections morbifiques ; enfin, comme un des plus grands bienfaits que la vieille Europe doive au Nouveau-Monde. C'est maintenant une de ces productions d'un usage si général , que dans son emploi on ne peut rien chercher autre chose que des sensations agréables, ou un remède efficace.

Connu sous le nom de *cabosse* , le fruit du cacaoyer a une enveloppe extérieure qui est épaisse de six lignes.

et d'une consistance assez dure pour exiger qu'on la brise ; en l'ouvrant, on reconnaît que l'intérieur est formé de cinq loges renfermant ensemble vingt ou trente graines rangées à plat, et symétriquement les unes sur les autres. Ces graines sont le cacao : elles se trouvent enveloppées d'une pulpe rosée, gélatineuse et fondante, dont l'agréable acidité fournit un rafraîchissement précieux sous le climat brûlant de la zone torride ; aussi fait-elle les délices des dames créoles qui l'apprêtent avec un peu de sucre et de fleurs d'oranger. Cependant l'expérience a mis en garde contre un plaisir dangereux : et lorsqu'on veut savourer cette substance au sortir de la cabosse, il faut bien se garder d'attaquer avec la dent la graine du cacao, dont l'amertume est extrême lorsqu'il est encore frais. Dans cet état, la graine est de la forme d'une olive, mais moins régulière : lorsqu'elle est mûre, la pellicule qui la recouvre est d'un rouge vif, et la pulpe intérieure d'un rouge obscur ; quand la graine n'a pas atteint un degré parfait de maturité, la pellicule et la pulpe sont d'un blanc rougeâtre ou d'un vert foncé.

Les Espagnols firent long-temps aux nations de l'ancien continent un mystère du cacao ; ils n'envoyèrent d'abord que des pâtes toutes préparées ; mais à la fin il s'établit en Espagne des fabriques de chocolat. Aussitôt les médecins s'emparèrent de cette préparation ; ils essayèrent d'en analyser les propriétés, en s'appuyant sur de faux principes. Ils proclamèrent que le cacao était la substance la plus difficile à digérer ; de là on vit entrer dans la composition du chocolat tous les aromates de l'Orient, la muscade, le poivre, le gingembre, le cardamone, l'ambre, le musc.

Un Florentin, nommé Antonio Cartelli, ayant introduit l'usage du chocolat en Italie, il nous arriva d'Espagne en France avec Anne d'Autriche, fille de Philippe II, épouse de Louis XIII. Quelques cadeaux que se donnèrent réciproquement les moines des deux pays, le firent connaître davantage en France, où les nobles en établirent d'abord la mode. Ce n'est que vers la fin du dix-septième siècle qu'on vit les fabriques de chocolat se multiplier en France ; mais l'espèce de prohibition qui frappa long-temps le cacao des colonies espagnoles, nuisit au perfectionnement de cette utile préparation ; nos fabriques n'employèrent guere que les cacaos peu stimés des colonies françaises : aussi, pendant presque tout le dix-huitième siècle, préférait-on ceux d'Espagne ou d'Italie ; mais enfin quelques fabricans, pour se procurer de bonnes matières premières, ont payé les droits, et désormais les chocolats de France auront acquis sur tous les autres une supériorité incontestable.

La fabrication du chocolat exige les soins les plus scrupuleux : une connaissance parfaite des divers cacaos, un coup d'œil sûr, une attention soutenue, doivent d'abord éclairer le fabricant dans le choix de ceux qu'il emploie ; un tact fin et exercé peut seul le mettre en état de juger quelles différences la nature du terrain et les soins de la culture apportent à la saveur de la graine ; car il ne suffit pas que des cacaos viennent de Caracas ou de Soconusco, pour que l'on puisse les employer indistinctement.

Le cacao choisi, il faut avant tout le débarrasser de la poussière, des débris de coques, des pierres et des branchages que l'on rencontre toujours en grande quantité dans les meilleures espèces ; ces impuretés pourraient communiquer un mauvais goût au cacao : on se sert d'un crible pour extraire la poussière ; mais les grains défectueux et toutes les substances étrangères sont enlevées à la main. Quand il est parfaitement nettoyé, on procède à sa dessication ; elle se fait avec une poêle de fer, ou dans un instrument semblable à celui que l'on emploie pour torréfier le café ; aux deux bouts de cet instrument doivent être pratiqués des petits trous destinés à laisser échapper l'humidité.

Si l'on doit opérer sur plusieurs espèces de cacaos, il faut les soumettre séparément à l'action du feu ; car tous n'exigent pas le même temps pour atteindre un degré parfait de dessication ; l'un a la pellicule épaisse et dure, celle de l'autre est mince et tendre ; celui-ci est plus chargé d'humidité : lorsqu'on s'aperçoit que le cacao est arrivé au point de dessication convenable, on le verse sur des claies d'osier, de manière à laisser échapper ce qui lui reste d'humidité, et on le remue de temps en temps jusqu'à ce qu'il soit refroidi.

C'est alors que le grain en passant au moulin se brise sans s'écraser. Par cette opération, on détache la pellicule de l'amande, et l'on facilite la séparation du germe qui ne doit pas entrer dans le chocolat : on le vanne pour séparer les pellicules les plus légères ; les coques lourdes et les germes ne peuvent être retirés que par le triage à la main ; ce qui donne encore les moyens de séparer les graines qui paraissent blanchir par quelques avaries.

On le soumet à la *torréfaction*, dans la seule intention de développer l'arome du cacao ; elle se fait à l'air libre dans un poële et par petites portions ; elle exige même une grande habitude, l'odorat surtout doit guider l'ouvrier dans ce travail ; et pour le bien brûler, on passera le cacao dans des cribles de divers calibres, pour ne pas torréfier le petit et le gros en même temps.

Les Italiens brûlent le cacao de manière à le noircir ; les Espagnols ne font que le sécher ; en France on tient le juste milieu entre ces deux procédés, et il en devient plus savoureux sans rien perdre de sa qualité nourrissante. On l'étend ensuite sur une pierre modérément chauffée pour l'écraser, au moyen d'un rouleau que l'on promène avec une légère pression, de manière à le réduire en une pâte fine et homogène : on y ajoute le sucre, et on achève la trituration jusqu'à ce qu'au toucher on sente qu'il est parfaitement délié. Pour l'ordinaire, le mécanisme nécessaire à cette préparation est fort simple : une pierre de granit droite ou courbée est placée sur un coffre doublé de fonte, destiné à recevoir un feu doux pour la chauffer. L'expérience et le temps prouveront si les machines inventées pour remplir cet objet ont tous les avantages qu'on leur attribue. Le mélange parfaitement achevé, on y introduit les aromates réduits en poudre fine, et l'on arrose cette pâte homogène avec quelques gouttes d'eau fraîche, afin de la rendre plus ferme et de pouvoir la diviser ; enfin des moules de fer-blanc dans lesquels elle se durcit par le contact de l'air lui donnent différentes formes : il faut même avoir la précaution de ne pas le dresser trop chaud, parce qu'il blanchit ; trop froid, il n'acquiert jamais le brillant poli qui plaît à l'œil. Long-temps même on se contenta de séparer le chocolat par tablettes, et d'indiquer le nombre de tasses contenues dans une livre ; plus tard le fabricant chercha à rivaliser avec le confiseur en lui donnant une forme plus commode, il en fit des pastilles et une multitude infinie d'objets d'imitation qui ne le rendent pas meilleur.

Pour le prendre, les usages varient beaucoup : les Espagnols, après l'avoir préparé en pâte, mettent sur le feu une quantité d'eau relative au nombre de tasses qu'ils désirent obtenir. Pendant que l'eau chauffe, ils râpent le cacao et les aromates qui leur conviennent en humectant le tout avec un peu d'eau et un jaune d'œuf ; ils le mettent dans la chocolatière, versent l'eau bouillante par-dessus jusqu'à ce qu'il soit bien délayé ; après avoir remis sur le feu, après avoir laissé bouillir pendant quelques minutes, ils laissent monter l'écume, puis ils la versent avec une cuiller dans les tasses jusqu'à qu'il ne s'en forme plus ; ils achèvent de verser ce qui reste dans chacune des tasses, ce qui est long et fort incommode : nous préférons trouver le chocolat tout partagé en tablettes, sucré et aromatisé. Pour s'en servir, il ne faut employer que la quantité d'eau nécessaire ; cinq onces suffisent pour une tasse d'un douzième de la livre. Après l'avoir cassé menu, on le laisse bouillir pendant cinq minutes ; lorsqu'il se lève en écume, on le verse dans la tasse. Pour le rendre plus mousseux, on emploie le moulinet. Le charbon sur lequel on le fait ne doit avoir aucune odeur ; et l'appareil connu sous le nom de *caléfacteur*, chauffé avec l'esprit-de-vin, peut donner en quelques instans du chocolat bouillant sans le priver d'aucune de ses qualités aromatiques. En France, on le prend avec l'eau ou le lait ; dans plusieurs autres contrées, on y associe des vins chauds sucrés aromatiques (le Madère), de l'eau-de-vie, du rhum. On assure que les Chinois prennent beaucoup de chocolat qui leur arrive en pâte; mais ils y ajoutent une poudre composée de vanille, de cannelle, d'ambre gris, qu'ils conservent dans des boîtes de fer-blanc ou de porcelaine. En Espagne, on en prend trois fois par jour; en Italie, on en fait des glaces; en Allemagne, en Hollande, on le veut amer; en Angleterre, on en use peu, aussi leurs fabriques sont inférieures aux nôtres. Nous le prenons le matin; quelques personnes faibles l'associent au riz, et même pendant la nuit pour prévenir le tiraillement d'estomac. Nous nous servons de porcelaine; les Américaines ont pour le prendre des coupes de cocos.

Chacun a vanté ou blâmé l'usage du chocolat, suivant ses vertus ou le préjugé; on sait maintenant qu'il est composé de trois substances différentes: l'une butireuse, l'autre amylacée, d'une autre qui est gommeuse, et enfin d'un principe amer et aromatique. On le considère comme très-nourrissant, stomachique, pectoral et facile à digérer, propre à réparer les forces, conserver la santé, et prolonger l'existence chez les vieillards. Il convient aux individus d'une complexion maigre et sèche, aux tempéramens faibles, cacochymes, aux convalescens, à ceux qui s'appliquent beaucoup, aux orateurs, à ceux qui travaillent fort avant dans la nuit, dans les voyages, les grands exercices pendant les chaleurs. Réduit en poudre fine, on le mêle à de l'eau pour se désaltérer. Combiné avec l'arome de la vanille, il devient une ressource précieuse. M. de Bauve l'a mêlé avec le salep, l'arrow-root, le tapioca, enfin avec le cachou, l'arome du café. Tous les gens favorisés, chez qui la nature s'est plu à perfectionner l'organe du goût, savent quelle douce satisfaction fait éprouver à leur palais la liqueur écumante et savoureuse d'un chocolat habilement composé; ils se rappellent avec délices l'heureuse harmonie qui résulte de la vanille et du cacao, et bénissent le jour où les progrès de l'industrie ont rendu le chocolat un aliment portatif, dont on peut à chaque instant apprécier le bienfait.

MANUEL
DU CONFISEUR.

INTRODUCTION.

Après avoir exposé tout ce qui concerne l'art du limonadier, nous allons entreprendre de décrire tous les procédés relatifs à l'art du confiseur, non-seulement sous le rapport des agrémens qu'il est en état de procurer à tous ceux qui veulent s'en occuper sous le rapport de l'économie domestique, mais encore aux officiers de bouche, et surtout à ceux qui en font le principal objet de leur commerce. Nous avons suivi l'ordre alphabétique comme plus facile à tenir pour tous ceux qui auraient besoin de le consulter, et le faire correspondre avec celui du limonadier qui le précède.

DES ABRICOTS.

Employés par les confiseurs, ils sont de plusieurs espèces : 1°. les abricots *précoces*, ceux qui mûrissent vers la fin de juin ; 2°. les abricots *pêches*, qui mûrissent peu de temps après ; 3°. les abricots *ordinaires*, qui mûrissent un peu plus tard. On cultive ceux-ci en espalier et en plein vent : ces derniers, quoique moins beaux, moins gros, sont aussi beaucoup plus parfumés, et par conséquent plus agréables ; les abricots d'espaliers sont destinés à l'ornement des tables ; ceux à plein vent sont bien meilleurs à être employés pour confire : avec eux on fait des pâtes extrèmement bonnes dans l'hiver ; on les conserve dans l'eau-de-vie pour les manger en tout temps ; on en parfume les glaces,

(*voyez* chacun de ces articles); avec les amandes, on fabrique le ratafia débité sous le nom d'*eau de noyaux* (*voyez* pag. 95 du vol.); on les prépare encore de toutes les manières suivantes.

Abricots confits entiers.

Après les avoir choisis déjà un peu jaunes, et avant qu'ils ne soient arrivés à leur maturité complète, on leur fait une incision à la partie supérieure ; puis, en insinuant une lame de couteau du côté de la queue, on fait sortir le noyau par le côté opposé, pour les jeter à mesure dans l'eau fraîche ; on les met blanchir sur le feu : lorsque l'eau commence à bouillir, retirez ceux qui fléchissent sous la compression des doigts, en laissant les autres jusqu'à ce qu'ils soient parvenus au degré de cuisson convenable ; jetez-les dans l'eau pour les faire égoutter lorsqu'ils auront refroidi.

Pendant cette première opération, faites fondre et clarifiez cinq ou six livres de sucre, suivant la quantité d'abricots. Arrivé au lissé, lorsqu'il est bouillant, retirez-le et jetez les abricots dans la bassine ; remettez sur le feu, retirez-les après quelques bouillons, et laissez prendre le sucre pendant vingt-quatre heures ; retirez-les, et le lendemain faites cuire le sucre à la nappe ; versez-le bouillant sur le fruit pour les laisser baigner comme la veille : le troisième jour, séparez les abricots, et, lorsque le sucre est au perlé, vous retirez la bassine pour y remetre encore les fruits ; après quelques bouillons, retirez-les encore et laissez-les dans le sucre : le lendemain, après les avoir égouttés, placez-les sur des ardoises saupoudrées de sucre, pour les mettre à l'étuve, les retourner de temps en temps en les saupoudrant toujours jusqu'à ce qu'ils soient complètement desséchés ; puis les enfermez dans des boîtes par couches successives, entre lesquelles vous mettez une feuille de papier blanc. De cette manière on peut les conserver bien long-temps pour orner des boîtes, des coffrets, et servir aux desserts pendant les saisons rigoureuses.

Abricots entiers farcis.

Après avoir choisi et ôté les noyaux à de beaux abricots, comme à ceux dont il vient d'être parlé ; après les avoir blanchis et fait confire de la même manière, faites-les égoutter ; entr'ouvrez l'incision pour y introduire, soit une mirabelle, ou tout autre petit fruit confit, mais séparé de son noyau, et que l'on remplace par un morceau de citron aussi confit. L'opération achevée, on referme l'ouverture : on peut encore remplir le même objet avec des marmelades, des gelées, et au milieu on place une amande douce ou amère dépouillée de son écorce.

Abricots en quartiers confits.

Prenez des abricots une plus ou moins grande quantité, jeunes, un peu avant leur maturité ; détachez les noyaux ; ôtez la pellicule qui les recouvre, en les jetant dans l'eau fraîche ; à mesure qu'ils sont finis, mettez-les dans une bassine sur le feu, et à mesure qu'ils montent, prenez-les avec l'écumoire et jetez-les dans l'eau ; laissez-les refroidir et égoutter.

Prenez du sucre clarifié, auquel vous ajouterez un peu d'eau pour le mettre au petit lissé : lorsqu'il est chaud, placez-y les abricots de manière à les bien faire tremper ; faites-les bouillir et versez-les dans une terrine : le lendemain, séparez le sucre et faites égoutter ; augmentez le sucre clarifié, mettez sur le feu, faites cuire à la petite nappe, jetez dedans les abricots ; et, après quelques bouillons, écumez et remettez-les dans une terrine avec le sucre : le lendemain, égouttez, ajoutez du sucre, remettez encore sur le feu, continuez jusqu'à cinq ou six fois, enfin, jusqu'à ce que les abricots soient complètement imprégnés de sucre ; mais à la dernière, faites cuire au grand perlé pour les y laisser bouillir quelques minutes, en les remuant continuellement, afin qu'ils ne s'attachent pas au fond de la bassine ; retirez-les, écumez, versez dans une terrine, et mettez à l'étuve avec un bon feu. Lorsque vous voudrez les tirer au sec, faites-les égoutter ; placez-les sur des ardoises saupoudrées de sucre , pour les retirer le lendemain et les serrer dans des boîtes. On peut encore avec ces abricots faire des compotes , en les plaçant , après avoir été égouttés , dans des compotiers, et en versant dessus le sucre clarifié et cuit , encore chaud , après y avoir ajouté un peu d'eau et le jus d'une ou de deux oranges.

Abricots verts au liquide.

Choisir des abricots un peu avant que le noyau ne soit formé ; enlever leur duvet avec de l'eau dans laquelle vous aurez mis bouillir de la cendre de bois neuf , et les jeter dans une bassine contenant de l'eau fraîche ; après les en avoir changés deux ou trois fois, faites–les blanchir ; retirez-les à mesure qu'ils montent, pour les remettre à l'eau froide ; faites-les égoutter ensuite en les plaçant sur des tamis , avec du sucre cuit à la nappe ; ajoutez de l'eau pour le mettre au petit lissé , et lorsqu'il est bouillant , mettez dedans les abricots, faites-les bouillir ; retirez-les , écumez et mettez-les dans une terrine pour les faire baigner dans le sucre cuit au petit lissé : le lendemain faites-les égoutter sur une passoire ; augmentez le sucre clarifié , lorsqu'il est à la nappe ; remettez les fruits pour les faire bouillir ; replacez sur un tamis et ajoutez du nouveau sucre toutes les fois que vous voudrez les faire bouillir ; vous continuez ainsi pendant cinq jours en augmentant toujours le sucre ; enfin , à la dernière fois , vous le mettez au grand perlé ; et toutes fois que le sucre voudra monter, agitez avec l'écumoir , cela suffit pour le faire baisser : les abricots , après quelques bouillons couverts , doivent être mis dans une terrine avec le sucre clarifié , pour les laisser à l'étuve jusqu'au lendemain , autant pour les égoutter que pour les dessécher entièrement , et les conserver dans des boîtes. Pour en faire des compotes, il ne faut qu'ajouter un peu d'eau , du sucre clarifié et le jus d'une orange , en le faisant chauffer avant que de le verser sur les fruits. Les *pêches vertes* se préparent de même.

Abricots verts tournés au liquide.

Avec les abricots pris à la même époque, après les avoir tournés avec la lame d'un couteau très-mince, jetez-les dans l'eau fraîche, pour les mettre dans une bassine sur le feu ; les retirer à mesure qu'ils montent ; retirer la bassine du feu, et laisser refroidir les fruits dans l'eau qui leur a servi : on les remet sur le feu pour qu'ils reprennent leur verdure, on les blanchit en augmentant le feu ; lorsqu'ils sont à point convenable, on les met dans l'eau fraîche, pour les confire par les procédés indiqués plus haut. De cette manière, on n'a nullement besoin de recourir à la lessive ; mais, comme il est extrêmement long de peler et tourner un si grand nombre d'abricots, voilà pourquoi on se sert très-peu de ce dernier moyen.

Abricots en marmelade.

Choisissez huit livres des plus beaux abricots que vous pourrez trouver, et surtout dans leur état de maturité parfaite ; placez-les dans une passoire au-dessus d'une terrine ; écrasez-les avec un pilon en les broyant circulairement jusqu'à ce qu'il ne reste que la peau dans la passoire : quelques-uns les pèlent avec un couteau, mais c'est trop long ; mettez dans une bassine sur le feu toute la pulpe que vous avez pu obtenir ; faites-la réduire et évaporer ; jetez-y une poignée d'amandes d'abricots pelées ; arrivés à dessication suffisante, retirez du feu, versez dans une terrine, en ramassant avec une carte ce qui adhère aux parois de la bassine ; clarifiez cinq livres et demie de beau sucre ; faites-le cuire au gros boulé ; jetez les abricots dedans, en les remuant avec une spatule ; faites bouillir pendant quelques minutes. Lorsque la marmelade se détache de la spatule ou de l'écumoire, vous la retirez pour la mettre dans des pots, que vous ne couvrez avec du papier ou du parchemin que vingt-quatre heures après.

D'une autre manière. Choisir huit livres d'abricots très-mûrs, ôter les noyaux, les mettre dans une bassine avec suffisante quantité d'eau ; faire bouillir peudant quelques minutes, les jeter sur un tamis pour égoutter, les écraser dans une passoire avec cinq livres de sucre et une poignée de leurs amandes pilées; mettre la pulpe dans une bassine, faire cuire en remuant continuellement avec une spatule; lorsque le tout est arrivé à consistance de gelée, lorsque le bouillon, en sautant, découvre le fond de la bassine, retirez de dessus le feu pour mettre dans des pots.

Abricots en compote.

Choisir les abricots les plus jaunes et les plus mûrs, les couper par moitié; après les avoir tournés, les mettre sur le feu dans une bassine avec suffisante quantité d'eau; lorsqu'ils montent, on les jette dans l'eau fraîche, dans du sucre clarifié à la nappe; ajoutez de l'eau, mettez sur le feu; lorsqu'il est bouillant, retirez-les et y versez les abricots; couvrez un peu le feu, faites-les frissonner pendant quelques minutes; retirez-les, et, lorsqu'ils sont refroidis, égouttez et placez dans le compotier; faites revenir le sucre clarifié à la nappe, écumez; lorsqu'il sera refroidi, versez-le sur le fruit.

Lorsqu'on veut la faire avec les abricots entiers et très-mûrs, on les met, sans les faire blanchir auparavant, bouillir pendant quelques minutes dans le sucre cuit au lissé et sur un feu doux, après les avoir piqués auparavant, pour qu'ils se laissent facilement pénétrer par le sucre : de cette manière la compote est plus aromatique et meilleure.

DES AMANDES.

Tous les noyaux contiennent dans leur intérieur des amandes plus ou moins grosses, plus ou moins amères; mais les confiseurs n'emploient que celles de l'abricotier, du pêcher, de l'amandier, et celles de ce dernier sont de deux sortes : l'une à coque dure et résistante, l'autre à coque friable et légèrement odorante : qu'elles soient douces ou amères, on les tire par le commerce des États barbaresques, mais beaucoup plus encore de la Provence, du comtat Venaissin, de la

Touraine et du Languedoc ; celles des environs de Paris et provinces limitrophes ne mûrissent pas d'une manière convenable pour être travaillées lorsqu'elles sont desséchées.

Qu'elles soient amères ou qu'elles soient douces, les amandes, pour être employées dans la fabrication, doivent en général être fraîches, pleines, avec l'écorce fine, jaunâtre, bien arrondies, et nullement attaquées par les mites ; sèches et blanches dans leur pulpe, cassantes et sans aucune rancidité ; récentes, elles sont agréables au goût ; mais vieilles, elles noircissent à l'intérieur, portent avec elles un goût de moisissure, ou de rance, qui prend à la gorge. Elles sont, en outre, ridées, molles, flexibles, cassent très-difficilement, et produiraient des accidens si on en faisait usage de quelque manière que ce soit.

Quoique beaucoup d'amandes douces puissent être mangées avec un certain agrément lorsqu'elles sont vertes ; quoique, par un préjugé assez difficile à expliquer, elles entrent dans la confection d'une multitude infinie de préparations qu'on ne mange qu'au dessert, il n'en est pas moins vrai que les amandes sont bien éloignées d'être nourrissantes. Tous les macarons, les massepains, les nougats, dont elles sont la base essentielle, sont extrêmement indigestes, surtout si elles sont vieilles et rances, et qu'au lieu de les mettre tremper un peu plus long-temps dans l'eau froide pour les dépouiller de la pellicule qui les recouvre, on a la mauvaise habitude de les mettre dans de l'eau bouillante ; ce qui les décompose entièrement, et les rend d'une âcreté quelquefois insupportable.

Mais, comme le principe aromatique et amer contenu dans les amandes du pêcher, de l'abricotier, et surtout dans celles de l'*amandier amer*, est dû à une certaine quantité d'acide prussique, il faut en employer le moins qu'il sera possible ; car il serait difficile d'en manger une certaine quantité sans courir les risques d'éprouver des coliques abdominales. Mais, lorsque cette amertume est étendue parmi les autres dans une assez grande proportion, loin d'être dangereux, c'est un stimulant tonique qui sert à provoquer la digestion des amandes, qui deviendrait sans cela toujours extrèmement pénible.

Enfin, si le confiseur, au moyen du sucre pour excipient, parvient à donner aux amandes des agrémens qui les rendent susceptibles de pouvoir les faire rechercher dans plusieurs occasions, nous devons ici les considérer sous le rapport de la fabrication, et leur indiquer, autant qu'il sera possible, les meilleurs procédés à suivre pour qu'elles soient confectionnées de manière à être recherchées pour le goût, et conservées assez long-temps sans être altérées dans le magasin. Un grand nombre se vendent et se débitent sous le nom de *dragées*. Nous renverrons pour celles-ci à l'article qui les renferme ; nous ne parlerons dans celui-ci que de celles qui sont connues sous la dénomination d'*amandes* ; telles sont les suivantes.

Amandes à la bergamote.

Faire tremper, pendant six ou huit heures, dans l'eau froide, une quantité quelconque d'amandes douces récentes, pour les dépouiller de leur enveloppe ; faire cuire à la nappe le sucre fondu d'avance dans de l'eau ordinaire ; et, lorsque les dragées seront à moitié de la grosseur qu'elles devront avoir, mêlez une demi-once d'essence de bergamote au sucre exigé, pour faire une charge ordinaire ; pour continuer à les grossir à la manière accoutumée, mettez-les à l'étuve, et le lendemain blanchissez et achevez comme les autres.

On conseille encore de râper des bergamotes quand il est possible de s'en procurer dans la quantité de sucre fondu pour la dragée, et de lui donner quelques bouillons ; couvrir le feu et faire les dragées selon l'habitude, c'est même la manière de les parfumer beaucoup plus sûre et plus agréable que l'autre.

Amandes en biscuits.

Amandes amères et amandes douces, de chaque, huit onces ; huit jaunes et quinze blancs d'œufs ; farine, deux onces ; beau sucre pulvérisé très-fin, deux livres : dépouillez les amandes de la pellicule qui les recouvre, après les avoir fait tremper dans l'eau froide, pour les piler dans un mortier de marbre avec un pilon de bois, et en incorporant deux blancs d'œufs, pour en faire une pâte fine et homogène; battez les blancs d'œufs en neige; battez les jaunes à part, en y mêlant la moitié du sucre; mêlez le tout avec la pâte d'amandes préparée avec ce qui reste du sucre, dans une grande bassine; tamisez de même la farine, en remuant, sans discontinuer, jusqu'à ce qu'elle soit entièrement incorporée, pour la mettre dans des moules de papier carrés longs; saupoudrez avec de la farine mélangée de sucre, et faites cuire dans un four peu chauffé; lorsqu'ils sont levés, on leur donne de la couleur en faisant brûler un peu de paille; à mesure qu'on s'aperçoit qu'ils sont cuits, on les retire du four pour les couper; de quelque manière que ce soit, il faut le faire pendant qu'ils sont chauds; autrement il est impossible de le faire sans briser la glace qui les recouvre.

Amandes au candi.

Peler les amandes, et les grossir comme pour dragées à la bassine branlante; les colorer ensuite de diverses nuances et de manières différentes, les sécher et les mettre dans le moule à candir. Faire cuire du beau sucre clarifié au grand perlé pour le remplir, laisser séjourner pendant huit heures à l'étuve, faire égoutter le moule, et, après l'espace de quatre heures, verser le candi sur une table, en séparer les amandes; le lendemain les remettre dans le candinaire, faire revenir le sucre au petit soufflé et le verser dans le moule sur les amandes, pour les laisser encore six heures à l'étuve; égouttez et les séparez l'une de l'autre pour les dessécher complètement. Lorsqu'on veut les candir en une seule fois, la cristallisation du sucre n'est jamais aussi régulière ni aussi brillante.

On prépare de la même manière *les avelines, toutes les dragées, les fruits de toute espèce, les pistaches;* c'est un ornement de dessert qui est très en vogue depuis quelques années.

Amandes à la cannelle.

Couper par leur milieu une certaine quantité d'amandes douces, après les avoir fait tremper dans l'eau ordinaire pendant douze heures, et fait sécher complètement à l'étuve, les cribler pour qu'elles soient égales en grosseur, et les mettre dans la bassine branlante. Après deux charges de gomme, on les grossit avec une fonte de sucre cuit à la nappe ; arrivées à moitié, on y mêle une once de cannelle en poudre, avec suffisante quantité de sucre pour une charge à laquelle on ajoute un peu de gomme ; on la répète quatre fois ; arrivées au point de grosseur requise, on les fait sécher à l'étuve, pour les reprendre alternativement, et les continuer comme les autres.

Amandes au citron.

Après avoir pelé cinq livres d'amandes douces, on fait fondre et arriver à la nappe quatre livres de beau sucre ; après les deux premières charges ordinaires faites avec la gomme, on grossit jusqu'à moitié, puis on mélange deux gros d'essence de citron avec le sucre d'une charge pour continuer de leur faire prendre du volume ; on continue suivant l'habitude, et on les met à l'étuve pour les reprendre et les achever ; au lieu d'essence de citron, on peut se servir des râpures de leurs écorces qu'on mêle dans le sucre en le faisant bouillir pendant quelques minutes ; on les fait encore avec le mélange d'essence de râpures du citron ou du cédrat.

Amandes en compotes.

Broyez légèrement des amandes vertes dans un mortier de marbre, mettez-les avec de l'eau dans une bassine sur le feu pour les attendrir ; lorsqu'elles cèdent à la pression sous les doigts, retirez-les du feu et jetez dessus un peu de sel ; laissez refroidir et continuez de les tenir exposées à une chaleur douce, mais sans les faire bouillir. Lorsqu'elles auront repris leur couleur verte, poussez le feu jusqu'à ce qu'elles soient attendries de manière à se laisser facilement traverser par une tête d'épingle ; faites les refroidir dans l'eau et égoutter ensuite , pour les remettre sur le feu , et les faire bouillir pendant quelque temps ; les retirer et les laisser séjourner dans le sirop , pour qu'elles puissent bien prendre le sucre ; on les remet encore une fois sur le feu pour les faire bouillir , écumer , et laisser refroidir ; on les égoutte et on les conserve dans un vase de faïence ; quant au sucre , on le fait cuire à la grande nappe , on y exprime le sucre d'une orange , on y jette quelques zestes du même fruit pour lui donner un bouillon , le passer presque froid à travers un tamis ou un linge , au-dessus du vase qui renferme les amandes.

Amandes en conserve.

Voyez la manière de les faire à l'article *conserves.*

Amandes en crême.

Ou plutôt *crême d'amandes.* Vous pelez six onces d'amandes douces en les passant à l'eau fraîche ; après les avoir broyées et pilées dans un mortier en y ajoutant un peu d'eau , battez dans une chopine de lait deux blancs d'œufs frais , pour y délayer cinq onces de sucre que vous ferez bouillir sur un feu très-doux ; lorsque le tout sera réduit au quart , et que la crème commence à s'épaissir , ajoutez les amandes pilées , laissez jeter un ou deux bouillons , passez au tamis , ajoutez une cuillerée à bouche d'eau de fleurs d'oranger , et servez la crême lorsqu'elle sera froide , après avoir été garnie d'amandes cuites au caramel dont vous l'ornez par compartimens dessinés tout autour.

Amandes d'Espagne.

Peler à la manière que nous avons indiquée six livres d'amandes d'Espagne récentes , choisir les plus belles et les plus grosses que l'on chargera d'abord de deux couches de gomme , en commençant à les grossir avec six livres de sucre fondu à la nappe ; les mettre à l'étuve pour les reprendre le lendemain pour continuer de les

11

grossir jusqu'à ce qu'elles soient assez couvertes. Pour être colorées en rouge, avec deux cuillerées de carmin étendues dans une suffisante quantité de sucre clarifié, en y ajoutant un peu de gomme pour faire deux charges, retirez-les de la bassine, mettez-les à l'étuve pendant trois heures, recouvrez-les ensuite par petites charges, à la huitième faites-en une à la gomme. Au troisième jour il faut qu'elles soient de la grosseur d'un œuf de pigeon : comme leur volume devient alors considérable, on en retire moitié pour en faire de plus grosses, et lorsqu'on les juge arrivées à point convenable, on les met à l'étuve pour les blanchir et les achever comme les autres : on peut encore les parfumer avec une substance aromatique quelconque, ainsi qu'il est dit aux amandes, au citron et autres.

Amandes à la fleur d'oranger.

Faire tremper pendant huit heures, dans l'eau froide et non pas dans l'eau bouillante, comme on en a l'habitude, six livres d'amandes douces, les peler et les laisser sécher à l'air, pour les empêcher de gercer ; après les avoir mises dans la bassine branlante, on fait fondre avec de l'eau ordinaire, huit livres de sucre qu'on fait cuire avec l'eau de fleurs d'oranger odorante (double) dans la cuillère à charger, en assez grande quantité pour faire trois charges, et la première doit être un peu gommée, pour les terminer comme les autres ; car elles ne comportent pas de cordons.

Amandes en glaces.

Voir dans l'article des glaces, celle à l'amande, intitulé *Glaces aux amandes.* (Manuel du Limonadier, pag. 27.)

Amandes grillées.

Peler des amandes douces, une livre ; les laisser entières ou les couper dans leur longueur ; les mettre sur le feu, dans une bassine, avec une livre de beau sucre concassé et cinq onces d'eau : lorsqu'elles pétillent on les retire du feu pour les sabler. Ajoutez un peu de râpure de citron, remettez la bassine sur le feu, couvert avec des cendres, et remuez sans interruption jusqu'à ce qu'elles soient brunes et de couleur de caramel ; garnissez le fond d'un plat avec une légère couche de nonpareille ; versez ce grillage par-dessus et le couvrez aussi de nonpareille. Laissez refroidir et mettez à l'étuve sur un tamis garni de papier, pour les servir par morceaux coupés ou rompus, de toute forme et de toute dimension.

Amandes à l'héliotrope.

Ces amandes, d'un goût délicieux et de l'arome le plus agréable, ne pourraient jamais se faire avec l'héliotrope, qu'il est impossible de se procurer en assez grande quantité ; il est donc nécessaire de les préparer avec ce qui en approche le plus, c'est pourquoi on emploie la cannelle. Ainsi, on prendra six livres d'amandes nouvelles, pour les préparer comme de coutume ; faire fondre, avec de l'eau de roses simple et de l'eau de fleurs d'oranger odorante, quatre à cinq livres de sucre en consistance un peu épaisse, pour les faire cuire à la nappe ; laissez-le sur un feu doux, lorsqu'il n'est plus en ébullition, et versez une demi-verrée d'esprit de jasmin et autant de celui de tubéreuse. Après deux charges de gomme, grossissez les amandes la moitié de la fonte employée ; délayez, dans du sucre clarifié, un peu de gomme et une once de vanille en poudre ; mettez cette charge avec précaution ; faites-en quatre de suite avec même quantité de vanille ; grossissez et finissez comme pour les autres.

Amandes au jasmin.

Préparez, comme d'habitude, six livres d'amandes douces, récentes et choisies ; faites fondre, dans suffisante quantité d'eau de rivière, quatre livres de sucre à faire cuire au petit perlé ; diminuez le feu et le couvrez ; pour ajouter dans le sucre tiède une verrée d'esprit de jasmin. Après avoir commencé les amandes par deux charges de gomme, il faut les grossir, les mettre à l'étuve pour les reprendre le lendemain, les blanchir avec du sucre cuit au petit perlé ; dans lequel on aura mis une seconde verrée d'esprit de jasmin ; faire revenir ce sucre à la nappe. A la seconde charge, ajouter de la gomme et une moitié de sucre clarifié ; remettre à l'étuve ; les reprendre le lendemain, pour les blanchir et les achever entièrement.

Amandes en lait.

Ou plutôt *lait d'amandes*. Prendre amandes douces, récentes et choisies, six onces ; lait fraîchement tiré, une pinte ; eau de fleurs d'oranger, quatre gros ; sucre fin, cinq onces. Peler les amandes, et dans un mortier de marbre les réduire en une pâte homogène, en y ajoutant de temps en temps un peu de lait ; les passer à travers un linge, pour les exprimer mieux encore ; les mettre à la presse ; faire réduire à moitié sur un feu doux, y ajouter le sucre et l'eau de fleurs d'oranger, pour faire bouillir une ou deux minutes ; passer le tout au tamis de crin serré, et propre pour *un lait d'amandes*, à servir dans une jatte de faïence ou de porcelaine.

Amandes au réséda.

Prendre huit livres d'amandes douces, préparées comme de coutume ; faire cuire six livres de sucre au petit perlé ; quand il a cessé de bouillir, on y ajoute une verrée d'esprit de réséda très-odorant. On commence par les deux charges de gomme ; et tous les jours, pour les continuer, et avant que de reprendre, on ajoute au sucre une nouvelle verrée d'esprit de réséda, avant que d'arriver à les blanchir et les finir.

Amandes à la rose.

Pour huit à dix livres d'amandes nouvelles, choisies comme pour toutes les autres, on fait fondre, dans l'eau de roses, huit livres de sucre concassé ; après l'avoir fait cuire à la grande nappe, on amène les amandes à moitié de la grosseur qu'elles doivent avoir ; et, pour leur donner un cordon rose, on délaie avec un peu de gomme trois cuillerées à bouche d'une solution de carmin très-épaisse, pour l'étendre dans du sucre clarifié ; après avoir retiré le feu de dessous la bassine , vous roulez les amandes dans le sucre coloré , avec les deux mains , et vous ne leur laissez prendre que ce qui est nécessaire pour une charge ; alors on les retire de la bassine, on les met trois heures à l'étuve, pour recommencer les charges de façon que les six premières soient très-légères ; afin de ne pas dissoudre la couleur rosée , à la septième, on ajoute de la gomme ; on continue à grossir jusqu'à la disparition complète de la couleur ; on les met de nouveau à l'étuve , pour les préparer à blanchir et les achever comme les autres.

Amandes à la rose, pour la couleur et l'arome.

Prendre dix livres d'amandes , comme pour celles qui précèdent ; les préparer aussi de même , en délayant huit livres de sucre avec de l'eau de roses odorante et en le mettant sur le feu ; après quelques bouillons, on le retire et on dissout une once de carmin pour grossir les amandes et les mettre à l'étuve. Clarifiez et faites cuire à la nappe suffisante quantité de beau sucre pour dix charges ; délayez dedans assez de carmin pour lui donner une belle couleur, ce dont vous vous assurerez en y trempant un morceau de papier blanc ; chargez les amandes un peu chaudes seulement , et la première fois, mettez de la gomme ; après chacune de vos charges , faites sécher , diminuez le sucre à mesure que vous arrivez à la dixième , et mettez à l'étuve : avec du sucre au lissé et non coloré , vous leur donnez le lustre. Fort souvent on manque la préparation de ces amandes à la rose , parce qu'on les tient continuellement trop chaudes , et que les charges de sucre ne sont point convenablement proportionnées.

Amandes en robe de chambre.

Prendre quatre onces d'amandes douces choisies , les peler et les couper dans leur longueur, en morceaux plus ou moins épais ; après les avoir remis sur des feuilles de papier, on les fait roussir à la chaleur du four ; on délaie, dans du blanc d'œuf, une livre de beau sucre en poudre, pour en faire une pâte homogène; on aromatise avec deux cuillerées d'eau de fleurs d'oranger, en y incorporant les amandes; partagez le tout en morceaux plus ou moins gros et arrondis, pour les placer, à distance convenable, sur des feuilles de papier, et de manière qu'en cuisant, ils ne puissent se toucher, parce qu'ils renflent; mis au four à une douce chaleur, on ne les tire que lorsqu'ils sont cuits.

Amandes ovoïdes.

C'est-à-dire, de la forme et de la grosseur d'un petit œuf de poule. Prendre celles qu'on a séparées en faisant les amandes d'Espagne, que l'on continue à grossir, après trois jours de séjour à l'étuve, avec le même sucre qu'on augmente autant qu'il est nécessaire et auquel on ajoute, à toutes les huitièmes charges, un peu de gomme, pour les remettre à l'étuve et les terminer comme toutes les autres.

Amandes ovoïdes galantes.

Avec six onces de mucilage de gomme adragant, fondu avec l'eau seulement, broyé ensuite avec du sucre, pour en faire une pâte que l'on achève en pétrissant sur une table, jusqu'à ce qu'elle soit d'une consistance assez ferme, avec un moule en bois de la forme et de la grosseur de la moitié d'un œuf de poule, vous aplatissez dans le fond et le pourtour une couche assez épaisse, pour qu'en les rapprochant deux à deux, vous puissiez les agglutiner avec de la gomme et y enfermer un couplet imprimé sur du papier fin, ou toute autre devise plus ou moins galante, un ruban, un flacon plein d'une huile essentielle, odoriférante; des gelées, des liqueurs plus ou moins fines; à mesure qu'elles sont terminées, on les met sécher sur des claies ou des tamis, pour les arranger à l'étuve; on leur donne ensuite quinze charges avec du sucre de choix clarifié et cuit à la nappe, en ayant continuellement attention de ne les remuer que très-doucement et d'avoir la bassine sur un feu extrêmement doux. On les remet à l'étuve pendant vingt-quatre heures; on les blanchit avec ce qu'il y a de plus beau en sucre , et on les finit comme les autres ; nous n'avons indiqué aucune charge gommée , parce que celle qu'on a employée pour faire les amandes ovoïdes qui se trouvent contenues dans l'intérieur est bien plus que suffisante.

Amandes de santé.

Prendre du cacao choisi , huit à neuf livres ; le torréfier légèrement ; lorsque l'enveloppe quitte , retirez du brûloir et l'épluchez avec soin ; conservez toutes les amandes entières ; mettez-les dans la bassine branlante, sans feu, et chargez-les avec de la gomme un peu épaisse, sur laquelle vous jetez un peu de sucre en poudre, soit en agitant la bassine , soit en les remuant avec les mains , pour faciliter l'adhésion du sucre ; on les met à l'étuve pendant trois heures ; on répète deux, trois et quatre fois la même manœuvre pour les y laisser pendant la nuit tout entière. Le lendemain, après avoir fait fondre , avec l'eau ordinaire , quatre à cinq livres de beau sucre , faites cuire à la nappe, pour couvrir les amandes de cacao par dix petites charges successives ; donnez-en à la gomme , pour achever de les grossir , et les préparer à blanchir afin de les terminer comme toutes les autres.

Amandes à la siamoise.

Faire tremper des amandes choisies , leur enlever la pellicule qui les recouvre et les mettre roussir au four ; faire cuire du sucre au grand perlé ; retirer la bassine du feu et y verser les amandes, en les remuant continuellement ; retirer les amandes, les poser sur des grilles et les faire sécher à l'étuve , en les sortant les unes après les autres ; on peut encore les rouler dans le sucre en poudre grossière , et dans la nonpareille ; et, lorsqu'elles sont bien garnies de l'un ou de l'autre, on achève leur dessication à l'étuve , après les avoir étalées sur du papier blanc contenu dans des tamis de crin.

Amandes soufflées.

Prendre deux livres d'amandes douces choisies , les mettre dans l'eau froide pour les dépouiller de leur enveloppe ; lorsqu'elles sont bien desséchées, on les jette dans deux blancs d'œufs, pour les fouetter avec des brins d'osier, et les incorporer avec une livre et demie de sucre en poudre ; lorsqu'elles sont suffisamment glacées, on les met sur des feuilles de papier très-blanc pour les faire cuire au four et à une chaleur douce.

Amandes à la vanille.

Pelez six livres d'amandes douces choisies après les avoir laissé attendrir dans l'eau froide ; les mettre sécher à l'air avant de les exposer à l'étuve ; lorsqu'elles sont parfaitement sèches, on les jette dans la bassine branlante avec cinq à six livres de sucre cuit à la grande nappe ; on les grossit comme d'habitude ; arrivées à-peu-près à moitié, on délaie deux onces de vanille en poudre dans du sucre clarifié contenu dans la cuiller à charger, et en suffisante quantité pour trois fois, et dans la première charge on ajoute un peu de gomme arabique délayée pour les terminer, comme toutes celles dont il est fait mention.

Amandes au zéphir.

Couper en deux, et transversalement, cinq livres d'amandes choisies et récentes, sans qu'il soit besoin de les peler ; les faire sécher à l'étuve pendant deux ou trois jours. Après les avoir mises dans la bassine branlante exposée sur le feu, après les deux charges de gomme usitées en pareille circonstance, grossissez-les avec quatre livres de beau sucre fondu, clarifié et cuit à la nappe ; parvenues à moitié de grosseur, mettez une charge composée avec parties égales de sucre et d'essence de citron ; achevez de grossir ; faites sécher à l'étuve pour les blanchir et les terminer le lendemain.

DES AMANDES PISTACHES.

Les pistaches sont le fruit du pistachier, dont les fleurs, dans celui qui est cultivé, soutiennent un embryon qui se change en une baie ovalaire qui a peu de suc, et dans laquelle est contenue une amande lisse, ovale, qu'on trouve dans le commerce sous le nom de *pistache*. Cette petite noix, de la grosseur et de la figure d'une olive, a deux écorces; l'extérieure, membraneuse, grisâtre, un peu rousse; l'intérieure, ligneuse, dure, compacte, blanche, extrêmement légère; l'amande qui y est renfermée est d'un vert pâle, grasse, huileuse, agréable au goût, couverte d'une pellicule rougeâtre : telle est la pistache dont se servent les confiseurs pour faire les dragées et autres préparations dont nous allons parler. Comme, dans toutes les occasions où il faut avoir des dragées très-fines, des bonbons recherchés, galans, pour les fêtes, étrennes, cadeaux, etc., on les décore de plusieurs manières; on les entoure de couplets, devises, charades, oracles; on doit donc, dans leur confection, ne pas employer d'autres amandes que la pistache, qui sert de base essentielle; tout autre serait une fraude blâmable.

Pour les envelopper, on découpe des papiers fins de diverses couleurs, en carrés de trois ou quatre pouces aux deux extrémités; on place le bonbon entouré de la devise, ou autre chose; on le ferme en roulant et en tordant sur elles-mêmes les découpures du papier qui doit toujours être blanc pour les pistaches à la fleur d'oranger : on emploie pour celles des autres goûts des papiers analogues aux couleurs qu'on leur donne; mais il faut les choisir de nuances agréables à l'œil, et d'une finesse extrême : les papiers de soie paraissent jouir d'une préférence marquée.

Pistaches à l'ambre.

Concassez et délayez dans une bassine quatre livres de beau sucre; mettez-le sur le feu jusqu'à ce qu'il soit entièrement fondu et prêt à entrer en ébullition; couvrez le feu et ajoutez esprit d'ambre, une once et demie; mettez une livre et demie de pistaches dans la bassine branlante chauffée par-dessous : travaillez-les en passant les mains dessus, en commençant par petites cuillerées, et augmentez à mesure que les pistaches grossissent; le sucre entièrement employé, mettez-les à l'étuve; le lendemain remettez dans la bassine avec une petite charge de gomme, pour les rouler et les

couvrir de nonpareille bien blanche contenue dans un
tamis ; faites sécher de nouveau , en les laissant à l'é-
tuve pendant trois heures pour faire des papillotes. Les
pistaches au musc se font de la même manière que
celles-ci.

Pistaches à l'ananas.

Pistaches, une livre et demie ; trois ananas choisis
dans leur état de maturité et à point , quatre livres de
beau sucre très-fin ; après avoir râpé la surface extérieure des ananas sur du sucre , après en avoir exprimé
le sucre contenu dans leur intérieur, faites fondre la
quantité de sucre nécessaire pour votre opération ; et à
l'instant où il va bouillir , incorporez tout ce qui est
sorti des ananas pour achever comme la précédente.

Pistaches à la bergamote.

Avec une livre et demie de pistaches fraîches, cinq
bergamotes et quatre livres de beau sucre , râpez les
bergamotes, concassez le sucre ; et, lorsqu'il sera fondu
très-épais , mêlez l'un avec l'autre pour travailler le
tout à la bassine branlante , et terminer comme les
précédentes ; on suit le même procédé pour les faire au
cédrat et à *l'orange.*

Pistaches en biscuit.

Faire baigner dans l'eau froide , pendant le temps
nécessaire. une livre de pistaches , deux onces d'a-
mandes douces ; les dépouiller de la peau qui les recouvre ; les faire essuyer dans une serviette blanche
pour les piler dans un mortier de marbre. en y ajoutant,
par intervalles, un peu de blanc d'œuf ; battez sépara-
ment cinq blancs d'œufs, huit jaunes avec moitié sucre
et de la râpure de citron , pour les réunir et mélanger
avec le reste du sucre et deux onces de farine ; versez
dans des moules de papier ; glacez et faites cuire au
four comme les autres.

Pistaches au café.

Prendre une livre et demie de pistaches choisies ;
sucre blanc , quatre livres ; café Moka , trois onces ;

torréfier jusqu'à ce qu'il soit roux seulement sans être trop brûlé ; après l'avoir réduit en poudre , on le fera bouillir dans une pinte d'eau pendant quelques minutes ; retirez du feu et clarifiez, concassez le sucre et le délayez épais avec le café à l'eau ; retirez-le lorsqu'il sera prêt à bouillir , mettez les pistaches dans la bassine branlante pour les terminer comme les autres , et les mettre en papillotes.

Pistaches à la cannelle.

Concassez quatre livres de sucre , mettez-le sur le feu , et lui donnez une fonte très-épaisse : lorsqu'il sera prêt à entrer en ébullition , couvrez le feu et y ajoutez deux onces de cannelle en poudre extrêmement fine , délayée dans un peu d'eau ou deux gros d'essence de la même , puis terminez comme pour les autres.

Pistaches au chocolat.

Prendre ce qu'il y a de mieux en chocolat de santé ou à la vanille , en mettre une livre dans un mortier de fer après l'avoir chauffé à l'intérieur avec des charbons allumés ; on le pile pour le réduire en pâte et le diviser en morceaux plus ou moins gros , dans lesquels on enveloppe une pistache en les roulant dans la main ; on les jette ensuite dans une bassine pour les imprégner d'une couche égale de nonpareille , en les remuant avec une cuillère de fer-blanc plutôt qu'avec les doigts ; laissez-les refroidir pour les mettre en papillotes , ou les envelopper de quelque manière que ce soit , mais toujours avec quelque chose d'agréable pour les accompagner.

Pour en faire d'attrape , par ce moyen , on s'y prend de même , à l'exception qu'on enferme dans l'intérieur du chocolat un morceau d'ail coupé de la grosseur d'une pistache , et que l'on rend encore un peu plus amer sans cependant qu'il n'y ait rien de nuisible , en les saupoudrant avec de l'aloës succotrin réduit en poudre extrêmement fine.

Pistaches au citron.

Râpez quatre citrons pour enlever la pellicule jaune qui les recouvre, en les frottant sur du sucre en détachant à mesure avec un couteau tout ce qui sert à l'imprégner ; faites fondre très-épais quatre livres de beau sucre, mêlez les râpures pour lui donner l'arome, puis travaillez les pistaches et les terminez à la manière accoutumée.

Pistaches en crême.

Ou plutôt *crême de pistaches.* Pelez, après les avoir fait tremper un temps suffisant dans l'eau froide, deux onces de pistaches ; on les pile ensuite dans un mortier de marbre avec un pilon de bois, en y ajoutant un peu d'écorce de citron ; après les avoir passées au tamis de crin, on les mêle dans une chopine de lait avec deux jaunes d'œufs et quatre onces de sucre, on les met ensuite sur un feu doux pour les faire bouillir, en remuant avec une spatule jusqu'à ce qu'elle soit cuite sans être trop épaisse ; on passe le tout au tamis, on la dresse dans des vases de porcelaine pour laisser refroidir et garnir avec d'autres pistaches ou des fleurs.

Pistaches à devises.

Prendre mucilage de gomme adragant fondu dans l'eau de roses très-odorante (double) ; on la passe dans un linge serré, pour la piler, en y ajoutant par intervalles du sucre passé au tamis de soie ; après l'avoir pétrie avec suffisante quantité de carmin liquide, pour lui donner une belle couleur rose, on la roule en bâtons plus ou moins gros, que l'on coupe de la grosseur d'une pistache, dans laquelle on enferme une devise roulée sur elle-même ; on les met sécher à l'étuve pour les travailler ensuite à la bassine branlante, avec assez de sucre cuit à la nappe et liquéfié avec l'eau de roses double ; après quelques minutes d'ébullition, couvrez le feu et n'ajoutez la gomme arabique que vers la dixième charge pour les finir comme d'habitude.

Pistaches à la fleur d'oranger.

Mettre sécher pendant quelques jours de suite cinq livres de pistaches à l'étuve ; après les avoir recouvertes et mises dans du son pour absorber l'huile qui s'en dégage, après les avoir nettoyées, faites fondre six livres de sucre avec de l'excellente eau de fleurs d'oranger, et en l'ajoutant par parties jusqu'à ce qu'il soit cuit à la nappe ; au premier bouillon retirez le sucre du feu, commencez dans la bassine par deux charges de gomme, grossissez comme pour les amandes, remplissez les interstices avec du sucre tamisé un peu gros ; parvenues à moitié du volume qu'on veut leur donner, on les charge encore avec du gros sucre en les passant à la main, on continue de cette manière jusqu'à ce qu'on les mette sécher à l'étuve, pour les reprendre le lendemain et les achever comme toutes celles dont il a été question.

Pistaches au gérofle.

Après avoir concassé et délayé très-épais quatre livres de beau sucre, on le met sur le feu ; après quelques minutes d'ébullition, on le retire pour ajouter gérofle en poudre une once et demie, étendu dans un peu d'eau ; le mélange et la fonte exactement faits, on s'en sert pour travailler une livre et demie de pistaches pelées et préparées suivant l'indication et dans la bassine branlante ; au lieu de gérofle pulvérisé, on peut également se servir de l'essence de cette substance aromatique.

Pistaches à l'héliotrope.

Après avoir préparé comme à l'ordinaire trois livres de pistaches, faites fondre dans autant d'eau de roses que de celle de fleurs d'oranger, huit livres de sucre, que vous laisserez cuire à la nappe ; après avoir retardé le feu, ajoutez-y esprit de jasmin et de tubéreuse, de chaque une once ; lorsque les pistaches seront parvenues à moitié de la grosseur qu'elles doivent avoir, on délaie trois onces d'esprit de vanille ou de la vanille

en poudre avec du sucre, et un peu, pour mettre
moitié sur les pistaches en les roulant avec les mains;
on leur donne cinq à six charges et on recommence;
lorsqu'elles sont assez grosses, on les blanchit pour les
terminer suivant les procédés ordinaires.

Pistaches au jasmin.

Pour mettre en œuvre trois livres de pistaches
fraîches et récentes, prenez huit livres de beau sucre
fin, et six onces d'esprit de jasmin bien aromatique et
bien préparé, et suivez tous les procédés indiqués pour
les autres.

Faites de même pour les pistaches *à la jonquille,
au réséda, à la tubéreuse.*

Pistaches de Macédoine, A L'ANANAS.

Après avoir râpé la surface extérieure de quatre beaux
ananas bien mûrs sur du sucre, on les coupe par moitié, pour exprimer tout le suc qui peut être contenu
dans leur intérieur, on broie dans un mortier de
marbre avec un pilon de bois, une livre et demie de
pistaches récentes pelées et bien desséchées, en y ajoutant un peu de suc d'ananas pour les empêcher de devenir huileuses; on entretient et l'on conserve leur
couleur au moyen d'une petite quantité de vert d'épinards qu'on y incorpore ainsi que la râpure et tout ce
qu'on a pu obtenir en pressurant les ananas, tandis
que l'on achève de broyer sur un marbre; enfin, pour
les terminer entièrement, on suit les mêmes procédés
que pour les autres.

Pistaches de Macédoine, A LA FLEUR D'ORANGER.

Faire tremper dans l'eau ordinaire et à la température
de l'atmosphère, une livre de pistaches choisies, pour
les peler, les faire sécher, les broyer ensuite dans un
mortier de marbre avec un pilon de bois, en y ajoutant un peu de l'eau chargée de vert d'épinards, les
broyer ensuite par parties pour obtenir une pâte extrêmement fine, et y incorporer une demi-livre de fleurs
d'oranger fraîches, et aussi pilées dans le mortier de

marbre. Clarifiez deux livres de sucre, faites-le cuire au petit cassé, retirez du feu pour y mêler la pâte des pistaches avec une spatule de bois, laissez refroidir et conservez dans une terrine, afin de pouvoir achever de les broyer et d'en faire une pâte fine et homogène avec addition de sucre, pour la couper en morceaux de la grosseur d'une noisette, que vous roulez dans la main ; faites sécher à l'étuve ; le lendemain, avec une dissolution de gomme arabique, on les mouille légèrement afin de les rouler ensuite dans la nonpareille, les faire de nouveau sécher à l'étuve, et en mettre avec devises, couplets ou chansons, dans des papillotes faites avec du papier fin de différentes couleurs.

Pistaches de Macédoine, AUX FLEURS.

Prendre une livre de pistaches, fleurs de citronnier et d'oranger, de chaque une once ; esprit de jasmin, de jonquille, de réséda, de roses, de tubéreuse, de chaque deux gros ; sucre, deux livres ; broyez les pistaches, après les avoir pelées, dans un mortier, en y ajoutant une petite quantité d'eau d'épinards ; pilez les fleurs de citronnier et d'oranger pour les incorporer dans les pistaches, ajoutez-y toutes les substances spiritueuses en remuant avec une spatule, clarifiez le sucre, et, si la pâte était par trop liquide, vous feriez cuire au grand cassé pour terminer à la manière accoutumée.

Pistaches de Macédoine, A L'HÉLIOTROPE.

Prendre une livre de pistaches, fleurs de citronnier une once ; fleurs de jasmin et de tubéreuse, de chaque deux gros ; vanille en poudre fine, demi-once ; esprit de vanille, deux gros ; sucre fin, deux livres et demie ; après avoir pilé les pistaches dans le mortier, après les avoir broyées sur le marbre pour en faire une pâte fine et homogène, ajoutez-y la vanille pulvérisée, les fleurs broyées et l'esprit de vanille pour les terminer comme les précédentes.

Pistaches de Macédoine, A LA PROVENÇALE.

Avec une livre de pistaches, prenez fleurs fraîches d'oranger, quatre onces ; les zestes d'une bigarade, d'un citron, d'une orange et d'un poncire ; sucre fin, deux livres ; pilez les pistaches avec du vert d'épinards, ajoutez-y le zeste des fruits réduits en poudre très-fine, ou mieux encore, râpez-les sur le sucre pour le mêler ensuite à la pâte de pistaches, et terminez comme pour les autres.

Pistaches de Macédoine, A LA ROSE.

Pelez, par les procédés ordinaires, une livre de pistaches ; pilez-les dans le mortier en y ajoutant suffisante quantité d'eau de roses odorante ; broyez-les ensuite sur le marbre jusqu'à ce qu'elles soient réduites en pâte fine et homogène ; faites une autre pâte avec une demi-livre de roses de Provins fraîches, et en y ajoutant aussi de la même eau de roses, mêlez les deux pâtes ensemble en y ajoutant demi-once de carmin en liqueur ; clarifiez et faites cuire au petit cassé deux livres de sucre ; retirez et faites du tout un mélange exact pour terminer les pistaches comme les précédentes.

Pistaches de Macédoine, A LA VANILLE.

Elles se font comme toutes les autres dont nous avons parlé ; mais, pour une livre de pistaches, il faut ajouter vanille, en poudre fine, une once ; esprit de vanille quatre onces, pour deux livres quatre onces de beau sucre travaillé et cuit au petit cassé.

Pistaches en massepains.

Pilez, dans un mortier de marbre, en y ajoutant de temps à autre un peu de blanc d'œuf, une livre de pistaches ; lorsqu'elles sont réduites en pâte fine et homogène, clarifiez une livre de sucre, faites cuire au petit boulé, retirez la bassine du feu, et mélangez les pistaches en remuant continuellement avec une spatule de bois. Après avoir remis le tout sur un feu extrêmement doux, continuez de le tourner jusqu'à ce que la pâte devienne d'une consistance convenable , et qu'on puisse la mettre sur une table ; saupoudrez avec du sucre , laissez refroidir , et avec le rouleau faites des abaisses que vous découperez avec des emporte-pièces de toute forme et de toute grandeur pour les faire cuire et les glacer après : on peut encore, en roulant la pâte sur elle-même , exécuter avec des anneaux plus ou moins larges.

Pistaches en meringues.

Faites une pâte fine, homogène et déliée, avec quatre onces de pistaches pelées, séchées et broyées dans un mortier de marbre, en y ajoutant un peu de blanc d'œuf ; battez six autres blancs d'œufs en neige, et y ajoutez sucre blanc en poudre fine trois onces ; faites évaporer sur un feu doux, en remuant continuellement et en retirant par intervalles ; mêlez exactement les pistaches ; lorsqu'elles sont bien incorporées, vous posez des feuilles de papier sur des plaques de fer-blanc, vous prenez par cuillerées de la pâte, pour en former des meringues rondes ou ovales de la grosseur d'une noix ou d'un petit œuf, dans le milieu desquelles vous laissez un vide ; faites-les de manière à ce qu'elles ne se touchent pas ; saupoudrez avec du sucre fin et mettez au four pour les enlever lorsqu'elles sont cuites, en passant un couteau par-dessous, et remplir leur milieu avec des confitures de toute espèce, ou de la crème fouettée et sucrée que vous recouvrez par un autre ; mais il faut les conserver après qu'elles ont été desséchées à l'étuve pour n'y ajouter les confitures ou autres substances liquides qu'à l'instant où l'on voudra en faire usage.

Pistaches à la moscovite.

Après avoir exprimé l'eau dans laquelle on aura fait cuire des épinards, on y délaiera quatre onces de mucilage de gomme adragant, pour la passer ensuite à travers un linge en la serrant fortement, la piler dans un mortier de marbre avec du sucre, ou des ratissures, jusqu'à ce qu'on puisse continuer à la pétrir sur une table , et la mettre à consistance convenable. Pendant ce temps , dépouillez de la pellicule qui les recouvre huit livres de pistaches récentes , pour les faire sécher, les concasser dans un mortier, en y jetant de temps en temps de la gomme , et une livre de fleurs d'oranger dans sa fraîcheur , les râpures de quatre cédrats , celles de six oranges et celles de huit citrons ; après avoir avancé la pâte dans le mortier, on l'achèvera sur la table par le moyen d'un rouleau , en y incorporant ce qui reste de la gomme adragant , pour couper le tout en petits morceaux gros comme des pistaches que l'on fera sécher à l'étuve après les avoir placés sur des tamis de crin ; enfin , après avoir fait fondre douze livres de sucre dans l'eau , on le fait cuire à la nappe pour continuer sans interruption le travail des pistaches , faire toutes les charges sans addition de gomme arabique , les blanchir et les terminer comme toutes les autres.

Pistaches au pot-pourri.

Esprit de jasmin , de jonquille , de tubéreuse , de chaque , demi-once ; esprit d'ambre et de musc , de chaque , demi-gros ; pistaches choisies , une livre et demie ; sucre concassé , quatre livres ; après l'avoir délayé très-épais , après l'avoir fait chauffer prêt à bouillir, arrêtez le feu et y ajoutez toutes les substances spiritueuses. pour en charger les pistaches et les travailler comme à l'ordinaire.

Pistaches en pralines.

Pralines aux pistaches, pistaches pralinées. Prendre poids pour poids de pistaches et de sucre ; le faire fondre , et , lorsqu'il est au gros boulé , retirer la bassine le sabler en remuant lestement avec une spatule , jusqu'a ce qu'il soit d'une couleur rousse et que les pistaches aient pris tout le sucre contenu dans la bassine , après les avoir retirées et partagées à-peu-près par moitié , faites cuire à deux reprises , comme les amandes grillées , en aromatisant , soit avec la fleur d'oranger , soit avec l'eau de roses , la bergamote , le cédrat , en y ajoutant leur râpure , au moment de la dernière façon ; on peut encore les glacer de même , en les mouillant légèrement et les tenant couvertes dans un tamis jusqu'à ce qu'elles soient entièrement refroidies.

Pistaches à la rose.

Concasser et faire fondre épais, quatre livres de beau sucre , avec suffisante quantité d'eau de rose très-odorante (double); le faire fondre sur le feu , et, lorsqu'il sera prêt à bouillir, diminuer le feu et n'en laisser que ce qui est nécessaire pour l'entretenir chaud ; délayez à part trois cuillerées de carmin dans une petite quantité de sucre clarifié , et l'ajoutez au sucre fondu ; travaillez les pistaches à la bassine branlante : faites-les sécher à l'étuve ; le lendemain donnez-leur une charge de gomme , pour y fixer la nonpareille ; mettez-les de nouveau sécher à l'étuve pour en faire des papillottes.

Pistaches à la sultane.

Après avoir préparé des pistaches et du sucre , après l'avoir fait fondre, on y ajoute les râpures de huit citrons , de six bergamotes , autant de cédrats , d'orange et de poncires ; on laisse bouillir pendant sept à huit minutes , pour passer ensuite au tamis de crin , pour extraire toutes les râpures ; on couvre le feu de manière à n'en laisser que pour entretenir le sucre chaud , et l'on continue les pistaches suivant les procédés ordinaires.

Pistaches en surtout.

Prendre autant de pistaches que de sucre ; le faire cuire au boulé , y jeter les pistaches, les faire griller ; les retirer du feu et les remuer avec une spatule de bois jusqu'à ce qu'elles soient bien couvertes ; battre un blanc d'œuf avec de l'eau de fleurs d'oranger ; en imbiber les pistaches pour les jeter dedans et les rouler dans du sucre en poudre extrèmement sec ; après les avoir retirées et rangées sur des plaques de fer-blanc ou des feuilles de papier fin , on met au four légèrement chaud pour leur faire prendre couleur ; on les retire pour les faire sécher à l'étuve.

Pistaches à la vanille.

Fondre du sucre concassé, le cuire à la nappe ; grossir à la manière accoutumée des pistaches préparées ; parvenues à moitié du volume qu'elles doivent avoir, on les travaille avec du sucre préparé, auquel on a ajouté un peu de gomme et une once et demie de vanille réduite en poudre très-fine ; après en avoir employé la moitié, on réserve le reste pour quatre autres charges successives, en continuant de les grossir et de les mettre alternativement à l'étuve pour achever de les blanchir et les terminer comme les autres.

DES AVELINES.

Les avelines qui se trouvent dans le commerce, et que les confiseurs emploient assez fréquemment sont le fruit de l'*avelinier*, arbrisseau qui se rapporte au genre du *noisetier* ou *coudrier*, qui est assez commun dans nos forèts et que l'on cultive dans les jardins. Presque toutes assez bonnes à manger, les avelines sont rondes, plus ou moins grosses, quelquefois ovales, recouvertes d'une pellicule rougeâtre lorsqu'elles ont été cultivées, et rousses, un peu plus âcres et plus épaisses, dans celles qu'on trouve dans les bois ; enveloppées, avant leur parfaite maturité, par une coque membraneuse et frangée sur les bords, elles tombent de l'arbre vers la fin de l'été. Il ne faut pas attendre cette époque ; elles sont bien meilleures après avoir été cueillies et desséchées au soleil ; car, si on le fait autrement, elles ne tardent pas à devenir grasses, onctueuses, et l'huile qui s'y développe, qu'on peut assez facilement en extraire, passe promptement à l'état de rancidité ; il est impossible alors de les employer de quelque manière que ce soit.

Avelines à la bergamote.

Faire sécher à l'étuve huit livres d'avelines nouvelles et fraîchement cassées ; les mettre dans la bassine branlante sur le feu un peu vif ; les passer sous la main pour enlever la première pellicule qui les recouvre ; après les avoir vannées, on les imbibe de deux couches de gomme ; faire cuire à la nappe huit livres de beau sucre, pour les grossir par petites charges ; arrivées à moitié de leur volume, ajoutez quatre gros de bonne essence de bergamote dans suffisante quantité de sucre clarifié, et un peu de gomme, pour faire une charge ordinaire ; continuez à grossir et mettez à l'étuve pour sécher. Le lendemain, il faut les reprendre pour les préparer à blanchir, et les finir comme les autres, surtout en passant la main à chacune des charges, pour bien faire paraître l'empreinte des côtes de l'aveline. On les fait de même avec les essences de *cédrats,* de *citron,* etc.

Avelines en biscuit.

Prendre huit onces d'avelines belles et choisies, amandes amères, une once. Après avoir pelé ces dernières, on les pile dans un mortier de marbre avec les avelines, et en y ajoutant un peu de blanc d'œuf ; battez en neige six autres blancs et trois jaunes d'œufs précédemment mêlés avec moitié sucre pour mêler en les tamisant avec une once de belle farine ; ajouter le reste du sucre, qui doit être de quatre onces ; remuez et mélangez le tout très-exactement ; versez dans des caisses de papier et faites cuire au four, après en avoir tiré le pain. Pour les parfumer et leur ajouter une substance aromatique, on y fait entrer un peu de râpure de citron en battant les jaunes d'œufs.

Avelines à la fleur d'oranger.

De même que dans les avelines à la bergamote. Prenez huit livres d'avelines préparées de la même manière ; après les avoir mises dans la bassine branlante, pour leur donner deux charges de gomme, on fait cuire à la nappe huit livres de très-beau sucre fondu très-épais, avec de l'eau de fleurs d'oranger très-odorante ; après les avoir grossies, les mettre à l'étuve, pour les reprendre vingt-quatre heures après, et les achever comme toutes les autres.

Avelines à l'héliotrope.

Faire cuire au petit perlé huit livres de beau sucre précédemment fondu dans un mélange fait avec parties égales d'eau de fleurs d'oranger et d'eau de roses ; après y avoir ajouté esprit de jasmin et de tubéreuse, de chaque, une demi-verrée, mettez dans la bassine branlante huit livres d'avelines parfaitement desséchées, après leur avoir donné deux charges de gomme, après les avoir grossies à moitié, on délaie une once de vanille dans du sucre clarifié avec un peu de gomme ; on en consomme la moitié ; et, après quatre autres charges, on use le reste : parvenues à-peu-près à leur volume, on les fait sécher à l'étuve, pour les reprendre le lendemain, les préparer à blanchir ; enfin, après les avoir blanchies, on les termine comme les autres.

Avelines au pot-pourri.

Prendre semblable quantité d'avelines préparées de même ; après avoir aussi fait cuire à la nappe la même quantité de sucre, on diminue le feu, et l'on y ajoute dix gouttes de néroli, esprit de jasmin, de jonquille et de tubéreuse, de chaque, demi-once ; essence d'ambre et de musc, de chaque, dix gouttes, que l'on mêle exactement ; donnez deux charges avec la gomme ; grossissez les avelines, en commençant par de petites charges, pour ne pas délayer la gomme ; continuez et terminez comme les précédentes.

Avelines pralinées.

Mettez dans une bassine trois livres d'avelines fraîchement cassées ; chauffez d'abord très-doucement, ensuite un peu fort, en les agitant pour enlever la première pellicule qui les recouvre ; après les avoir vannées, faites fondre trois livres de beau sucre, pour y jeter les avelines préparées , pour les terminer comme les autres. (*Voyez* pralines grillées.)

Avelines à la rose.

Employer la même quantité d'avelines préparées de la même manière ; faire fondre égale quantité de sucre avec l'eau distillée de roses odorante (double) , pour les faire et les terminer en suivant tous les procédés indiqués ci-dessus.

Avelines à la vanille.

Faire fondre , avec de l'eau ordinaire , huit livres de beau sucre ; le cuire à la nappe ; après avoir fait dessécher huit livres d'avelines fraîches et récemment cassées dans l'étuve , après les deux charges ordinaires faites avec la gomme , amenez les avelines à moitié de la grosseur qu'elles doivent avoir ; délayez ensuite , avec du sucre clarifié et un peu de gomme , deux gros de belle vanille en poudre très-fine , pour en employer la moitié ; faire quatre charges nouvelles pour employer ce qui reste : arrivées à leur grosseur , mettez-les à l'étuve , pour continuer le lendemain à les blanchir et les terminer de la même manière que celles qui précèdent.

DE L'ANGÉLIQUE.

Quoique cette plante croisse naturellement dans les pays de montagnes , on la cultive avec succès dans les jardins , et les confiseurs l'emploient d'une manière aussi avantageuse qu'elle est agréable lorsqu'elle est bien préparée. Cette belle plante , d'une odeur suave et un peu musquée , se récolte vers la fin de mai ou au commencement de juin , pour en confire les tiges les plus vertes et les plus tendres quelque temps avant qu'elle ne soit montée en graine. outre qu'elle est bonne à manger , elle laisse encore long-temps après en avoir fait usage , une odeur aromatique qui se fait non-seulement sentir au palais, mais encore à l'odorat.

Angélique confite.

Après avoir fait un choix dans les plus tendres comme dans les plus belles tiges d'angélique, on les coupe sur une longueur de six à huit pouces ; après l'avoir mise dans de l'eau sur le feu, lorsqu'on aperçoit qu'elle va bouillir on la retire, et on y laisse la plante en infusion pendant une ou deux heures ; elle est alors suffisamment attendrie pour la dépouiller de l'écorce demi-ligneuse qui la recouvre, ainsi que des filamens qui la pénètrent ; on la jette ensuite dans l'eau froide, et de là sur le feu pour la faire bouillir jusqu'à ce qu'elle soit blanchie de manière à être facilement traversée par une tête d'épingle : on retire la décoction pour y ajouter du verjus ou du sel, pour y laisser refroidir l'angélique ; après l'avoir mise encore une fois dans l'eau, on la fait égoutter : faites ensuite bouillir et cuire au petit lissé suffisante quantité de sucre, pour la jeter dedans et lui donner quelques bouillons. Le lendemain, séparez le sucre, faites-le cuire à la nappe, remettez l'angélique, faites bouillir quelques minutes, et répétez cette manœuvre pendant deux jours de suite, en y remettant à chaque fois un peu de sucre clarifié ; alors, faites cuire le sucre au grand perlé ; laissez bouillir l'angélique pendant quelques minutes, et la laissez plongée pendant toute la journée ; retirez-la du sucre, laissez-la égoutter et la passez sur des tamis, des plaques ou des ardoises, pour faire sécher à l'étuve ; après l'avoir retournée à plusieurs reprises, et lorsqu'elle est parfaitement desséchée, enfermez dans des boîtes à l'abri de l'humidité.

Angélique en dragées.

Choisissez les tiges d'angélique les plus petites et les plus minces ; il est surtout nécessaire qu'elles soient fraîches et tendres ; coupez-les en petits anneaux, que vous ferez bouillir et blanchir dans l'eau, de manière à ce qu'ils cèdent facilement à la pression des doigts ; versez-les dans un tamis pour les arroser d'eau fraîche, et les laisser égoutter ; arrivés à dessication parfaite, mettez-les dans du sucre cuit au petit lissé ; faites bouillir jusqu'au petit perlé ; étendez-les sur des tamis placés dans l'étuve, en ayant soin de les remuer de temps en temps pour qu'ils ne s'agglutinent pas les uns avec les autres. Lorsqu'ils sont bien secs, on les jette dans la bassine branlante pour les grossir avec du sucre cuit à la nappe ; après les avoir préparés à blanchir, on les charge avec du sucre cuit au perlé, que l'on double le troisième jour pour la dernière façon.

Angélique en gâteau.

Pulvérisez et passez au tamis de soie graines d'angélique, deux onces ; faites fondre, écumer et cuire au cassé, beau sucre, une livre : mêlez le tout exactement en remuant ; retirez après un bouillon, et versez dans des moules de papier ou de fer-blanc, pour faire monter le sucre ; dans ce cas, on fouette d'avance un blanc d'œuf mélangé, dans une assiette profonde, avec du sucre en poudre très-fine ; et à l'instant où celui qui est chargé de la graine d'angélique est prêt à bouillir, on y en jette une cuillerée ; de suite il monte : vous agitez et tournez avec une spatule aussi vite qu'il est possible, jusqu'à ce qu'il boursouffle une seconde fois, pour remplir le moule graissé d'avance lorqu'il est en plâtre ou en fer-blanc.

DE L'ANIS.

On ne cultive l'anis que par rapport à sa graine, d'un gris verdâtre, d'un goût assez âcre, mais très-aromatique, qui contient une huile essentielle aromatiqué ; les confiseurs l'emploient pour la couvrir avec le sucre, et faire de petites dragées assez agréables au goût. On parfume les liqueurs avec son huile odorante ; il entre encore dans plusieurs autres préparations, mais qui ne sont pas du ressort de celles qui nous occupent.

Il est encore un autre anis connu sous le nom de *badiane, anis étoilé, anis de la Chine,* que l'on trouve dans le commerce, et qui porte avec lui une saveur qui tient le milieu entre l'anis et le fenouil. Il contient une huile essentielle aromatique beaucoup plus odorante et beaucoup plus active que l'anis de nos contrées : il suffit de goûter l'un et l'autre pour s'en convaincre.

Anis en dragées.

Après avoir mis une plus ou moins grande quantité d'anis dans une bassine à tonneau, sans la chauffer, on les mouille en les remuant continuellement avec de la gomme arabique, pour les faire sécher à l'étuve pendant l'espace de quelques jours ; dans cet état de dessication complète, on les met par parties dans l'intérieur d'une serviette que l'on roule sur elle-même au fond de la bassine à tonneau, afin de casser les queues des graines desséchées, et rendre la graine aussi arrondie qu'il est possible. Après les avoir nettoyés et vannés, on les grossit dans la bassine à tonneau, chauffée, en employant du beau sucre cuit à la nappe. Parvenus à un certain volume, on les passe au crible pour séparer les petits d'avec les gros, et l'on continue jusqu'à ce qu'ils soient arrivés au point convenable ; on leur donne quelquefois la grosseur d'un noyau de cerise ; ceux de Flavigny et de Verdun sont dans ce cas ; tout ce qui se trouve être trop petit s'achève comme la nonpareille ; les moyens et les gros se terminent comme l'épine-vinette.

Beaucoup de confiseurs, pour leur donner quelque chose de plus styptique au palais, font infuser, pendant l'espace de trente à quarante jours, l'anis qu'ils emploient pour la dragée dans l'eau-de-vie ; mais ce procédé, qu'il est très-facile de suivre, ne change en rien tout ce qui doit être mis en œuvre pour faire la dragée connue sous le nom d'*anis*.

DE LA BERGAMOTE.

Assez souvent employée par les confiseurs, soit comme substance essentiellement aromatique, soit comme excipient du sucre travaillé, la *bergamote*, ou plutôt le *citron-bergamote*, est un fruit qui tient beaucoup de la poire et du citron ; son écorce, plus unie que celle de ces derniers , porte avec elle une odeur extrêmement marquée. Pour la confire au sec et au liquide , on enlève le zeste, on la blanchit de même que les autres; pour la vider, on l'ouvre par une de ses extrémités ; après l'avoir fait bouillir pendant quelques minutes dans le sucre fondu et clarifié, on la retire ; et, après avoir répété cinq à six fois de suite cette manœuvre, toujours en augmentant le sucre, ce n'est qu'à la dernière fois qu'on la fait cuire au perlé, pour la laisser baigner entièrement et la faire bouillir pendant quelque temps encore ; on la fait égoutter pour achever de la sécher à l'étuve.

Avec la bergamote on fabrique une huile essentielle très-souvent employée comme substance aromatique ; on en fait des pâtes, des pistaches, des tablettes, etc. (*Voyez* ces mots.)

DES BIGARADES.

Fruits de l'oranger bigaradier, de couleur verte, amers, acidules et piquans sur la langue avant leur maturité ; d'un jaune plus ou moins foncé lorsqu'ils sont mûrs. On exprime de leur intérieur un suc d'une stypticité et d'une acidité particulière : les confiseurs les emploient plutôt comme substance aromatique que de toute autre façon ; elles subissent d'ailleurs toutes les préparations du citron.

DES BISCUITS.

Quoique les biscuits s'éloignent un peu des attributions et du commerce des confiseurs, il n'en est pas moins vrai qu'ils rentrent dans tout ce que doivent connaître les officiers de bouche, et que cette espèce de pâtisserie se fait avec du sucre mélangé avec les œufs et la farine, auxquels on peut encore ajouter diverses substances plus ou moins agréables ou aromatiques. La manière de les faire consiste principalement à battre en neige des blancs d'œufs ; à battre séparément les jaunes avec du sucre en poudre, à raison d'une once et demie par œuf, puis les bien mêler après avec une once de fine farine aussi par œuf ; jeter ensuite la neige dans la pâte, en tournant jusqu'à ce que ce mélange soit exact et parfait; avec cette pâte on confectionne les biscuits soit dans des moules de papier, soit dans des moules de fer-blanc graissés très-légèrement avec un peu de beurre frais; on y ajoute des râpures de citron ou d'autres matières susceptibles de se conserver encore après la chaleur nécessaire à la cuisson de la pâte.

Dans les articles *Amandes*, nous avons parlé de ceux que l'on fait avec elles, ainsi qu'avec les pistaches, les avelines : nous y renvoyons. On en confectionne aussi d'autres manières, dont les principales consistent dans les :

Biscuits au chocolat.

Avec deux onces de chocolat de santé, c'est-à-dire sans arome, passées au tamis; farine, huit onces; sucre en poudre, une livre et demie; douze œufs frais, délayés et battus tous ensemble dans un mortier, pendant quinze ou vingt minutes; enfin, jusqu'à ce que la pâte soit très-facile à manier et légère, on la dresse en long sur des papiers ou dans des petits moules, ou bien encore dans un moule à biscuits de Savoie, pour les faire cuire à une douce chaleur. Ce n'est qu'en employant les chocolats à la vanille ou à la cannelle qu'on peut leur donner des goûts différens.

Biscuits au citron.

Prendre quatre onces de farine, six œufs frais, la râpure de l'écorce d'un citron ; sucre fin et en poudre, douze onces; faire du tout un mélange exact, en le pilant dans un mortier de marbre, jusqu'à ce qu'il soit réduit en pâte homogène et maniable, pour faire cuire comme toutes les pâtes à biscuit. Au lieu de citron, on peut encore employer l'écorce d'orange; et, pour qu'ils en aient encore l'arome d'une manière plus marquée, on y ajoute une ou deux cuillerées à bouche d'eau de fleurs d'oranger odorante.

Biscuits à la crême.

Fleur de farine, six onces ; sucre pulverisé fin, douze onces ; douze blancs d'œufs ; crême fraîche, une livre et demie ; après avoir battu les blancs d'œufs avec le sucre et la farine, on fouette la crême, et on la fait égoutter sur un tamis, pour la mêler ensuite avec la pâte et la dresser dans des moules de papier ; on glace la superficie de la pâte avec du sucre en poudre, pour les faire cuire à la manière accoutumée.

Biscuits au jasmin.

Battre l'un avec l'autre, marmelade de jasmin, une cuillerée à bouche ; quatre jaunes d'œufs ; sucre pulvérisé fin, une demi-livre ; fouetter six blancs d'œufs en neige ; faire du tout un mélange exact, en y ajoutant quatre onces de farine, et en la tamisant, pour qu'elle soit mieux incorporée, pour, après l'avoir dressée dans des moules, la faire cuire à une chaleur modérée et la glacer ensuite.

Biscuits aux marrons.

Épluchez, après les avoir fait cuire, des marrons, pour avoir six onces de la pulpe qu'ils contiennent ; pilez-les dans un mortier de marbre ; battez-les ensuite dans une terrine, avec une livre et demie de sucre ; ajoutez la râpure d'un citron et dix blancs d'œufs, pour faire du tout une pâte homogène. Prendre ensuite, avec la main gauche, un couteau à lame un peu large, et de l'autre, un couteau à lame étroite, pour faire des biscuits de toutes formes et de toutes grosseurs. Faites-les cuire à une douce chaleur.

Biscuits de Moscovie.

Pilez ensemble, dans un mortier de marbre, marmelade de fleurs d'oranger et d'abricots, de chaque, une once ; autant d'écorce de citron ; délayez cette pâte avec huit blancs d'œufs battus en neige et saturés de six onces de sucre en poudre ; passez le tout à l'aide d'un pulpoir à travers un tamis de crin, pour que la pâte soit plus homogène, pour la répartir dans des caisses de papier ou des moules en fer-blanc ; glacez ensuite la superficie avec le sucre tamisé très-fin, pour faire cuire à une douce chaleur.

Biscuits de Portugal.

Prendre douze œufs frais, quatre onces de marmelade d'abricots, les râpures d'un citron et douze onces de beau sucre ; battre les jaunes d'œufs à part, avec le sucre ; fouetter les blancs en neige ; mélanger les uns et les autres avec la marmelade et les râpures, pour y ajouter quatre onces de farine ; la pâte achevée, mettez-la dans des moules et ne la glacez qu'en sortant du four, avec un mélange de sucre fin et de blanc d'œuf, que l'on étend partout où il en est besoin, et que l'on saupoudre de nonpareille. Les biscuits d'Espagne se font de la même manière.

Biscuits au riz.

Marmelade d'abricots, marmelade de pommes, fleurs d'oranger, de chaque, deux onces ; huit blancs d'œufs frais et trois jaunes ; la râpure d'un citron ; farine de riz, quatre onces ; sucre, six onces. Après avoir pilé, dans un mortier de marbre, les marmelades et la fleur d'oranger, pour les mêler avec les blancs d'œufs, fouettés en neige, on y mêle les jaunes battus d'avance pendant quinze ou vingt minutes, avec le sucre ; faites du tout un mélange exact, et y ajoutez la farine et la râpure de citron ; mettez la pâte dans des caisses ou des moules ; faites cuire à un feu doux, et glacez.

Biscuits de Savoie.

Farine séchée au four ou dans une étuve, six onces ; sucre pulvérisé, une livre et demie ; six œufs frais ; séparez les blancs d'avec les jaunes ; battez ces derniers avec le sucre, et les autres jusqu'à ce qu'ils soient en neige ; mêlez ensuite avec la farine passée au tamis de soie, ajoutez, suivant le goût, la râpure d'un citron ; quand le mélange est exact, remplissez un moule en cuivre ou en fer-blanc ; quelle que soit la forme, il faut toujours la graisser avec un peu de beurre, glacez avec de la farine et du sucre mélangés, et faites cuire au four médiocrement chauffé. On peut encore les faire avec moins de farine et quelques blancs d'œufs de plus, et en faire de gros biscuits dans des moules de papier.

Biscuits du sérail.

Péser les œufs et le sucre, en prendre autant des uns que de l'autre ; casser les œufs ; séparer les jaunes, pour y ajouter le sucre en les battant longuement avec du citron vert râpé et de la fleur d'oranger pralinée, hachée ; fouetter les blancs en neige et mêler le tout ensemble ; incorporer, en remuant doucement, moitié de farine du poids des œufs. Mettez la pâte dans un moule de beurre, pour la faire cuire à une douce chaleur.

Biscuits à la seringue.

Amandes amères, une livre et demie ; amandes douces, demi-livre ; sucre pulvérisé très-fin, quatre livres. Faire tremper les amandes dans l'eau froide assez long-temps pour les peler facilement ; les piler dans un mortier de marbre, en y ajoutant du blanc d'œuf et le sucre ; former du tout une pâte homogène, que vous introduisez dans une seringue de fer-blanc faite exprès ; poussez avec le manche, et, lorsque la pâte sort par l'ouverture, faites-la tomber sur du papier ou des plaques de fer-blanc ; glacez les biscuits avec un mélange de blanc d'œufs et de sucre, pour les faire sécher à l'étuve.

Biscotins.

Prendre quantité suffisante de sucre cuit à la plume ; le mêler avec autant de farine, pour en faire une pâte que l'on étend sur une table saupoudrée de sucre ; laisser durcir ; la piler ensuite dans un mortier, avec un blanc d'œuf, de l'eau de fleurs d'oranger et un peu d'ambre ; la pâte achevée, on la coupe par morceaux que l'on jette dans l'eau bouillante ; lorsqu'ils surnagent, on les retire pour les faire cuire à feu ouvert, après les avoir mis sur du papier.

DU CACHOU.

Extrait devenu solide par l'évaporation de l'*arec* ou *areca*, qui est une noix provenant d'une espèce de palmier. Le cachou se trouve, dans le commerce, en morceaux de diverses couleurs et de différentes formes ; sans odeur, mais d'un goût légèrement styptique ou astringent, d'abord un peu amer, ensuite plus doux au palais : ayant même la sapidité de l'iris ou de la violette, fondant en entier dans la bouche ; brûlant avec flamme lorsqu'on le jette sur des charbons allumés. Les confiseurs ne le préparent que sous la forme d'extrait, et, pour l'obtenir, on prend du *cachou* concassé, on le fait bouillir dans suffisante quantité d'eau ; lorsqu'il est entièrement dissous, on passe la liqueur à travers un blanchet ; on la fait évaporer au bain-marie jusqu'à consistance solide, afin qu'on puisse la réduire en poudre très-fine.

En ajoutant au cachou purifié, du sucre et diverses substances aromatiques que l'on incorpore avec le mucilage de gomme adragant, on en fait les préparations suivantes :

Cachou à l'ambre.

Faire fondre, dans suffisante quantité d'eau de rivière, mucilage de gomme adragant, quatre gros ; en former une pâte homogène avec douze onces de beau sucre pulvérisé très-fin, en les mêlant peu à peu et par parties, jusqu'à ce que le tout ait acquis une consistance et une fermeté convenables, pour y ajouter ensuite, cachou en poudre, huit onces, et quinze grains d'ambre, en les pilant dans un mortier de marbre avec un pilon de bois ; continuez de les pétrir sur une table ou un porphyre, et en prenez des petites parties grosses comme des grains d'orge, que vous roulez dans les doigts ou les coulez à la goutte, ce qui est encore préféré par quelques-uns ; on peut même à volonté augmenter ou diminuer le sucre , de même que le cachou, suivant le désir et la volonté.

Cachou à la cannelle.

Prendre cachou réduit en poudre très-fine , trois onces ; sucre en poudre , quatorze onces ; cannelle en poudre , demi-gros ; huile volatile de cannelle , six gouttes ; mucilage de gomme adragant , quantité suffisante pour achever comme il vient d'être dit dans l'article précédent. On conseille encore les doses suivantes : mucilage de gomme adragant fait avec l'eau simple , quatre gros ; cachou en poudre , huit onces ; cannelle en poudre , quatre gros ; essence de cannelle , quinze gouttes ; sucre fin et blanc , douze onces, pour faire des pastilles.

Cachou à la fleur d'oranger.

Mucilage de gomme adragant fondu à l'eau de fleurs d'oranger très – odorante , quatre gros ; cachou en poudre , huit onces ; huile essentielle de fleurs d'oranger , dix gouttes : beau sucre en poudre fine , douze onces. Ce n'est qu'après avoir fait la pâte avec le sucre , le cachou et la gomme adragant , qu'on doit ajouter l'huile essentielle de fleurs d'oranger, pour les achever ensuite comme les autres.

Cachou à la gomme seule.

Pour préparer le cachou à la gomme pure et simple , sans qu'il soit aromatisé en aucune manière et sans odeur, on fait fondre , dans de l'eau pure de rivière , une demi-once de mucilage de gomme adragant ; on en fait une pâte avec douze onces de sucre en poudre tamisé fin, que l'on mêle l'un avec l'autre, en y procédant peu-à-peu et par parties, au moyen d'un pilon, jusqu'à ce que la pâte soit filante ; on ajoute huit onces de cachou en poudre, on achève de la pétrir sur la table ; après cela , on la roule par grains de la grosseur convenable, pour les faire sécher et les enfermer dans un bocal à l'abri de l'humidité.

Cachou à l'iris.

Lorsqu'on veut donner au cachou l'odeur de la violette, on prend : cachou en poudre, deux onces; iris de Florence, extrait de réglisse, de chaque demi-gros; sucre en poudre, douze onces, pour en faire une pâte, à préparer comme les précédentes avant de faire sécher.

On conseille encore de suivre le procédé suivant.... Prendre mucilage de gomme adragant, fondu et préparé à l'eau de rivière, quatre gros; cachou en poudre, huit onces; iris de Florence en poudre très-fine, une once; sucre en poudre douze onces; pour, avec le mucilage et le sucre, faire une pâte homogène avec laquelle, après y avoir incorporé le cachou et la poudre d'iris, vous formerez des granulations en forme de pastilles plus ou moins grosses, et les ferez sécher pour les tenir enfermées dans un bocal, à l'abri de l'humidité.

Cachou au musc.

Prendre huit onces de cachou réduit en poudre très-fine; quatre gros de mucilage de gomme adragant, fondu à l'eau de rivière; quinze grains de musc; deux grains d'ambre gris, et douze onces de beau sucre tamisé très-fin. Faire la pâte à la manière accoutumée, avec la gomme, le sucre, le cachou; et y ajouter, lorsqu'elle est finie, le musc et l'ambre, et l'achever comme les autres dont nous avons parlé plus haut.

Cachou à la vanille.

Prendre et préparer de même que pour les précédentes confections du cachou : mucilage de gomme adragant fondu à l'eau froide seulement, quatre gros; cachou en poudre, huit onces; vanille réduite en poudre, avec addition d'un peu de sucre, quatre gros; esprit de vanille, quinze gouttes; beau sucre en poudre fine, douze onces, pour faire une pâte, à partager comme les autres dont il a été question, et pour conserver de même.

DU CÉDRAT.

Fruit de l'arbre du même nom , qui est une espèce de citronnier , plus gros, plus aromatique et beaucoup plus parfumé que le citron : le cédrat possède toutes ces qualités , mais d'une manière bien supérieure et bien plus agréable. Les confiseurs l'emploient dans une multitude d'opérations plus ou moins recherchées ; ils choisissent ordinairement les plus beaux , les plus mûrs , ceux dont l'écorce est la plus belle et la plus apparente ; ils les tournent , leur font une ouverture par le côté de la queue avec un emporte-pièce , pour les mettre dans l'eau à la température de l'atmosphère. Après les avoir fait blanchir , après les avoir vidés comme les orangers , ils les font confire et les glacent de même ; souvent aussi ils les coupent par quartiers , les mettent dans une bassine avec de l'eau sur un feu vif , pour les faire cuire à gros bouillons ; et , lorsqu'on peut facilement les traverser avec une épingle , ils les jettent dans l'eau fraîche ; ils clarifient ensuite du sucre , qu'ils font cuire au petit lissé , pour y jeter les quartiers de cédrats ; ils les retirent , les écument après un seul bouillon. Le lendemain, après les avoir égouttés et mis le sucre à la petite nappe , ils y replongent les cédrats , et leur font prendre encore quatre à cinq bouillons. Après deux autres façons , à la suite de tout ce qui a précédé , et en ajoutant à chaque fois du sucre clarifié , ils les mettent , pour terminer , dans le sucre au perlé , dans lequel ils subissent encore un bouillon ; ils les écument , les égouttent , les font sécher , pour les conserver dans des terrines , et les glacer au besoin.

On en fait des *conserves* , des *glaces* , des *pistaches* , des *tablettes* (*voyez* chacun de ces articles) ; on en parfume les amandes, on en fait des eaux spiritueuses. (*Voyez* celle de cédrat , même volume , p. 63.)

DES CERISES.

Fruit rouge dont il existe un très-grand nombre d'espèces très-différentes par les couleurs, les formes extérieures, et surtout par les saveurs ; il y en a de précoces. Les confiseurs les emploient assez souvent et avec succès, dans beaucoup de préparations sucrées ; les meilleures de toutes les cerises, celles qu'ils choisissent le plus ordinairement, sont celles à courte queue (de Montmorency); ils les préfèrent aux guignes, aux bigarreaux, aux cœurets, aux graindoux, aux merises, aux griottes. Outre les *conserves* qu'ils préparent avec, on les met *encore à l'eau-de-vie*. On en confectionne des *pâtes*, des *glaces* ; on en fait du vin. Comme nous avons donné les procédés suivis en pareil cas, nous renverrons à chacun de ces articles pour ne plus nous occuper que des préparations suivantes, dont les cerises sont la base essentielle.

Cerises bottées.

Choisir trois livres de belles cerises bien mûres, ôter la queue aux deux tiers, les couper à moitié ; au reste, les mettre dans une terrine vernissée, par lit alternatif de cerises et de sucre, dans laquelle elles devront rester pendant vingt-quatre heures ; versez le mélange dans une bassine, et donnez-lui quelques bouillons ; laissez refroidir, et le lendemain faites égoutter ; on prend ensuite celles qui ont la queue, et on applique sur chacune d'elles quatre des autres ; on les arrondit sous les doigts, on les met sur des ardoises ou des plaques, en les saupoudrant avec du sucre, pour les faire sécher à l'étuve ; lorsqu'elles sont entièrement desséchées, on les conserve dans des boîtes à l'abri de l'humidité et de la chaleur.

Cerises en bouquet.

On les prend, autant qu'il est possible, de la même grosseur, bien mûres, et choisies sans taches ; on les réunit ensemble par demi-douzaines ; on fait cuire du sucre clarifié à poids égal des cerises ; lorsqu'il est au soufflé, mettez dedans les fruits ; laissez bouillir pendant quinze minutes à peu près ; écumez et placez le tout dans l'étuve pour faire égoutter le lendemain, et laissez dessécher complétement.

Cerises en compotes.

Couper la queue à suffisante quantité de cerises choisies ; lavez et les laissez égoutter pour les faire cuire dans le sucre bouillant et à la nappe : au bout de quelques minutes vous les retirez du feu ; après les avoir écumées avec une cuiller et laissé refroidir, versez-les dans un compotier.

Cerises en dragées.

Prenez dix livres de cerises confites, roulez-les successivement dans les doigts pour les arrondir, en les jetant à mesure sur des ratissures ou du sucre passé au tamis, pour les empêcher d'adhérer les unes aux autres ; mettez-les à l'étuve sur des tamis ; après être desséchées, vous les mettez dans la bassine branlante ; chargez d'abord avec la gomme arabique en passant la main par-dessus, pour qu'elles soient humectées bien également ; jetez dessus des ratissures fines, passez-les au crible pour les remettre à l'étuve : lorsqu'elles seront sèches, recommencez jusqu'à trois fois de suite, en laissant vingt-quatre heures de distance entre la dernière charge ; arrivées à une consistance convenable, mettez-les dans la bassine branlante sur un feu doux, pour les grossir par petites charges avec une fonte de sept livres de sucre cuit à la nappe ; séchez bien à chaque opération, et mettez après la huitième une charge de gomme deux jours de suite encore ; grossissez-les en les laissant pendant la nuit entière ; préparez à blanchir et terminez comme toutes les autres dragées.

Cerises au liquide framboisées.

Choisir six livres de belles cerises, en ôter les queues, les noyaux ; faire cuire quatre livres de sucre à la nappe, y jeter le fruit ; après quelques bouillons, mettez-le dans une terrine ; le lendemain on le sort du sucre pour le faire cuire de même, et y remettre les cerises ; répétez deux jours de suite, en y ajoutant d'autre sucre clarifié, et en lui donnant un degré de cuisson de plus ; à la quatrième, il faut qu'il soit au

14

grand perlé. Le lendemain, on verse le tout dans des pots qu'on ne remplit pas entièrement, afin d'y ajouter par-dessus un peu de gelée de groseilles framboisées quand elles seront refroidies.

Cerises en marmelade.

Prendre trois livres de sucre pour trois livres de cerises choisies, en ôter les queues, les noyaux, les mettre dans une bassine pour les faire réduire à moitié ; clarifier le sucre, le faire cuire au petit cassé, y verser les cerises, agiter le mélange jusqu'à ce qu'on voie le fond de la bassine ; retirez, laissez refroidir et mettez dans des pots.

Cerises à mi-sucre.

Pour mettre en dragées, pour conserver dans des boîtes de fruits, lorsqu'on désire les avoir fermes, consistantes, d'une belle pâte, on choisit ce qu'il y a de mieux en cerises, on leur ôte les queues, les noyaux ; on les met par lits successifs avec du sucre, et on les y laisse pendant vingt-quatre heures ; on fait bouillir ensuite pendant huit ou dix minutes pour laisser refroidir dans une terrine, les égoutter et les mettre rangées sur des claies pour sécher à l'étuve.

DES CITRONS.

Fruit du citronnier, arbre toujours vert, cultivé dans les pays chauds, et qu'on nous envoie par caisses. Les confiseurs choisissent pour leur travail les plus beaux, ils doivent être plus ou moins gros, ovoïdes, allongés, plus ou moins jaunes, suivant leur degré de maturité : leur pellicule citrine extérieure contient une huile essentiellement aromatique qui sert à les distinguer, et constitue l'odeur dont ils parfument toutes les préparations dans lesquelles on les fait entrer. L'intérieur est partagé en plusieurs lobes parsemés de vésicules membraneuses qui contiennent un suc particulier d'une acidité extrêmement agréable ; au centre se trouvent des pépins plus ou moins nombreux ; on les rejette comme inutiles : ainsi tout est employé dans les

citrons pour donner du goût et de l'arome *aux amandes, aux avelines, aux amandes pistaches. aux biscuits, aux conserves, aux pastilles, aux tablettes.
(Voyez chacun de ces articles).* Il ne nous reste plus
à en dire que les préparations suivantes dans lesquelles
ils entrent comme partie intégrante, et pour servir à
les distinguer parmi les autres du même genre.

Citrons en compote.

Choisir de beaux citrons bien mûrs, les tourner, les
couper par quartiers sur leur longueur, ôter les pépins,
les faire blanchir dans une petite quantité d'eau sur le
feu, et par le moyen d'une bassine d'argent ou de
porcelaine; lorsqu'ils sont attendris, les retirer et les
mettre dans l'eau; faire cuire du sucre au petit lissé,
y jeter les citrons pour leur donner quelques bouillons
seulement, les retirer de suite et les laisser refroidir;
remettre la bassine sur le feu pour faire bouillir les
citrons et les faire encore refroidir; les ranger dans des
compotiers, mettre le sucre à la nappe, le laisser refroidir et le verser sur le fruit.

Autre manière. Faire une gelée de pommes : en la
cuisant, ayez un gros et beau citron que vous pèlerez
jusqu' la chair ; après l'avoir coupé par tranches plus
ou moins épaisses en long ou en travers, ôtez les pépins et jetez le citron dans la gelée. laissez bouillir le
tout jusqu'à ce qu'il soit arrivé au point de cuisson
convenable, faites refroidir à moitié. étendez des
tranches de citron dans le compotier, et versez la gelée
par-dessus.

Citrons confits par quartiers.

Prendre des citrons dont l'écorce soit très-épaisse,
les couper par quartiers, les faire blanchir ; lorsqu'ils
sont attendris de manière à être facilement traversés
par la tête d'une épingle qu'on y enfonce, on les jette
dans l'eau froide : après avoir clarifié du sucre, faites
cuire au petit lissé pour y jeter les citrons lorsqu'il
est bouillant: au bout de quelques minutes, retirez-
les et écumez. Vingt-quatre heures après, faites égout-

ter, mettez le sucre à la petite nappe, jetez dedans les citrons et leur donnez quelques bouillons;... continuez encore deux fois en ajoutant à chacune un peu de sucre clarifié, mettez ensuite au grand perlé, donnez un bouillon couvert aux fruits, conservez dans des terrines pour glacer au besoin.

Citrons confits pour dragées.

Choisir une quantité plus ou moins considérable de petits citrons, dont les plus gros ne doivent pas dépasser le volume d'un œuf de perdrix, les faire blanchir, et les laisser pendant trois jours immergés dans l'eau fraîche, leur donner un bouillon couvert dans du sucre cuit au petit lissé, les laisser jusqu'au lendemain; faites-les égoutter, et, lorsque le sucre est à la nappe, donnez un second bouillon couvert; le jour suivant faites de même en mettant le sucre au perlé pour les égoutter et les mettre au perlé.

Arrivés au point de dessication complète, jetez-les dans la bassine branlante sans faire chauffer, ajoutez une charge de gomme arabique, mouillez également en les agitant avec les mains, saupoudrez avec du sucre passé au tamis de soie, mettez-les à l'étuve, modérez la chaleur, répétez trois charges de gomme et de sucre, laissez passer une nuit à l'étuve; en été, laissez à l'air; le lendemain repassez tout à la bassine branlante en proportionnant à celle des citrons la quantité du sucre cuit à la nappe, pour les terminer en trois jours comme toutes les autres dragées.

Citrons confits en dragées.

Exprimez le suc d'une quantité plus ou moins grande de citrons épais en écorce, pour le conserver à part et vous en servir au besoin; partagez le fruit en parties égales pour, avec un couteau mince, enlever la moitié intérieure de l'écorce blanche : ce qui reste doit être ensuite divisé en lardons plus ou moins longs, plus ou moins épais, que l'on met tremper dans l'eau, et de là sur le feu pour les blanchir; lorsqu'ils sont ramollis, retirez du feu, faites égoutter, et mettez à l'étuve pour sécher ; jetez-les ensuite dans la bassine branlante , grossissez avec le sucre cuit à la nappe , faites sécher de nouveau , preparez à blanchir par huit petites charges du même sucre , blanchissez le lendemain avec semblable quantité de charges , filez quelques cuillerées de beau sucre pour mettre sécher à l'étuve, et continuez jusqu'à ce qu'ils soient suffisamment perlés : on les crible toutes les fois qu'on les sort de la bassine.

Citrons grillés en tailladins.

Prendre dix onces de citrons confits, faire cuire à la plume huit onces de beau sucre pour y jeter les zestes de citrons coupés en petits tailladins , en les remuant avec la spatule; lorsqu'ils sont presque grillés , on les saupoudre de sucre; parvenus à une belle couleur brune , on les ôte du feu pour les servir en pyramide, ou étalés sur des assiettes de porcelaine.

On peut aussi se servir d'écorces d'oranges taillées de même , les mélanger les unes avec les autres pour varier les goûts; et pour les griller , suivre les mêmes procédés après les avoir fait blanchir d'une manière convenable.

Citronats confits.

Après avoir séparé les pellicules intérieures d'une certaine quantité de citrons, par le moyen d'un couteau à lame extrêmement mince , on coupe l'écorce extérieure en morceaux de huit lignes de long sur une ligne ou une demi-ligne d'épaisseur , pour les blanchir et confire comme les autres, les faire sécher à l'étuve et les conserver pour candir.

Petits citrons verts des îles, confits.

On peut les trouver et les recueillir dans de fortes orangeries ; après les avoir incisés dans leur milieu , on les fait blanchir; lorsqu'ils sont assez amollis, on les retire du feu en les laissant baigner dans la même eau.; le lendemain faites chauffer doucement, ajoutez une poignée de sel de cuisine , faites reverdir les ci-

*

trons en les remuant avec une spatule de bois, jetez-les dans l'eau fraîche, et laissez-les égoutter. Prenez du sucre clarifié pour cuire au lissé, et donnez-leur un bouillon ; faites égoutter, arrivez à la petite nappe, et donnez un second bouillon : continuez trois fois de suite en ajoutant du sucre clarifié et en augmentant la cuisson ; pour la dernière façon, mettez le sucre au perlé, versez le tout dans une terrine, et laissez dans le sucre pour les glacer au besoin, ou les faire sécher à l'étuve sur des claies ou des tamis pour les mettre en dragées.

Zestes de citrons confits.

Choisir de beaux citrons bien mûrs, enlever les zestes pour les faire tremper dans l'eau mise sur le feu afin de les blanchir ; lorsqu'ils s'écrasent sous la pression des doigts, on les remet dans l'eau froide. Après avoir fait cuire au petit lissé du sucre clarifié, on le verse chaud sur les zestes ; le lendemain on le met chauffer de nouveau pour le verser encore de même ; continuez encore deux fois, la première à la grande nappe, la seconde au perlé, en ajoutant toujours du sucre clarifié ; dans celle-ci, on y jette les zestes et on les fait bouillir ; après les avoir laissé refroidir, égoutter, mis sécher à l'étuve, on les glace, on les met au candi. On peut encore en même temps préparer des zestes d'oranges pour les mélanger avec ceux de citrons, ils n'exigent aucune différence dans la manière de les confire.

DES COINGS.

Fruits du *coignassier*, plus ou moins gros, piriformes, d'une odeur fortement aromatique, d'un goût styptique et acerbe qui tient essentiellement à la nature des coings, et qui les rend presque impossible à manger crus. Cependant les confiseurs les emploient quelquefois, soit dans *les pâtes*, soit dans *les ratafias, les sirops* (*voyez* chacun de ces articles), et dans quelques autres préparations que voici.

Coings au candi.

Lorsque les coings ont été confits par les procédés ordinaires, on les égoutte de tout le sucre clarifié qui peut encore y adhérer, pour les mettre sécher à l'étuve sur des tamis; après les avoir arrangés dans le candissoire, on le remplit avec du sucre cuit au soufflé pour le mettre à l'étuve pendant dix à douze heures; on égoutte le sucre, on retire les coings pour les disposer sur des tamis, et les remettre encore dessécher à l'étuve pendant la nuit entière pour les conserver dans un endroit sec.

Coings en compote.

Couper en deux une demi-douzaine de coings bien mûrs, enlever leur milieu, les faire blanchir, les peler, mettre dans un poëlon suffisante quantité de sucre clarifié, y ajouter le suc d'un citron, achever de les cuire dedans, les retirer, les placer symétriquement dans un compotier, faire épaissir le sirop et le verser dessus.

Coings en gelée.

Prenez des coings un peu avant qu'ils ne soient mûrs, essuyez-les pour enlever le duvet qui est à la superficie, coupez-les par quartiers, ôtez les pépins, mettez-les sur le feu dans une bassine avec très-peu d'eau; lorsqu'ils sont cuits, jetez-les sur un tamis pour recevoir la décoction dans une terrine, la passer à la manche et la mesurer; faites cuire du sucre au cassé, une quantité égale, retirez du feu, versez et mélangez la décoction des coings avec l'écumoir, remettez sur le feu, et, lorsqu'il s'étend sur l'écumoir, et qu'en tombant il forme la nappe, la gelée est terminée : on peut la couler dans des pots après l'avoir laissé refroidir pour la couvrir et la conserver à l'abri de l'humidité.

Coings au liquide.

Avec des coings bien mûrs piqués et jetés dans l'eau fraîche, pour les mettre dans une bassine, et les faire bouillir jusqu'à ce qu'ils soient attendris ; on les rejette dans l'eau fraîche, on les coupe par quartiers, on re-tranche le cœur, on les pèle, on les remet dans l'eau, assez attendris, on les fait égoutter avec du sucre clarifié étendu d'eau pour le mettre au lissé ; donnez un bouillon, retirez le tout, écumez et versez sur les coings, remettez le sucre à la nappe, jetez-y les fruits, redonnez deux cuites en deux jours pour le verser des-sus les coings, faites cuire au perlé, donnez deux bouillons, mettez le tout à l'étuve, et enfermez le fruit dans des pots.

Pour leur donner la couleur rose, délayez un peu de carmin ou de cochenille que vous ferez bouillir avec un peu de crême de tartre et d'alun passés à tra-vers un linge, incorporez avec le sucre clarifié dont vous ferez usage. On peut encore les faire en glace.

Coings en marmelade.

Peler, couper par quartiers et enlever le milieu d'une certaine quantité de coings bien mûrs, les mettre sur le feu pour les amollir, les retirer, les faire égoutter sur un tamis pour les écraser et en extraire la pulpe ; faire cuire égale quantité de sucre au petit cassé, ver-sez dedans la marmelade, et remuez le mélange sur le feu ; lorsqu'elle s'étendra en nappe sur l'écumoir, et fera en tombant une espèce de gelée, mettez-la dans des pots pour la conserver à l'abri de l'humidité.

DES COMPOTES.

L'un des meilleurs moyens de corriger la saveur fade des fruits aqueux, et l'acidité du plus grand nombre, d'en rendre la digestion plus facile, c'est d'in-corporer le sucre dans la substance même qui les com-pose, et par les préparations désignées sous le nom de *compotes*, les rendre bien préférables, sous tous les rapports, aux fruits eux-mêmes ; cependant, comme elles ne sont que momentanées, comme tous les fruits cuits à moitié sucre ne peuvent pas être gardés bien long-temps, elles sont presque inutiles aux confiseurs ; mais à tous ceux qui s'occupent d'office, à toutes les personnes qui veulent elles-mêmes se procurer quelques douceurs dans les diverses occasions où le besoin l'exige, la connaissance des compotes et la manière de les bien faire devient presque nécessaire; nous ne craindrons donc pas d'entrer dans quelques détails relatifs à leur bonne confection. Presque tous les fruits sont susceptibles d'être mis en compotes, d'être cuits à moitié sucre, aromatisés avec toutes les substances odorantes qui pourraient les rendre plus agréables à manger. Nous avons parlé de celles d'abricots, d'amandes vertes, de cerises, de citrons, de coings (voir chacun de ces articles); nous ne parlerons que des suivantes.

Compote de calville.

Coupez par moitié huit de ces pommes, ôtez tout ce qui environne les pépins, laissez la peau qui les recouvre intacte, de crainte que le fruit ne se dissolve dans le sucre, dont vous mettrez six onces avec une pinte d'eau dans une bassine sur le feu : faites bouillir avec les pommes ; lorsqu'elles sont suffisamment amollies, retirez-les pour les mettre dans un compotier et laissez refroidir ; faites cuire le sucre à la nappe et versez-le froid sur le fruit.

Compote de framboises.

Choisir deux livres de belles framboises, grosses, mûres, et fraîchement cueillies; après les avoir épluchées, on prend une livre de beau sucre clarifié que l'on fait cuire au petit boulé, on le retire du feu pour y jeter le fruit et lui faire prendre un bouillon couvert, en tournant le vase qui les renferme ; on les retire pour les mettre dans des compotiers après les avoir laissé refroidir. Sujettes à tomber promptement dans une dissolution complète, les framboises ne doivent rester que très-peu de temps dans le sucre cuit au degré indiqué pour faire cette compote.

Compote de groseilles.

Prendre deux livres de groseilles mûres, choisies, les égrener, les laver dans l'eau fraîche et les faire égoutter sur un tamis : clarifiez une livre de sucre, et faites-le cuire au petit boulé ; continuez comme pour celle qui précède.

Compote de groseilles vertes.

Choisir les plus belles, les faire blanchir à l'eau chaude, les retirer du feu avant que l'eau ne soit bouillante, les couvrir ensuite avec un linge, faire cuire du sucre à la plume ; la proportion est d'une livre pour un litron ; faire prendre aux groseilles un grand bouillon couvert, les retirer et les laisser reposer, les mettre bouillir de nouveau pendant quelques minutes, les retirer, les couvrir pour qu'elles reverdissent, et, si le sirop n'était pas assez cuit, on le remettrait sur le feu pour le verser sur les groseilles.

Compote de marrons.

Faire cuire sous la cendre chaude, après les avoir fendus par le milieu, cinquante beaux marrons, les peler, les nettoyer comme il faut, les aplatir et les enfermer dans un vase pour les faire bouillir très-doucement avec six onces de sucre ; retirez-les du feu, et mettez dans le compotier ; ajoutez les zestes et le jus d'un citron ou d'une orange ; saupoudrez de sucre après les avoir aromatisés.

Compote d'oranges.

Choisir de belles oranges, enlever la peau qui les recouvre, les couper par quartiers, séparer les pépins, et les mettre à mesure dans l'eau fraîche : les faire blanchir, lorsqu'elles sont attendries, les retirer et les laisser encore un peu dans l'eau froide : mettre cuire du sucre au petit lissé, pour y faire bouillir, pendant quelques minutes, les oranges : les retirer et les laisser refroidir ; remettre encore la bassine sur le feu, faire bouillir le fruit, et faire encore refroidir dans le compotier, mettre le sucre à la nappe, et le verser froid.

Compote de pêches.

Prendre des pêches un peu fermes, les peler. ôter les noyaux, les blanchir jusqu'à ce qu'elles montent et soient amollies ; les retirer, les passer à l'eau froide, les faire bouillir ensuite dans du sucre clarifié jusqu'à ce qu'elles n'écument plus ; les retirer du feu et laisser refroidir dans les compotiers.

Avec des pêches crues, mais bien mûres, que l'on coupe par tranches plus ou moins épaisses, après leur avoir enlevé la peau, on verse dessus et dessous du sucre cuit à court sirop.

Quelles que soient les pêches qu'on ait choisies, qu'elles soient entières ou coupées par moitié, on les met dans une bassine sur le feu pour les amollir, on les retire, on les jette dans l'eau à la température de l'atmosphère. Après avoir ôté la peau, on leur donne quelques bouillons dans le sucre cuit au petit lissé, pour les retirer ensuite, les laisser refroidir, les mettre dans le compotier ; on les acheve en donnant quelques bouillons au sucre cuit, pour le passer à la chausse et le verser sur les fruits.

Compote avec les poires de bon chrétien.

Coupez par moitié de belles poires de bon chrétien dans leur état de maturité parfaite, faites-les bouillir à grand feu ; lorsqu'elles sont amollies, mettez-les dans l'eau ; ôtez la peau qui les recouvre le plus promptement possible, et les remettez dans l'eau ; faites cuire du sucre au lissé, retirez du feu lorsqu'il est bouillant, mettez-y les poires, et, après les avoir remises sur le feu, donnez-leur cinq à six bouillons ; faites égoutter en laissant refroidir. rangez dans le compotier, faites cuire le sucre à la nappe, en y râpant le zeste d'un citron ; versez sur les poires lorsqu'il sera froid.

Compote de poires d'espèces différentes.

Prendre quatre livres des poires de blanquette, rousselet, muscates. ou autres, suivant le temps et la saison: les choisir un peu avant qu'elles ne soient complètement mûres, les mettre avec de l'eau dans une bassine sur le feu ; lorsqu'elles sont amollies, les retirer pour les jeter dans l'eau froide, les couper et les peler,

ou bien les laisser entières, pour les remettre encore
quelques instans sur le feu pour achever de les cuire ;
clarifiez du sucre, et lorsqu'il est cuit au lissé, vous
faites bouillir le fruit pour le laisser reposer et prendre
sucre ; faites encore bouillir et laissez refroidir ; égouttez avant de le mettre dans le compotier ; donnez encore quelques bouillons au sucre, en y ajoutant des
zestes de citron ou d'orange ; passez et versez sur les
poires lorsqu'il sera froid.

Compote de poires d'hiver.

Après avoir coupé par quartiers deux livres de ces
poires choisies, on les met dans une casserole de cuivre ou de porcelaine qui aille au feu, avec suffisante
quantité d'eau ordinaire et une demi-livre de sucre,
pour les faire cuire à petit feu : après y avoir ajouté du
gérofle ou de la cannelle, au moment où elles sont
presque cuites, on verse dessus une verrée de vin rouge,
on les remue, et, après les avoir retirées du feu, on
fait réduire le sirop s'il en est besoin ; car il doit n'en
rester qu'une très-petite quantité.

Compote de pommes de reinette.

Couper huit de ces pommes par la moitié, en ôter
le cœur et les pépins : après les avoir pelées, mettre
dans une bassine sur le feu une pinte d'eau et six onces
de sucre, y ajouter les pommes, les faire bouillir jusqu'à ce qu'elles soient amollies, les retirer, les laisser
refroidir ; après les avoir mises dans un compotier,
faire cuire le sucre à la nappe, et le verser froid sur
le fruit.

D'une autre manière. Préparer, de même que dans
la précédente, huit pommes choisies, les mettre sur
le feu dans une tourtière ou un plat d'argent, avec
trois onces de sucre en dessous et autant par dessus ;
mettez du feu sur le couvercle et faites cuire jusqu'au
caramel, cependant en observant de ne pas laisser
brûler le fruit ; retirez pour les servir aussi chaudes
qu'il est possible.

Compote de pommes farcies.

Choisir douze pommes de reinette des plus belles et des plus grosses, les traverser avec un emporte-pièce; vider l'intérieur, en laissant cependant assez d'épaisseur pour conserver une certaine consistance: après les avoir pelées et mises dans la bassine, ajoutez dix onces de sucre; posez le tout sur le feu, faites amollir les pommes, retirez-les avec précaution et rangez-les dans le compotier; remplissez leur intérieur avec de la marmelade d'abricots, ou de toute autre espèce; coupez avec l'emporte-pièce des zestes de citrons confits, et fermez les ouvertures avec; clarifiez à la nappe le sucre dans lequel les pommes ont cuit, faites refroidir et versez sur le fruit dans le compotier.

Compote de Reine-Claude.

Faire un choix des plus belles de ces prunes avant qu'elles ne soient bien mûres, leur couper la moitié de la queue, les piquer de toutes parts en les jetant dans l'eau, les mettre sur le feu; et, lorsqu'elle est prête à bouillir, les retirer et les laisser reposer pendant une heure; les exposer de nouveau sur un feu très-doux, sans faire bouillir, y jeter un peu de verjus ou de sel de cuisine, et les remuer jusqu'à ce qu'elles aient repris leur couleur verte; augmentez le feu, et lorsqu'elles sont amollies, mettez-les encore dans l'eau fraîche; faites cuire au lissé du sucre clarifié, et, lorsqu'il est bouillant, jetez-y les prunes; après quelques minutes d'ébullition, retirez-les pour les faire refroidir; remettez le sucre à la nappe, faites-y bouillir encore les prunes, et, lorsqu'elles seront froides, retirez-les pour les arranger dans le compotier; donnez ensuite quelques bouillons au sucre cuit, et versez-le par-dessus: souvent on y ajoute le suc exprimé d'une belle orange bien mûre; alors on fait bouillir un peu plus long-temps. On prépare de la même manière les *perdrigons*, toutes les *prunes vertes,* quelles qu'elles soient, les *mirabelles.*

Compote de verjus.

Prendre trois livres de verjus choisi, ôter les pépins avec un cure-dent, et le jeter dans l'eau froide ; faire bouillir dans une bassine d'argent, y jeter le verjus, et, lorsqu'il monte, retirez-le de la bassine, couvrez-le d'un linge : lorsqu'il est refroidi on le remét de nouveau sur un feu très-doux, en l'empêchant de bouillir ; lorsqu'il est reverdi on le met dans l'eau et on le laisse égoutter ; clarifiez une livre et demie de sucre, et le faites cuire au lissé ; jetez-y le fruit, et, après quelques bouillons, retirez-le ; écumez pour le mettre dans le compotier ; faites encore bouillir le sucre pendant quelques minutes pour lui faire prendre de la consistance, et, après l'avoir écumé, versez-le froid sur le compotier.

DES CONSERVES.

On comprend sous le nom de *conserves*, des pâtes sèches ou espèces de confitures faites avec la pulpe de quelques plantes agréables au goût, et une certaine quantité de sucre pour leur servir de condiment. La pulpe des plantes se prépare, soit avec les plantes fraîches, soit avec la poudre de ces mêmes plantes, qu'on aura humectée avec une suffisante quantité d'eau, et que l'on incorpore ensuite avec au moins sept à huit fois son poids de sucre en poudre très-fine. Au moyen de leur consistance et de la propriété qu'elles ont de conserver réellement le goût, l'odeur et la saveur des substances que l'on y fait entrer, elles contribuent beaucoup à orner les desserts. Outre l'agrément, la beauté et la bonté dont elles peuvent être susceptibles, on les emploie souvent aussi comme moyens propres à conserver la santé.

Conserve d'ache.

On prend une livre et demie de feuilles d'ache bien vertes, on les met sur le feu avec un peu d'eau : après quelques momens d'ébullition, on les laisse égoutter pour les piler dans un mortier de marbre ; on les passe au travers d'un tamis à l'aide d'un pulpoir ; faire fondre à part trois livres de sucre ; lorsqu'il est arrivé au petit cassé, on y mélange exactement la pulpe d'ache et une once de graine de céleri en poudre très-fine ; lorsque le sucre blanchit, on jette la composition dans des moules, au moyen d'une spatule, et avec un couteau on peut donner à cette pâte toutes les formes possibles.

Conserve d'amandes grillées.

Pelez, après les avoir mis tremper pendant six heures dans l'eau froide, amandes douces choisies, six onces ; coupez-les en portions plus ou moins grosses sur leur longueur, et les étendez sur des feuilles de papier pour les mettre au four afin de les faire roussir et leur donner une couleur brunâtre ; après les avoir retirées, versez-les dans deux livres de sucre cuit au petit cassé ; mêlez exactement et mettez dans des moules préparés d'avance. On peut aussi faire cette conserve avec des amandes pelées bien blanches et cuites avec la même quantité de sucre.

Conserve d'ananas.

Après avoir choisi trois ananas bien mûrs, et d'un parfum agréable, on enlève leur superficie en les frottant avec un morceau de sucre, qu'on coupe à mesure qu'il se couvre de la partie odorante du fruit ; on le coupe ensuite en deux pour extraire, par la pression, tout le suc qu'il contient et dans lequel on délaie la râpure avec une cuillère ; faites cuire après l'avoir clarifié, deux livres de sucre au cassé pour y jeter tout ce qui est provenu des ananas, remuez, agitez le mélange ; lorsque le sucre, par la cuisson, vient à blanchir et monter, coulez la conserve dans des moules de papier préparés d'avance. En la tenant à l'abri de l'air et de l'humidité, on la garde pendant très-long-temps aussi agréable et aussi suave que si c'était le fruit même : on ne peut en rien lui comparer toutes celles qui se font avec tous les autres, quels qu'ils soient.

Conserve de buglosse.

Prendre quatre onces de fleurs de buglosse, les piler dans un mortier de marbre en y ajoutant un peu de sucre ; lorsque le tout est réduit en pâte molle, on fait fondre le reste des deux livres de sucre, et on la jette dedans en remuant continuellement jusqu'à ce que le sucre boursouffle et blanchisse, retirez du feu et versez dans des moules de papier préparés d'avance.

Conserve de camomille.

Mettez six onces de fleurs de camomille dans un matras au bain-marie ; versez dessus huit onces d'eau bouillante pour les faire macérer pendant six heures ; mettez le tout dans un linge serré, passez avec expression, et jetez-le dans le sucre cuit au cassé ; arrivé au point de cuisson convenable, versez dans les moules.

Conserve de cannelle.

Délayez dans petite quantité de sirop de sucre ou de guimauve, cannelle de Ceylan en poudre fine, quatre gros ; faites cuire deux livres de sucre au petit cassé ; versez la cannelle en remuant le mélange afin qu'il soit exact ; lorsque le sucre blanchit, versez dans les moules.

Celle de *gérofle* se fait de la même manière.

Conserve de cerises.

Mettre dans une bassine d'argent ou bien un vase de porcelaine, cerises sans queues et sans noyaux, deux livres ; groseilles égrenées, quatre onces ; après les avoir laissées sur un feu doux jusqu'à ce qu'elles soient réduites environ de deux tiers, on les met dans trois livres de sucre qu'on a fait cuire en même temps au grand cassé : remuez, agitez le mélange jusqu'à ce qu'il commence à monter, pour verser ensuite dans des moules de papier préparés d'avance.

Conserve de chocolat.

Faire fondre et clarifier une livre de sucre pour y jeter quatre onces de chocolat fin, râpé et réduit en poudre fine; remuez et agitez de manière que le mélange soit exact et homogène; ajoutez encore peu-à-peu une seconde livre de sucre, et, lorsque tout est cuit à la petite plume, et qu'il commence à monter, versez dans des moules préparés.

Conserve de citron.

Râpez huit citrons sur un gros morceau de sucre dont vous enleverez la surface à mesure qu'elle sera imprégnée de leur huile essentielle; écumez, clarifiez deux livres de sucre, et, lorsqu'il arrive au petit cassé, jetez-y la râpure en remuant jusqu'à ce que le tout vienne à boursouffler; coulez et laissez refroidir dans des moules de papier.

Avec la même quantité de sucre et de fruits, on prépare aussi de la même manière les conserves de *bergamote*, de *bigarades*, de *cédrats*, d'*oranges*, de *poncires*, ainsi qu'en exprimant le suc des uns et des autres à une quantité déterminée, et en y ajoutant le double du poids en sucre cuit d'une manière convenable, on peut faire des conserves de tous les goûts.

Conserve de cynorrhodon.

Pulpe de cynorrhodon ou de fruit d'églantier, six onces; sucre blanc en poudre, trente-six onces; on met dans un mortier de marbre la pulpe et le sucre réduit en poudre très-fine, ou les pile, on les broie jusqu'à ce que le mélange soit exact et intime.

On prépare aussi cette conserve en délayant le sucre cuit à la plume, et en faisant chauffer un instant le mélange, pour l'obtenir plus exact; mais le premier procédé est préférable parce qu'il fournit une conserve plus unie, plus homogène et d'un rouge plus clair.

Conserve de douce amère.

Prendre quatre onces de douce amère, la concasser, la mettre dans une bassine avec une pinte d'eau qu'on fait bouillir jusqu'à réduction des trois quarts ; exprimez le marc à la presse, et réunissez les colatures pour mélanger dans deux livres de sucre blanc lorsqu'il est cuit au cassé ; continuez à faire bouillir jusqu'au petit cassé, et, au moment où il boursoufle, versez dans les moules préparés d'avance.

Conserve d'épine-vinette.

Égrenez une livre et demie d'épine-vinette en parfaite maturité ; mettez-la sur le feu dans une bassine d'argent ou de porcelaine, avec une once de fenouil réduit en poudre très-fine ; ajoutez un peu d'eau, faites bouillir et exprimez le suc de ce fruit avec un pulpoir sur un tamis ou bien en le soumettant à la presse enfermé dans un linge peu serré ; remettez le tout dans la bassine nettoyée, versez dessus le sucre cuit au cassé, laissez de nouveau bouillir pendant quelques minutes jusqu'à cuisson convenable ; retirez du feu en remuant avec une spatule pour couler dans les moules.

Conserve de fleurs d'oranger.

On prend dix gros de pétales de fleurs d'oranger dans leur fraîcheur, on les pile dans un mortier de marbre avec un pilon de bois en y ajoutant peu à peu, et par parties, deux onces de sucre blanc en poudre très-fine, et, lorsque toute la masse est réduite en une pâte molle uniforme, on la passe au travers d'un tamis à l'aide d'un pulpoir ; alors on y ajoute huit onces de sucre qu'on fait cuire à consistance convenable, et on mêle exactement en continuant la cuisson ; lorsqu'il boursoufle, on verse dans des moules préparés d'avance.

Entre toutes les fleurs fraîches ou desséchées dont on se plaît à faire des conserves, nous avons préféré celle de la fleur d'oranger comme la plus habituelle ; on peut encore les faire avec les *fleurs de bourrache*, *d'œillets*, de *pavot rouge*, de *romarin*, de *roses fraîches*, de *tilleul*, de *violettes*, en suivant les mêmes procédés que pour celle dont nous venons de parler.

Conserve de framboises.

Prendre une livre de framboises bien mûres, quatre onces de cerises dont on aura ôté les noyaux et les queues, les passer au tamis de crin en les écrasant à l'aide d'un pulpoir ; en mettant ensuite le suc exprimé dans une bassine d'argent ou de porcelaine, que l'on place sur un feu doux, on en laisse évaporer la moitié ; on y verse le sucre cuit au grand cassé, et l'on agite jusqu'à ce qu'il blanchisse, pour le couler de suite dans les moules préparés.

Conserve de groseilles.

Prendre deux livres de groseilles rouges égrenées, les mettre dans une bassine d'argent ou de porcelaine, sur un feu doux, afin de les dépouiller de leur humidité, les passer avec expression au travers d'un tamis avec le pulpoir pour les remettre encore dessécher sur le feu, et en remuant continuellement jusqu'à ce qu'on aperçoive le fond de la bassine. On fait fondre le sucre et on le fait cuire au cassé pour le verser sur le suc de groseilles en remuant avec une spatule pour empêcher qu'il ne s'attache dans le pourtour ; retirez du feu en agitant toujours jusqu'à ce qu'il monte ; versez alors la conserve achevée dans les moules préparés d'avance.

Conserve de jasmin.

Prendre des fleurs de jasmin fraîches et cueillies par un beau temps, les broyer dans un mortier de marbre, et en obtenir la pulpe en les passant au tamis de crin ; faites cuire une livre de sucre à la grande plume, pour deux onces de la pulpe de jasmin que vous jetterez dedans ; lorsqu'il sera refroidi à moitié, dressez dans des moules pour couper par tablettes de formes variées et conserver pour servir au besoin.

Conserve de pêches.

Après avoir fait une marmelade de pêches, on la passe au tamis, on la dessèche autant que possible, et, après y avoir délayé du sucre à la grande plume, à-peu-près une livre pour quatre onces de la pulpe du fruit.

Conserve de pistaches.

Pelez six onces de pistaches fraîches, après les avoir mis tremper assez long-temps dans l'eau froide, pour les couper en morceaux plus ou moins gros et les jeter dans deux livres de sucre; lorsqu'il est cuit au petit cassé, continuez de remuer jusqu'à ce que le sucre boursouffle, et versez dans les moules pour laisser refroidir.

Conserve de primevère.

Faire bouillir dans une chopine d'eau ordinaire, primevère, six onces, jusqu'à réduction de moitié; passez la décoction en l'exprimant au travers d'un linge serré pour la joindre à deux livres de sucre cuit au grand cassé; laissez jeter quelques bouillons jusqu'à ce qu'il soit au petit cassé; remuez avec une spatule; arrivé au degré convenable, versez la conserve dans les moules.

Conserve de roses.

Prendre une certaine quantité de roses blanches, les effeuiller et les hacher très-menu; pour demi-once de ces roses préparées, faites cuire une livre de sucre à la plume; retirez du feu, laissez refroidir un peu, pour y jeter les roses, les remuer, et après quelques minutes la versez dans un vase, quel qu'il soit, pour la conserver et vous en servir au besoin.

Conserve des quatre fruits.

Prendre des cerises, des fraises, des framboises, des groseilles, de chaque, huit onces; après les avoir mondées et épluchées, ôtez les queues et les noyaux, on les écrase sur un tamis pour les passer ensuite, en les exprimant au travers d'un linge; faire fondre sur un feu doux, avec suffisante quantité d'eau, trois livres de sucre; l'écumer et l'amener au cassé, le retirer pour le jeter sur le suc exprimé des fruits; remettre sur

le feu, donner un bouillon, en remuant continuellement jusqu'à ce que le sucre boursouffle, versez de
suite dans les moules préparés d'avance.

Conserve de roses avec les fleurs sèches.

On met dans un vase de faïence trois onces de roses
rouges réduites en poudre très-fine, on verse dessus
huit onces d'eau de roses très-odorante, on laisse infuser pendant six ou huit heures en remuant de temps
en temps avec une spatule de bois : lorsque la poudre
est bien pénétrée de l'eau entièrement gonflée et réduite en une pulpe uniforme, on y ajoute deux livres
de sucre qu'on a fait fondre dans suffisante quantité
d'eau de roses et que l'on a fait cuire en consistance de
tablettes.

DES CRÈMES.

La crème se rapproche beaucoup du beurre sous le
rapport des propriétés alimentaires ; mais, outre la
matière butireuse, elle renferme encore une partie de
caséum et de petit lait ; très-récente, c'est-à-dire formée du soir au matin, elle devient indigeste pour un
grand nombre de personnes, surtout quand elle est
épaisse, par conséquent chargée des principes gras
dont elle abonde le plus ordinairement ; on ne l'emploie guère comme aliment ; ce n'est qu'avec l'addition
du sucre et de plusieurs substances aromatiques qu'on
parvient à la rendre susceptible d'entrer dans la confection des desserts ; et, quoique les confiseurs ne l'emploient jamais, ce que nous allons dire regarde principalement les limonadiers et les officiers de bouche,
et surtout les amateurs des deux sexes qui voudraient
en faire usage ou les préparer de leurs mains. Nous
avons parlé de celles aux *amandes*, aux *pistaches*;
il en est encore quelques autres, telles que les suivantes.

Crème blanche.

Prendre une quantité de crème, quelle qu'elle soit, y
ajouter moitié lait, y mettre du sucre et faire réduire

au tiers : retirer du feu, et, lorsque le mélange ne sera plus que tiède, on y mêlera un peu de présure détrempée avec de l'eau ; passez au tamis et versez la crème dans un plat creux ; faites prendre entre deux feux doux, glacez si c'est le goût et laissez refroidir : on peut encore la mettre au bain-marie, surtout si on la fait en petits pots.

Crème de Blois.

Mêler avec de la crème fraîchement levée, du sucre en poudre et des morceaux de citron confit coupés très-minces ; fouetter le tout jusqu'à ce qu'il soit très-épais pour servir après l'avoir dressé sur une assiette de porcelaine.

Crème au café blanc.

Brûler deux onces de bon café, les mettre infuser pendant une demi-heure dans une chopine de crème réduite ; passez à travers un linge ou un tamis pour séparer le café ; après l'avoir sucré, y ajouter deux œufs entiers et trois jaunes ; mêlez le tout exactement et le passez à l'étamine à plusieurs fois de suite. Faire chauffer huit petits moules à darioles ; après les avoir essuyés, versez-y du sucre au grand cassé, et faites-les égoutter ; faites bouillir de l'eau dans une casserole ; remplissez les moules en les remuant, mettez un peu de feu dessous et un grand feu par-dessus ; lorsque le moment de servir arrivera, renversez les moules sur le plat, ajoutez une tasse de café très-sucrée pour la sauce, et servez.

Crème au caramel.

Dans un poêlon non étamé ou une bassine en cuivre, jetez du sucre ; faites-le fondre sur un feu vif et sans eau jusqu'à ce qu'il devienne roux ; jetez dedans une quantité plus ou moins considérable de fleurs d'oranger pralinées, fondues auparavant dans un peu d'eau ; ajoutez-y du lait ou de la crème à proportion, passez le tout après l'avoir fait bouillir ; faites prendre au bain-marie et laissez refroidir.

Crême de chocolat.

Mêlez l'un avec l'autre une pinte de lait, une chopine de crême, trois jaunes d'œufs, cinq onces de sucre ; après avoir mis le tout sur le feu, remuez avec une spatule de bois ; faites bouillir jusqu'à réduction d'un quart pour y ajouter le chocolat râpé très-fin ; laissez encore pendant quelques minutes, passez au tamis et servez après refroidissement complet.

Crême à la fleur d'oranger.

Celle-ci, comme toutes les autres, se fait de même que les crèmes au café ou au thé, par une infusion dans la crème ou le lait, de la substance aromatique dont on désire avoir la saveur ou l'odeur ; on suit les mêmes procédés en la coagulant au bain-marie, pour la laisser refroidir quelque temps avant que de la servir.

Crême de fraises.

Fouettez de la crème fraîche et épaisse, avec parties égales de sucre en poudre et de pulpes de fraises passées au tamis de soie ; dressez-la en forme de pyramide, garnissez le pourtour avec des fraises entières et servez ; celle de *framboises* se fait de la même manière.

Crême à la frangipane.

Délayez de la farine avec des œufs, blancs et jaunes tout à la fois, détrempez cette pâte avec de la crème, à la proportion d'un demi-setier et de deux œufs par cuillerée de farine ; ajoutez une suffisante quantité de sucre, quelques grains de sel, fleurs d'oranger grillées et hachées, écorces râpées de citron vert ou ordinaire : faites cuire le tout pendant une demi-heure en tournant sans discontinuer, retirez du feu, laissez refroidir, glacez pour servir.

Crême fouettée.

Versez dans une terrine un peu profonde une chopine ou une pinte de crème douce et fraîche ; ajoutez suffisante quantité de sucre en poudre fine, une pincée de gomme adragant en poudre, et de l'eau de fleurs d'oranger odorante, une ou deux cuillerées à bouche; fouettez le tout avec des brins d'osier sans écorce; lorsque la crème est montée, laissez-la reposer pendant quelques minutes, enlevez-la ensuite avec une écumoir pour la dresser en pyramide snr une porcelaine; après quoi vous garnissez le pourtour avec des morceaux d'écorces de citrons ou d'oranges vertes confits, pour servir de suite.

Crême fouettée à la Chantilly.

Mettez dans une terrine la quantité de crême que vous voudrez employer, ajoutez-y un blanc d'œuf; mettez dans un autre vase de la glace pilée, ajoutez une poignée de sel: après avoir placé la crème dessus, fouettez-la avec un balai d'osier jusqu'à ce qu'elle soit prise; si on éprouvait de la difficulté à la faire prendre, on enleverait le dessus pour le déposer sur un tamis, parce qu'on peut très-bien reprendre tout ce qui passe à travers pour l'ajouter à la crème que l'on fouette; lorsqu'elle est achevée, on l'aromatise avec de l'eau de fleurs d'oranger, on l'édulcore avec du sucre, pour la servir dans des meringues ou dans des compotiers; on peut même lui donner l'odeur de vanille, celle de la rose; on la colore avec un peu de cochenille.

Crême hollandaise.

Prendre une pinte de bon lait, une chopine de crême, trois jaunes d'œufs, deux gros de vanille et cinq onces de sucre en poudre; fendre et réduire la vanille en très-petits morceaux, délayer les jaunes d'œufs dans le lait, réunir le tout et le mettre sur un feu doux, en remuant avec la spatule; lorsqu'il s'attache après, la crème est terminée, la dresser et la servir de suite.

Crême grillée.

Avec deux onces d'amandes douces et amères pralinées, ajoutez une pincée de fleurs fraîches et récentes d'oranger aussi pralinées ; pilez le tout ensemble ; faites bouillir une pinte de crème pour y mettre toutes les amandes infuser pendant une heure , passez au tamis , battez avec deux œufs entiers et quatre jaunes ; passez à l'étamine pour la mettre dans des pots et la faire prendre au bain-marie , et laissez refroidir.

Crème à l'italienne.

Pour une pinte de lait ajoutez quatre jaunes d'œufs ; écorces d'oranges et de citrons , trois onces ; pistaches , six onces ; eau de fleurs d'oranger , deux cuillerées à bouche : sucre , quatre onces.

Après avoir pelé les pistaches , on les pile dans un mortier de marbre avec tout le reste , et en y ajoutant l'eau de fleurs d'oranger pour délayer ensuite dans le lait ; mettre sur un feu et dans une bassine , faire bouillir en agitant avec une spatule ; lorsque la crème est réduite d'un quart on y ajoute une cuillerée d'eau de fleurs d'oranger , on la met dans une assiette que l'on tient sur de la cendre chaude , jusqu'à ce qu'elle soit colorée dans le pourtour ; saupoudrez de sucre , et avec une pelle rougie au feu vous lui donnez la couleur du caramel pour la servir.

Crème légère.

. Mélanger avec quatre ou cinq cuillerées de sucre en poudre , une chopine de crème et autant de lait ; faire bouillir le tout ensemble , et, lorsqu'il est réduit d'un tiers , fouettez deux blancs d'œufs frais ; lorsqu'ils moussent comme il faut , mêlez-les avec la crème , remettez sur le feu, et, après cinq ou six bouillons. ajoutez une cuillerée à bouche de bonne eau de fleurs d'oranger pour la verser dans une jatte de porcelaine et la servir quand elle est refroidie.

Crème mimime.

Faites pocher huit œufs frais dans du lait avec addition de deux onces de sucre et d'un peu de sel , auxquels vous joindrez un peu de fleurs d'oranger pralinées ; lorsque les œufs auront assez de consistance , faites égoutter et parez-les ; ajoutez dans le lait deux onces de sucre en poudre, six jaunes d'œufs, une demi-cuillerée de farine, une cuillerée à bouche d'huile d'olive, mêlez le tout exactement et passez à l'étamine ; placez les huit œufs pochés dans un plat creux, faites prendre la crème, et, à l'instant où elle est prête à bouillir, versez-la dessus de manière à les couvrir entièrement pour servir chauds ou froids.

Crème au naturel.

Ayez de la glace sur laquelle vous passerez une jatte pleine de crème douce et fraîche, après y avoir ajouté du sucre en poudre, pour la servir de suite, et lorsqu'elle est rafraîchie.

Crème en neige.

Mettre dans une terrine une pinte de crème, deux blancs d'œufs frais, huit cuillerées de sucre en poudre et une cuillerée d'eau de fleurs d'oranger, battez le tout ensemble, et lorsque la crème s'épaissit enlevez-la avec une écumoire, pour la mettre dans un petit panier d'osier garni d'une gaze ou d'un linge très-fin, pour la laisser égoutter pendant une heure au moins, avant de la servir.

Crème à la religieuse.

Prendre une cuillerée de farine, une demi-livre de sucre en poudre, un peu de sel ; aromatisez avec quelques gouttes des eaux spiritueuses de vanille, de citron ou de fleurs d'oranger ; délayez à mesure avec la farine huit jaunes d'œufs, étendez-la ensuite avec une chopine de lait ou de crème bouillante ; faites prendre la crème sur le feu, et, à l'instant où elle sera prête à bouillir, versez-la dans un plat creux, pour la laisser refroidir ; mêlez ensuite avec quatre jaunes d'œufs cuits durs, un peu de sucre ; ajoutez-y l'odeur que vous aurez employée, passez à travers un tamis de crin pour faire une bordure dans le pourtour de la crème, et servez.

Crème en rocher.

Fouettez de manière à la rendre très-épaisse une chopine de bonne crème, ajoutez-y un peu de lait dans lequel vous aurez détrempé de la présure, gros comme une noisette, aromatisez avec une cuillerée à bouche d'eau de fleurs d'oranger, dressez-la en forme de rocher ; quand elle est arrivée à consistance, saupoudrez de sucre fin pour la servir.

Crème souflée.

Après avoir préparé tout ce qui est indiqué plus haut à la crème grillée, faites refroidir, battez des blancs d'œufs comme pour les biscuits, mêlez-les doucement à la crème, pour la faire prendre dans un moule beurré.

Crème au thé.

Faire infuser du thé dans la crème bouillante pendant l'espace d'une heure, procéder pour le reste comme il est indiqué dans la crème au café plus haut.

Crème à la vanille.

Prendre vanille, deux gros ; trois jaunes d'œufs, cinq onces de sucre, une chopine de crème ; après avoir coupé la vanille par petits morceaux, après l'avoir mêlée avec les jaunes d'œufs dans le lait, mettez le tout sur un feu très-doux, et remuez continuellement avec une spatule ; lorsque la crème s'y attache elle est finie ; retirez du feu et la laissez refroidir.

Crème veloutée.

Prendre une chopine de lait, autant de crème, pour cinq onces de sucre, mettre le tout dans une bassine sur le feu, le faire bouillir doucement en agitant avec une spatule, laissez réduire à moitié, retirer la bassine du feu ; après avoir délayé un peu de présure dans quelques cuillerées de lait et un peu d'eau de fleurs d'oranger, mêlez le tout et passez au tamis, versez la crème dans un plat creux que vous poserez sur la cendre chaude, recouvrez avec un couvercle sur lequel vous mettrez du feu pour la faire velouter ; lorsqu'elle est prise on la retire pour laisser refroidir.

DES DRAGÉES.

De toutes les friandises inventées par les confiseurs, il n'en est pas de plus variées par les formes, les goûts, les couleurs, que les dragées fines ou communes ; elles font une des branches principales de leur commerce. Les baptèmes, les mariages, les étrennes, ne peuvent pas se passer sans elles. La bassine en action pendant toute l'année, peut à peine suffire au débit continuel qui s'en fait ; partout c'est un roulis continuel de confitures desséchées, de menus fruits, de graines, d'écorces agréables, de plantes coupées, d'une multitude de racines odorantes. Dans du sucre fondu qui, par la chaleur, se dessèche à l'entour et y forme des couches successives plus ou moins épaisses, durcies par le travail, elles doivent être d'un blanc pur, net, éblouissant ; et, si on les colore, ce ne doit être qu'avec des substances hors d'état d'agir sur le palais, et qui soient agréables à l'œil. Pour qu'elles soient recherchées, on ne doit employer que des sucres choisis et des matières sèches, parfaitement travaillées et surtout bien conservées. L'ouvrier ne doit jamais perdre de vue que la bonne confection des dragées dépend essentiellement de la juste compensation des charges, soit pour grossir, soit pour lisser ; de ne jamais procéder à une nouvelle charge, que la précédente ne soit dans un état de dessication complète ; sans cela, au bout de quelques temps, les dragées jauniraient. Afin de les rendre égales, arrondies, bien pleines, il doit de temps en temps les rouler avec les deux mains ; chauffer suffisamment pour grossir, diminuer le feu pour blanchir ; employer une dissolution de gomme arabique choisie, et qui ne soit ni trop épaisse ni trop étendue d'eau ; enfin, nettoyer de temps en temps la bassine, pour enlever le sucre qui s'attache à son fond ; et, lorsque la dragée s'en trouve inégalement imprégnée, la passer au tamis ou dans un crible, pour la faire tomber. Quant à la préparation de la gomme arabique, elle est aussi simple que facile ; il ne faut que la choisir belle, brillante, en mettre une quantité suffisante avec de l'eau exposée sur un feu doux, et achever la solution à consistance convenable, avec les fluides qui doivent servir de véhicule pendant la fabrication.

Comme nous avons déjà, dans le cours des articles précédens, donné la manière de faire des dragées avec *les amandes*, *les amandes pistaches*, *l'angélique*, *l'anis*, *les avelines*, *la bergamote*, *le café*, *les cerises*, *le chocolat* et *le citron*, nous renvoyons à chacun des procédés qui y sont décrits, pour passer aux suivans :

Dragées au céleri.

Avec huit onces de graine de céleri mondée et nettoyée, mise dans la bassine au tonneau que l'on commence à charger par petites doses et sans gomme, avec une fonte de six livres de sucre cuit à la nappe, en augmentant peu à peu les charges à mesure que le céleri devient plus gros ; arrivé au volume requis, on le met à l'étuve, dans laquelle on le laisse séjourner pendant quarante-huit heures ; le reprendre dans la même bassine, et le préparer à blanchir avec sept ou huit charges de sucre cuit à la nappe ; le lendemain on répète la même opération, en le faisant sécher à chacune des charges. Lorsque les graines mises en œuvre sont bien blanches, on les jette dans la bassine branlante, exposée à un feu doux ; on fait cuire le sucre au perlé, pour en verser dessus une quantité suffisante ; on met ensuite à l'étuve, et l'on recommence deux fois de suite, en séchant complètement à chaque charge.

Dragées diabolini.

Diabolum, diabolini de Naples, dragées aphrodisiaques. Après avoir fait une pâte avec trois onces de mucilage de gomme adragant, étendu dans suffisante quantité d'eau de roses odorante et de sucre pulvérisé ou de ratissures passées au tamis de soie, une livre et demie, pilez le tout dans un mortier de marbre, pour lui donner de la consistance, retirez du mortier et achevez de pétrir sur une table, en y incorporant peu à peu de la cannelle en poudre extrêmement fine, ajoutez dans la pâte prête à être achevée, essence de cannelle et de gérofle, de chaque, une cuillerée à café, pour, avec les doigts, en faire de petites dragées, un peu plus grosses que des grains d'orge ; on peut encore rendre ces dragées plus actives et plus stimulantes, si on y ajoute, vanille en poudre très-fine, deux onces ; ambre et musc, de chaque six grains ; et l'on fait sécher à l'étuve. (Voyez *les pastilles érotiques.*)

Dragées à la fleur d'oranger.

Mettez dans la bassine branlante, exposée à un feu très-doux, une plus ou moins grande quantité de fleurs d'oranger pralinées ; leur donner de petites charges avec le sucre cuit au lissé ; les sécher, en faisant sauter et en agitant la bassine avec la main droite ; une fois couvertes, mettez-les à l'étuve, pour les reprendre le lendemain ; ajoutez huit ou dix charges de sucre cuit à la nappe ; remettez à l'étuve ; et reprenez vingt-quatre heures après, pour les perler et les achever comme les dragées au céleri.

Dragées avec les boutons de fleurs d'oranger.

Prendre quelques livres de boutons de fleurs d'oranger confits, les mettre dans la bassine branlante pour les commencer par de petites charges avec une fonte de sucre suffisante, cuit à la nappe, et en passant les mains dessus ; arrivés à la moitié de leur grosseur, et sans attendre que la dernière charge soit entièrement desséchée, on les grossit avec quelques poignées de sucre passé au tamis de crin un peu gros, en les roulant avec les deux mains ; après avoir terminé avec le sirop, on les met sécher à l'étuve pour les reprendre le lendemain et les blanchir avec du sucre cuit à la nappe : continuer avec du beau sucre, pour les finir et les lisser suivant les procédés ordinaires.

Dragées à l'épine-vinette.

Faire sécher à l'étuve trois livres d'épine-vinette égrenée, prise dans sa maturité, la mettre dans la bas-

sine branlante , lui donner une charge avec la gomme ,
saupoudrer ensuite comme les cerises , pour la mettre
à l'étuve. Vingt-quatre heures après, grossir avec six
livres de sucre cuit à la nappe et par très-petites
charges ; en mettre une avec la gomme à la huitième
fois , puis remettre à l'étuve pendant deux jours ; préparez à blanchir dans la bassine à tonneau , sur un feu
doux et avec douze charges de sucre cuit à la nappe :
à la sixième , donnez une charge avec la gomme. Le
lendemain , blanchissez avec du beau sucre , en diminuant peu à peu les charges , pour les lisser , en diminuant toujours , et au moyen de quelque chose qui
tiendra la bassine élevée , afin que les dragées puissent
être remuées plus facilement ; on les retire , on les
essuie à chaque charge , on remet la trappe sous la
bassine , on fait chauffer , on les laisse refroidir , pour
les verser dans les galons.

Dragées de fenouil.

Après avoir fait sécher à l'étuve deux livres de fenouil , on les grossit pour faire la dragée , en suivant
les mêmes procédés que pour faire l'anis ; et, pour les
terminer , on suit la méthode indiquée pour l'épine-
vinette : comme , par ce travail , cette dragée devient
très-volumineuse relativement à la petitesse de la
graine employée pour la faire , on peut la perler en
partie ; elle n'en devient que plus agréable et plus brillante.

Dragées à la framboise.

Prendre des framboises rouges, un peu avant qu'elles
ne soient parvenues à leur état de maturité complète ,
les mettre sécher à l'étuve et sur un four ; après les
avoir fait dessécher entièrement, on les grossit comme
l'épine-vinette , on les prépare à blanchir pour les
terminer à la bassine branlante ; lorsqu'on veut les
perler on emploie le sucre clarifié et cuit au perlé , en
les faisant dessécher à l'étuve , après chacune des
charges qu'on leur donne ; on répète à vingt-quatre
heures d'intervalle et aussi souvent qu'il en est besoin.

Autrement. **D**ans suffisante quantité d'eau, faire fondre mucilage de gomme adragant, quatre onces; le piler dans un mortier ; après l'avoir passé avec expression à travers un linge pour en faire une pâte épaisse avec du sucre ou des ratissures en poudre très-fine, achever de le rendre consistant, en y incorporant, à mesure qu'on le pétrit, de nouvelles ratissures, ou bien du sucre; on y ajoute de la pulpe de framboises passée à travers un tamis, avec une cuillerée de carmin liquide: on le roule en long, pour le couper de la grosseur d'une framboise, on arrondit avec le doigt, puis on y fait un trou pour imiter celui du fruit. Après les avoir fait sécher à l'étuve, on les travaille à la bassine branlante; on les grossit avec le sucre cuit à la nappe ; on les charge avec la gomme à la neuvième fois, pour les remettre à l'étuve, les blanchir, les terminer en les perlant comme les autres.

Autrement. **F**aire fondre du sucre, le cuire à la plume, y jeter des framboises rougies, avant qu'elles ne soient parfaitement mûres, les faire bouillir, les retirer, pour les faire égoutter, puis les mettre à l'étuve sur des tamis pour sécher, les travailler ensuite comme l'épine-vinette, et les perler de la même manière.

Dragées avec la groseille.

Après avoir fait dessécher à l'air, en les exposant dans des bannettes pour les mettre ensuite à l'étuve, groseilles choisies et égrenées, trois livres, commencez-les ensuite comme l'épine-vinette, pour les grossir sur un feu doux, dans la bassine branlante, avec trois livres de sucre cuit à la nappe; on les reprend ensuite dans la bassine ou tonneau, pour les blanchir et les terminer comme toutes les autres.

Dragées au gérofle.

Préparez comme à l'ordinaire, mucilage de gomme adragant, trois onces; y incorporer gérofle en poudre très-fine, quatre onces; étendre la pâte en filets allongés, de la grosseur d'une plume à écrire, pour les couper par parties de la forme d'un pois ; on les amincit en les roulant entre les doigts de manière à leur donner à peu près la forme d'un clou de gérofle, en les mettant à mesure sur des tamis, pour les exposer le lendemain à l'étuve très-peu chauffée, et commencer à les grossir en les travaillant à la bassine branlante ; pour les préparer à blanchir, on les met dans la bassine au tonneau, et on les achève comme toutes les autres.

Dragées au marasquin.

On les fait en deux temps. 1°. Après avoir choisi quatre livres d'amandes d'abricots, on les met tremper quelque temps dans l'eau froide, pour leur enlever la peau ; après cela, on les fait sécher pour les mettre dans une cruche avec parties égales d'esprit de jasmin et de fleurs d'oranger, pour qu'elles puissent baigner ; après avoir bouché le vase avec un parchemin, on les laisse séjourner pendant quarante jours ; on les retire, on les fait égoutter pour les faire sécher à l'étuve, et les travailler à la bassine branlante.

2°. Faire fondre trois livres de sucre avec parties égales d'eau de roses double et de fleurs d'oranger, pour le mettre cuire à la nappe, en ajoutant une cuillerée de gomme arabique ; on ralentit le feu, on remue le sucre avec l'attention de ne pas le faire bouillir. On commence la dragée par deux charges de gomme ; on continue en les faisant d'abord très-légères, pour ne pas la délayer ; après les six premières, on en fait une avec moitié sucre et moitié gomme, en les remuant avec les mains ; après cinq ou six autres charges, sortez-les de la bassine pour ôter la poussière qui est dans la bassine ; lorsqu'elles sont arrivées au volume convenable, on les met à l'étuve pour les préparer à blanchir, en y faisant douze charges avec du sucre cuit à la nappe, en jetant un peu de gomme sur la première et la dernière ; entretenez la chaleur pour sécher et faire sortir le blanc. Le troisième jour, blanchissez avec le plus beau sucre fin cuit à la nappe, et continuez dix fois ; le quatrième, vous unissez, pour dernière façon, avec du sucre au petit lissé ; trois charges suffisent, et sans qu'il y ait de feu sous la bassine, toujours en diminuant graduellement, en remuant pendant une demi-heure, pour les faire arriver au plus beau blanc ; les trois dernières charges finies, remettez du feu sous la bassine, et laissez ensuite refroidir pour les mettre dans des galons et les conserver à l'abri de l'humidité.

Dragées nonpareille.

Prendre quatre onces d'Iris de Florence en poudre, les mettre dans la bassine au tonneau sur le feu, avec du sucre cuit au petit perlé ; chargez à petites doses, remuez avec la paume des mains et non avec les doigts, en augmentant la dose à mesure que la poudre d'iris grossit ; passez dans un tamis de crin autant pour séparer la poussière du sucre, que les parties qui adhéreraient à la bassine : à mesure qu'elles grossissent, prenez un tamis plus gros, passez du très-beau sucre, et continuez à vingt-quatre heures d'intervalle pour les faire sécher : préparez à blanchir en mettant successivement dix charges, et le lendemain employez-en même quantité pour blanchir ; il est impossible qu'elle blanchisse si on ne la dessèche complètement après chaque charge. Tels sont les moyens de rendre la nonpareille ronde, égale. d'une odeur aromatique agréable, et non pas difforme comme toutes celles que l'on voit ; ce qui tient probablement à ce qu'elle n'est confectionnée qu'avec du gros sucre.

Dragées avec les noyaux de cerises.

Mettre à l'étuve, pendant un temps plus ou moins long, trois livres de noyaux de cerises, pour les jeter dans la bassine à tonneau avec du feu ; donnez-leur une petite charge de gomme pour les grossir, avec quatre livres de sucre cuit à la nappe, préparé d'avance : ayez soin de bien sécher à chaque charge, et de renouveler la gomme à la huitième : mettez à l'étuve pour les reprendre le lendemain ; préparez à blanchir, et finissez-les comme l'épine-vinette.

Dragées à l'orangeat.

L'orangeat fin en dragées se coupe beaucoup mieux, et plus fin que tous les autres zestes; parce que l'orange ayant une écorce et des zestes plus minces que le citron, on peut en faire des petits morceaux plus allongés et plus déliés qu'avec ce dernier : les procédés d'ailleurs étant absolument semblables, *voyez* le mot *Citron*, et suivez en tout ce qui a été dit pour en faire des dragées.

Dragées au parfait-amour.

Délayez dans de l'eau de roses odorante (double) , mucilage de gomme adragant, trois onces; faites une pâte, en le mêlant avec du sucre en poudre ou des ratissures; roulez-la en long, de la grosseur d'une plume; prenez-en plusieurs à la fois, et coupez-les toutes ensemble de la forme d'un pois; mettez-les à mesure dans un vase couvert, en saupoudrant avec des ratissures pour les empêcher de se réunir; prenez-les ensuite les unes après les autres , et , avec les doigts, donnez-leur la forme d'un grain d'orge : placez sur des tamis, faites sécher à l'étuve pour les travailler dans la bassine à tonneau, suivant les procédés ordinaires.

Dragées au persicot.

Peler quatre livres d'amandes d'abricots, les faire infuser à la chaleur de l'atmosphère pendant cinquante ou soixante jours, dans une cruche remplie de manière à ce qu'elles baignent dans de la vieille et bonne eau-de-vie, après les avoir bien bouchées avec un parchemin : cette infusion terminée, retirez les amandes pour faire sécher à l'étuve, et les mettre en dragées par les procédés indiqués pour toutes les autres.

Dragées à la violette.

Faire fondre dans l'eau simple, mucilage de gomme adragant, trois onces; donnez-lui de la consistance, et y ajoutez un peu d'indigo en liqueur, et du carmin, pour colorer en violet, en le saupoudrant avec six onces d'iris de Florence en poudre très-fine ; la pâte achevée et bien pétrie, roulez-la par portions de la grosseur de deux plumes réunies, pour la couper en morceaux, que vous roulez sous les doigts pour les allonger et les arrondir ; après les avoir mis sécher à l'étuve, mettez-les dans la bassine à tonneau, pour les terminer comme les autres.

Dragées variées.

De diverses formes, et pour servir au mélange de toutes les autres, ces dragées se préparent de la manière suivante : faites fondre avec de l'eau, et le piler dans un mortier de marbre, avec du sucre en poudre, mucilage de gomme adragant, trois onces, avec du sucre ou des ratissures ; délayez dans une terrine avec une spatule, en y ajoutant de l'essence de citron, et donnez-lui la consistance nécessaire pour être étendue sur une table saupoudrée de sucre, au moyen d'un rouleau de bois ; faites des abaisses de deux lignes d'épaisseur, pour les découper avec des emporte-pièces de toute forme et figure ; placez sur des tamis, et mettez à l'étuve.

Lorsqu'elles sont desséchées, on les met dans la bassine à tonneau avec du feu : on commence par de petites charges avec du sucre à la nappe ; à la huitième, on en fait plusieurs avec la gomme, mais par petite quantité à la fois, et mêlée avec du sucre clarifié ; on répète de six en six : les dragées parvenues à moitié de leur grosseur, on les retire de la bassine pour les mettre à l'étuve et les faire sécher.

Pour les préparer à blanchir, mettez dix charges ; à la cinquième, faites-la avec la gomme ; laissez sécher à chaque fois, en proportionnant toujours la charge jusqu'à la fin ; pour blanchir, mettez huit charges de sucre fin sur un feu très-doux.

Enfin, avec trois charges de beau sucre cuit au lissé, données dans la bassine branlante sans feu, et appuyée de manière à pouvoir être remuée avec les deux mains, allez, en diminuant le sucre jusqu'à ce que la dragée ne tienne plus ; enfin, lorsqu'elles sont essuyées, vous chauffez et remuez doucement pour les retirer, les laisser refroidir et les mettre dans des galons.

Dragées d'attrape.

Faire fondre dans l'eau ordinaire, comme pour les dragées de bon goût, mucilage de gomme adragant, quatre onces ; le délayer et le piler avec du sucre ou des ratissures, afin de lui donner du corps ; prendre ensuite aloës succotrin, poivre long et piment, de chaque, trois onces ; faites du tout une pâte homogène et la mettez en abaisse, pour couper avec des emporte-pièces de figures et de formes variées, et faire un assortiment à compléter avec les pastilles du même genre.

DE L'ÉPINE-VINETTE.

Fruit d'un arbuste épineux qui se plaît dans les terrains incultes, dont on fait des haies pour les jardins et que l'on cultive même dans quelques contrées de la Bourgogne, où il est extrêmement commun au bord des chemins, dans les haies, à la lisière des bois ; l'épine-vinette mûrit en automne ; ses grains sont cylindriques, longs, d'un rouge plus ou moins brun, disposés par grappes, et renferment, outre les deux pépins, une pulpe molle d'une acidité très-agréable ; on pourrait la manger seule, mais les confiseurs ont su varier une infinité de préparations sucrées dans lesquelles l'épine-vinette se trouve de première nécessité : comme nous avons déjà parlé des *conserves, dragées*, des *glaces*, des *pastilles, pâtes* et *tablettes*, il ne nous reste plus qu'à indiquer celles qui suivent :

Epine-vinette en bouquets.

Choisir trois livres de belle épine-vinette bien mûre, ôter les pépins, en faire de petits bouquets par le moyen d'un fil ; faire cuire trois livres de sucre au petit boulé, y jeter le fruit, pour lui donner quelques bouillons, retirez de la bassine, écumez et versez dans une terrine. Le lendemain, après avoir égoutté, placez les bouquets sur des ardoises saupoudrées de sucre pour les mettre à l'étuve ; les retourner de temps en temps en les saupoudrant, et, lorsqu'elle est entièrement desséchée, on l'arrange dans des boîtes, par lits successifs, entre lesquels on met du papier.

Épine-vinette en grappe au liquide.

Prendre de la belle épine-vinette en état de maturité, et dont les grappes soient bien garnies ; après avoir ôté les pépins, on clarifie même quantité de beau sucre pour le faire au petit boulé ; on donne au fruit quelques bouillons, après avoir écumé ; on verse le tout dans une terrine pour le mettre dans des pots de verre ou de faïence après avoir laissé passer vingt-quatre heures.

Épine-vinette en gelée.

Choisir, lorsqu'elle est mûre, trois livres de belle épine-vinette, l'égrener, la faire cuire au sucre perlé et y jeter le fruit ; après l'avoir laissé bouillir pendant quelques minutes, on verse le tout sur un tamis pour extraire, à l'aide d'un pulpoir, tout le suc qu'elle contient ; on décante la liqueur, on la remet sur le feu pour la faire cuire à la nappe, la retirer et la verser dans des pots.

Épine-vinette en marmelade.

Prendre trois livres d'épine-vinette et trois livres de sucre pour une livre d'eau ; mettre cette dernière dans un vase de porcelaine qui aille au feu, y jeter le fruit égrené pour le faire bouillir pendant quelques minutes, pour le verser ensuite sur un tamis, et l'écraser à l'aide d'un pulpoir ; extraire tout le suc qu'elle peut contenir, y ajouter du sucre cuit au cassé, et faire bouillir le tout pendant quelques minutes pour conserver dans des pots.

DU FENOUIL.

Les confiseurs ne mettent en œuvre que les graines de celui qui est cultivé ; parce que la substance aromatique qu'elles contiennent est moins âcre et beaucoup plus douce et plus agréable au goût et à l'odorat que celles du fenouil sauvage : nous avons déjà exposé la manière de faire la *dragée* avec la graine de fenouil (*V.* ce mot) ; nous ne parlerons donc que de la préparation suivante dans laquelle il entre comme partie essentielle.

Fenouil au candi et au caramel.

Avec une certaine quantité de fenouil nouvellement passé fleur, que l'on coupe sur la longueur de la tige pour faire sécher, blanchir et confire comme l'angélique dans du sucre cuit au petit lissé, pour suivre la façon jusqu'au dernier degré (**V.** *Angélique confite*) ; faites égoutter et sécher, le mettre ensuite dans des moules à caramel et verser dessus du sucre cuit et soufflé un peu refroidi : enfermez-le ensuite dans l'étuve modérément chauffée, et faites candir pour égoutter et sécher de nouveau avant que de le conserver.

DES FLEURS.

Comme il y en a quelques-unes qui sont employées par les confiseurs, nous ne pouvons les passer sous silence ; il est nécessaire de recommander de les cueillir un peu avant leur entier épanouissement, et dans le courant de la matinée, par un beau temps, soit qu'on veuille les employer dans leur fraîcheur, soit qu'on veuille les conserver après avoir été desséchées : quelle que soit leur quantité, on enferme ces dernières dans des boîtes garnies avec du papier ; celles qui sont susceptibles de perdre leur partie colorante, telles que les œillets, les roses, la violette, se tassent dans des bouteilles bien bouchées et mises à l'abri de la lumière et de l'humidité ; mais, en général, elles perdent toutes une partie de leur arome pour peu qu'on les garde un certain temps ; ce n'est qu'en se ramollissant qu'elles reprennent un peu de ce qu'elles ont perdu par la dessication.

Du jasmin.

Arbrisseau sarmenteux qui produit des fleurs dont l'odeur est tellement suave, et si délicieuse pour quelques individus, que les confiseurs ont cherché tous les moyens de l'unir au sucre, travaillé de plusieurs manières très-différentes ; car ils en font non-seulement des *amandes* dragées, des *pistaches*, des *glaces* (*V.* p. 34), des *pastilles*, des *tablettes* (*V.* tous ces mots), des *biscuits*, des *conserves*, mais encore les préparations suivantes :

Candi au jasmin. Après avoir épluché des fleurs de jasmin fraîchement cueillies, on les jette dans le sucre pour les faire cuire à la grande plume ; on les met ensuite dans les moules à candir et l'on verse dessus de l'autre sucre cuit au soufflé, à moitié refroidi, pour mettre à l'étuve modérément chauffée ; lorsque la cristallisation du candi sera terminée, le jasmin sera à son point pour être conservé.

Jasmin confit. Prendre une quantité plus ou moins considérable de fleurs de jasmin fraîches, et récoltées par un beau temps ; faire cuire du sucre au grand lissé, le retirer du feu, y jeter les fleurs et les y laisser séjourner pendant vingt-quatre heures, pour les faire encore bouillir dans le même sucre jusqu'à la petite plume, et laissez refroidir pour verser dans des pots.

Gâteau de jasmin. Battre un peu épais du sucre avec un blanc d'œuf, le conserver dans une assiette à part, faire un moule de papier de la forme et de la grandeur du gâteau ; faites cuire à la grande plume, douze onces de sucre pour quatre onces de fleurs de jasmin ; lorsque le mélange commence à monter, jetez-y le blanc d'œuf préparé et versez dans le moule en tenant à quelque distance le vase où vous aurez fait cuire le sucre, tandis qu'il est encore chaud.

Marmelade de jasmin. Faire cuire à la grande plume une quantité plus ou moins grande de beau sucre, pour y délayer, lorsqu'il est encore chaud, de la pulpe des fleurs de jasmin broyées dans un mortier, et passées au tamis de ciin à l'aide d'un pulpoir : la proportion est d'une livre de fleurs pilées pour une livre et demie de sucre.

De la Jonquille.

Les confiseurs n'emploient cette fleur que dans un très-petit nombre de préparations sucrées ; car, excepté les *pastilles* et les *amandes pistaches* qu'ils aromatisent avec elle, on ne s'en sert plus que pour les *glaces* (*V.* chacun de ces mots) ; mais les parfumeurs en font une consommation considérable. (*V.* le *Manuel du Parfumeur.*)

De l'OEillet.

Fleur aussi aromatique qu'agréable, cultivée dans les jardins, et très-variée dans ses espèces : la substance odorante qu'elle renferme sert à parfumer les *conserves*, les *glaces*, les *ratafias*, les *sirops* (*V.* ces différens articles) ; c'est pourquoi les confiseurs emploient la fleur de l'œillet ; ils choisissent pour cela l'œillet d'un rouge foncé, plus ou moins brun et d'une seule couleur.

De la Fleur d'oranger.

C'est une des fleurs dont les confiseurs tirent le plus grand parti dans la confection des matières sucrées qui constituent leur branche de commerce : ils doivent par conséquent apporter les plus grandes attentions dans la manière de la choisir, comme dans les résultats qu'ils se proposent d'en obtenir en la travaillant ; pour eux, la fleur d'oranger doit être très-blanche et fraîchement cueillie, belle, choisie, grasse, onctueuse et d'une odeur très-aromatique : elle entre essentiellement dans toutes les sucreries à qui elle donne son nom, et principalement dans les *amandes*, les *pistaches*, les *avelines*, les *conserves*, les *cremes*, les *dragées*, les *glaces*, les *pralines* et *pastilles*, les *pâtes*, le *ratafia*, le *sirop*, les *tablettes* : mais on la prépare encore des diverses manières que nous allons exposer.

*

Fleurs d'oranger au candi.

Avec la fleur d'oranger pralinée, et très-blanche, que l'on met en plus ou moins grande quantité sur les grilles d'un candissoire, arrêtées et fixées à chacune de leur extrémité par un poids, on verse du sucre cuit au petit soufflé pour laisser le moule pendant vingt-quatre heures à l'étuve; on le recouvre ensuite au-dessus d'une bassine, au moyen de deux supports pour le faire égoutter jusqu'au lendemain pour, en le versant sur une table, détacher le candi avec la fleur d'oranger, et le mettre égoutter jusqu'au lendemain.

Fleurs d'oranger confites au liquide.

Après avoir fait bouillir pendant quelques minutes la fleur d'oranger, on la retire pour la remettre dans de la nouvelle eau chaude avec le jus d'un citron, et jusqu'à ce qu'elle s'écrase sous les doigts; la rejeter dans l'eau fraîche avec un nouveau jus de citron, la faire égoutter et verser dessus du sucre cuit au lissé et à moitié chaud; recommencer quatre fois de suite pour la finir au grand perlé, la mettre à l'étuve pendant une demi-journée avant que de la mettre en pots.

Pour la faire *au sec*, on prend une quantité donnée de la précédente, que l'on fait dessécher de son sirop pour la ranger sur des ardoises ou des feuilles de fer-blanc saupoudrées de sucre en le passant au tamis, la faire sécher à l'étuve pour la conserver dans des boîtes et à l'abri de l'humidité.

Gâteau de fleurs d'oranger. Délayer un peu de blanc d'œuf avec du sucre, en faire une pâte liée, et dans un moule de papier fait de la forme et de la grandeur dont on veut avoir le gâteau, on verse, après l'avoir fait monter avec la pâte sucrée, quatre onces de fleurs d'oranger cuites avec douze onces de sucre, on l'entretient encore dans une chaleur modérée avec le vase dans lequel on a fait cuire le mélange, posé à peu de distance du gâteau dans son moule.

Grillage de fleurs d'oranger. Après avoir mis sur le feu et fait cuire à la plume une demi-livre de sucre, on y jette quatre onces de belle fleur d'oranger mondée et épluchée, pour la remuer continuellement avec une spatule ; et, lorsqu'elle est grillée, on la pose sur un plat frotté avec un peu d'huile : on la met ensuite sécher à l'étuve.

Marmelade de fleurs d'oranger. Faire cuire à moitié la fleur en lui donnant quelques bouillons dans l'eau chaude, retirez-la pour changer l'eau, la faire chauffer de nouveau, et y ajouter une petite quantité de jus de citron réduit en pulpe fine et homogène ; on la retire pour la jeter dans l'eau froide, et y ajouter du citron ; on la broie encore dans une serviette, s'il en est besoin, pour la délayer dans deux livres de sucre cuit au souflé pour une livre de fleurs d'oranger fraîche et récente.

Pains de fleurs d'oranger. Pour trois livres de sucre passé au tamis de soie, prendre deux blancs d'œufs et une once de fleurs d'oranger que l'on pile dans un mortier de marbre, pour faire du tout une pâte fine et homogène, à couper par morceaux gros comme une noisette, disposés ensuite par ordre et à six ou huit lignes les uns des autres sur des feuilles de papier pour les mettre cuire en les exposant à une chaleur douce et modérée, pour les retirer avant qu'ils n'aient pris couleur : on peut encore suppléer à la fleur d'oranger par l'eau distillée de la même, mais peu concentrée.

Des Roses.

Fleurs aussi communes qu'elles sont agréables à l'œil, que les confiseurs emploient beaucoup à cause de leur parfum, qu'ils peuvent conserver dans toutes les matières sucrées qu'ils fabriquent, soit par le moyen des eaux distillées simples, soit avec les esprits, soit enfin avec l'huile essentielle qu'on en retire en petite quantité. Nous en avons déjà parlé dans les *amandes*, les *avelines*, les *amandes pistaches*, les *conserves*, les *glaces* (p. 38), les *pastilles*, les *liqueurs* (p. 83), les *sirops*, les *tablettes*. (*Voyez* chacun de ces articles.) Il nous reste cependant encore quelques préparations à exposer, dans lesquelles elles entrent essentiellement, comme dans celles qui suivent.

Gelée de roses.

On pourrait l'appeler avec beaucoup plus de raison encore *gelée de pomme à la rose*. On fait une forte décoction de pommes que l'on colore avec un peu de cochenille étendue dans de l'eau de roses odorante (double), on passe à la chausse, et l'on pèse le tout pour mêler avec poids égal de sucre à la nappe ; lorsqu'il est au petit cassé, on y jette la pulpe de pommes en agitant continuellement avec l'écumoire pour empêcher de monter ; arrivé à la grande nappe, on y ajoute une demi-verrée d'eau de roses double pour la laisser bouillir pendant quelques minutes, et la retirer ; après refroidissement, versez dans des pots.

Pains soufflés à la rose.

Battre ensemble des blancs d'œufs et du sucre à quantité égale, y ajouter de l'eau de roses odorante (double) et un peu de carmin en poudre pour colorer la pâte ; lorsqu'elle est bien liée, on la roule pour la couper par boules plus ou moins grosses que l'on met sur des feuilles de papier pour les faire cuire à une chaleur très-douce : on les retire avant qu'elles ne soient fortement colorées.

Pralines de roses.

Broyer dans un mortier des feuilles de roses, faire du sucre au soufflé, et les jeter dedans ; retirer le sucre de dessus le feu, et pour quatre onces de roses mettre une demi-livre d'amandes à la praline, les remuer, pour les dresser ensuite sur des ardoises, et les faire sécher à l'étuve.

Sucre candi à la rose.

Délayer suffisante quantité de carmin en poudre dans une chopine d'eau de roses odorante (double), faire cuire le sucre au gros boulé ; retirez la bassine pour y verser la couleur, remuer le mélange avec une écumoire, remettre sur le feu pour le faire bouillir encore pendant quelques minutes, le verser dans une terrine, et le mettre à l'étuve.

DES FLEURS ARTIFICIELLES EN SUCRE.

Les confiseurs, depuis plusieurs années, ont totalement abandonné la marche qu'ils suivaient dans leur travail pour varier les formes sous lesquelles ils employaient le sucre ; maintenant ce ne sont plus les dragées, les candis coupés sous des aspects différens, ce sont des fleurs de toute espèce, tous les fruits, les légumes même, qui sont destinés à leur servir de modèles, et l'on peut assurer, avec juste vérité, que l'art d'imitation n'a peut-être jamais trouvé d'interprète plus facile que le sucre, pour faire une illusion complète ; il ne faut que jeter un coup d'œil sur les montres de leur boutique pour s'en assurer ; et si le talent de l'ouvrier parvient, avec le moule, à conserver les empreintes et les formes, l'art est arrivé à sa perfection en imitant les couleurs naturelles et en leur donnant la saveur par le moyen des substances aromatiques qui servent à caractériser les fruits artificiels en sucre, comme les fleurs sur lesquelles ils en répandent l'odeur pour compléter la surprise.

C'est par le moyen des pâtes confectionnées de toutes les manières et avec des couleurs appropriées et analogues aux objets qu'ils veulent copier, coupées avec des emporte-pièces taillés sur la forme des pétales ou des feuilles, qu'ils rassemblent ensuite, soit avec la gomme, soit avec le sucre liquide, qu'ils parviennent à copier les fleurs ; les fruits et autres objets s'exécutent dans des moules en plâtre, en étain, en bois, soit d'un seul jet, soit par deux pièces séparées qu'ils réunissent ensuite avec la gomme, pour les colorer ensuite par les moyens connus et avec le pinceau : les accessoires et les feuilles n'ont pas besoin d'autre chose que d'être bien choisis parmi ceux qu'exécutent les fleuristes ; les tiges se font avec les fils de fer ou de laiton. Il serait impossible d'entrer ici dans tous les procédés d'exécution pour obtenir tant d'objets si variés ; ce n'est qu'à l'adresse de l'ouvrier, et surtout à son intelligence à employer tous ces produits du sucre travaillé, qu'il faut s'en rapporter.

DES FRAMBOISES.

Fruit rouge et blanc, d'une odeur aromatique qui lui est particulière et inhérente à sa nature, doux et agréable : les confiseurs l'emploient en *compote*, en *conserve*, en *crème*, à l'*eau-de-vie* (p. 72). en *glace* (p. 33), en *pastilles*, en *pâte*, en *dragées de plusieurs espèces*, en *sirop* (*voyez* chacun de ces mots), et de plusieurs manières encore, comme les suivantes.

Framboise en gâteau. Faire sécher à l'étuve demi-livre de framboises avant qu'elles ne soient en état de maturité parfaite, les broyer dans un mortier de marbre, faire fondre, écumer et cuire au cassé une livre et demie de sucre pour y jeter la pulpe des framboises, y ajouter du blanc d'œuf battu avec du sucre, en remuant le tout très-fort pour le mêler exactement, et le faire monter avant de le verser dans un moule de papier, taillé et préparé d'avance. Il serait inutile de chercher à faire ce gâteau avec les framboises fraîches.

Framboise en marmelade. Passer au tamis et écraser dessus, à l'aide d'un pulpoir, framboises choisies et bien mûres, quatre livres ; les mettre ensuite sur le feu dans une bassine, et les faire réduire à moitié ; clarifier et cuire le sucre au boulé, y mêler la pulpe consistante du fruit en l'agitant avec la spatule pour en faire un mélange exact, lui donner quelques bouillons et la verser dans des pots.

Framboises en pots. Choisir et éplucher des framboises, une quantité quelconque, un peu avant qu'elles ne soient bien mûres, les mettre dans une quantité égale de sucre cuit au petit boulé ; au bout d'un quart d'heure à peu près, écumer et les verser dans une terrine pour les faire égoutter le lendemain, et les mettre dans des pots ; prendre ensuite une verrée d'une d'écoction faite avec des cerises et des groseilles pour l'ajouter au sucre, et le faire cuire à la nappe avant de le jeter sur les framboises dont les pots n'auront pas été entièrement remplis ; recouvrir ensuite avec un parchemin imbibé d'eau-de-vie surmonté d'un papier blanc.

Framboises desséchées. Clarifier du sucre, et le faire cuire au petit boulé à quantité égale de sucre et de fruit, y jeter les framboises pour leur donner un bouillon seulement, verser le mélange dans une terrine, faire égoutter le lendemain pour les mettre sur des ardoises, saupoudrées avec du sucre, et les faire sécher à l'étuve ; de cette manière, on peut, pendant toute l'année, s'en servir pour la dragée.

DES FRUITS.

Une grande partie des fruits sont dans les attributions des confiseurs ; ils les distinguent en fruits à *noyaux* et fruits à *pépins*, tantôt désignés sous le nom de *fruits rouges*, et plus souvent encore en *fruits d'été*, *fruits d'automne* et *fruits d'hiver* ; leur propriété, plus ou moins nourrissante ou agréable, ne dépend essentiellement que des parties mucilagineuses ou sucrées contenues dans la pulpe qu'ils renferment ; ceux qui nourrissent le moins, sont ceux dans lesquels l'eau domine, et les plus nourrissans sont généralement tous les fruits qui contiennent le plus de parties sucrées : on les rend par conséquent beaucoup plus faciles à digérer en les travaillant avec le sucre, qui diminue leur partie aqueuse, avec la cuisson qui les attendrit, en les imprégnant d'une substance grasse et visqueuse qui change leur nature ; en les desséchant pour empêcher leur tendance à la décomposition, à la fermentation ; en prévenant aussi leur passage à l'état acidule ; enfin, leur adoucissement, leur conservation, par le moyen des gelées, des marmelades, des compotes et des confitures, doit toujours être en rapport avec les qualités du fruit, surtout lorsqu'on y fait entrer le sucre en aussi grande quantité. Telles sont en effet toutes les préparations faites avec les *abricots*, les *cédrats*, les *cerises*, les *citrons*, l'*épine-vinette*, les *framboises*, dont nous avons déjà parlé (*Voyez* chacun de ces mots). Il ne nous reste plus qu'à poser

les principes d'après lesquels il faut que le manipula-
teur se dirige dans la confiture des fruits faite à sec
ou au liquide.

Le choix des fruits à confire n'est pas indifférent ;
c'est même une des choses essentielles à observer dans
leur maturité, que de les prendre plus ou moins avancés,
mais toujours sans aucune altération à l'extérieur ; de
ne les cueillir que par un beau temps, et dans le milieu du jour ; de les détacher de l'arbre en leur conservant la queue : on ne doit les blanchir qu'à un degré
convenable ; trop mous, ils seraient en marmelade ;
trop durs, ils ne pourraient prendre le sucre : c'est
surtout dans la cuisson du sucre qu'on doit redoubler
d'attention ; en effet, en mettant les fruits dans du
sucre trop cuit, il est impossible qu'il puisse pénétrer
l'intérieur : de là résulte, lorsqu'on les conserve en
terrine, un mouvement de fermentation difficile à
éviter ; et, pour obvier à cet inconvénient, il y en a
quelques-uns qui, après avoir ajouté de l'eau au
sucre, le font bouillir de nouveau pour l'amener au
degré de cuisson nécessaire ; mais les fruits restent
crispés et d'un aspect désagréable, ce qui n'arrive pas
lorsque la première opération a été bien conduite.
Lorsque des fruits confits tournent au candi, c'est
qu'ils ne sont pas suffisamment chargés de mucilage ;
on peut obvier à cet inconvénient lorsqu'on y ajoute
une petite quantité de gelée de pomme : tous les fruits
confits se conserveront pendant très-long-temps du
moment où ils baignent continuellement dans suffisante
quantité de sucre liquéfié et clarifié : avec les attentions et les précautions nécessaires, on en a vu, au
bout de trois ans, être aussi bons que s'ils eussent été
de fabrication récente.

Comme, d'après l'ordre que nous avons suivi dans
le cours de cet ouvrage, nous avons déjà exposé les
différens procédés à suivre pour confire beaucoup de
fruits, nous ne parlerons plus que des suivantes.

Des Figues au liquide.

Après les avoir choisies encore vertes, un peu avant

leur maturité, on les pique, on les jette dans l'eau froide, et, pour les reverdir, ajoutez un peu de sel : on chauffe pour les blanchir ; lorsqu'elles sont attendries, on les jette encore dans l'eau pour les faire ensuite égoutter. Après avoir clarifié, étendu d'eau ordinaire, du sucre pour le faire cuire au petit lissé, on le fait bouillir pour le verser sur le fruit ; trois jours de suite on répète la même opération, en augmentant la cuite du sucre ; enfin, lorsque, aux dernières fois, on est arrivé au petit ou grand perlé, on les rejette dedans pour leur donner un bouillon couvert ; on les met à l'étuve pendant deux jours consécutifs, après les avoir égouttées ; on les conserve dans des boîtes à l'abri de l'humidité pour les glacer ou les mettre au candi.

Des Groseilles.

Fruit rouge assez commun, et cultivé dans les jardins, un de ceux que les confiseurs conservent le plus ordinairement en confitures, et dont le suc est susceptible de former une gelée par évaporation. La groseille blanche, quoique plus douce que l'autre, contient cependant les mêmes principes. Les groseilles à maquereaux, le cassis, espèce différente du même genre, ne sont guère employées pour la confiture ; nous n'en dirons rien ; mais la groseille rouge, comme nous l'avons indiqué, sert à faire des compotes, des conserves, des dragées, des glaces, des pâtes, des sirops ; il ne nous reste plus qu'à exposer la manière de la confire en grappes, et de la convertir en gelée.

Groseilles confites en grappes, façon de Bar. Choisir une quantité donnée de belles groseilles rouges ou blanches, dont les grappes soient longues et bien garnies ; on sépare, on extrait les pépins avec une plume ; on fait cuire, après l'avoir clarifié, quantité égale de sucre ; lorsqu'il est au petit boulé, on retire la bassine du feu pour y réunir la groseille que l'on agite doucement avec l'écumoire pour la remettre quelques minutes après sur le feu, et lui faire prendre quelques bouillons ; on retire la bassine, et, après l'avoir écumée, on la met dans des pots que l'on recouvre de papier le lendemain lorsqu'elle est parfaitement refroidie.

Gelée de groseilles. Mettre dans une bassine sur un feu doux, une quantité plus ou moins considérable de belles groseilles, choisies, bien mûres, avec une verrée d'eau ordinaire dans le fond pour empêcher la groseille de s'attacher au fond de la bassine, remuez continuellement avec une spatule; la groseille une fois parfaitement crevée et écrasée, versez-la sur deux tamis pour l'écraser à l'aide d'un pulpoir et en recevoir le suc dans des terrines; jetez le marc; passez à la manche pour le clarifier; faites fondre quantité égale de sucre; lorsqu'il est clarifié et arrivé au cassé, retirez la bassine du feu, et y mêlez la groseille, pour la remettre sur le feu et faire cuire d'une manière extrêmement égale; lorsque le long de l'écumoire elle forme nappe en tombant, retirez-la du feu, et la versez dans des pots, pour la couvrir lorsqu'elle est parfaitement refroidie, d'abord avec un papier rond imbibé d'eau-de-vie, que vous recouvrez par un autre papier blanc.

Gelée de groseilles framboisées. Suivez le même procédé qui vient d'être décrit, excepté que, dans le commencement même de l'opération, vous ajoutez un huitième de framboises bien mûres.

Gelée de groseilles sans feu. Choisir des groseilles bien mûres, les écraser, les mettre à la presse pour en extraire le suc, le passer à la manche, on le décante après l'avoir laissé reposer, et sur six livres de suc exprimé des groseilles, vous ajoutez quatre livres de beau sucre réduit en poudre très-fine : ensuite, dans deux vases assez grands exposés au soleil, versez de temps en temps le mélange fait de l'un dans l'autre, la gelée ne tarde pas à prendre la consistance nécessaire pour la mettre dans des pots de verre ou autres. C'est encore le meilleur procédé à suivre pour obtenir une gelée de groseilles aussi belle qu'agréable par la couleur, et en même temps très-bonne.

Des Marrons.

Les confiseurs, pendant l'hiver et aux approches du jour de l'an surtout, font une assez grande consommation de marrons; ils les choisissent les plus beaux et les plus gros qu'ils peuvent trouver; ceux de Lyon, d'Agen, et surtout du Luc, ont la préférence pour en faire des *biscuits*, des *compotes*, des *pâtes* (*voyez ces mots*) : nous ne parlerons que des préparations suivantes.

Marrons en chemise. Faire cuire, en les exposant sur un feu doux, une certaine quantité de marrons choisis; enlever comme il faut toutes les pellicules qui les recouvrent pour les plonger entièrement dans du blanc d'œuf fouetté en neige, et les rouler dans du sucre en poudre ; après les avoir placés sur des ardoises ou un tamis, on les fait sécher à l'étuve.

Marrons confits. Choisir de beaux marrons aplatis, les dépouiller de leur peau ; ensuite placer deux bassines sur le feu avec de l'eau pour les faire bouillir, et les sortir après quelques bouillons, pour les achever de blanchir dans l'autre ; lorsqu'on les traverse facilement avec la tête d'une épingle, on les retire ; on les jette dans une autre eau aiguisée avec le jus d'un citron pour les faire égoutter pendant trois jours de suite; on les fait bouillir pendant quelques minutes dans le sucre clarifié, et cuit au lissé la première fois, à la nappe la seconde fois, et enfin, la troisième au perlé, en les égouttant et en les mettant à l'étuve ; on les glace après chaque opération avec du sucre cuit au soufflé ; on les retire avec l'écumoire, et sans les casser, pour les poser sur des clayons ou des petites grilles en fil de fer, et les faire sécher promptement à l'étuve.

Marrons glacés. Faire cuire, en les grillant, de beaux marrons; prendre ensuite quantité suffisante de sucre, le faire cuire au perlé pour y jeter les marrons les uns après les autres, les retirer de suite après quelques bouillons couverts afin de les jeter dans l'eau fraîche pour faire glacer aussitôt le sucre qu'ils ont pris et qui les recouvre entièrement.

Du Muscat.

Raisin excellent, que l'on emploie beaucoup en confitures et dans plusieurs préparations d'office; plus sucré que le raisin frais, il est aussi beaucoup plus adoucissant: celui de Damas est gros, plus ou moins rougeâtre, la saveur de muscat y est très-développée; mais celui qui est le plus communément mis en œuvre est *le raisin de caisse* envoyé de Provence; lorsqu'il est bien préparé, il est jaune et recouvert par des efflorescences sucrées.

Muscat en compote. Après avoir fait une légère incision à la pellicule du raisin avec un cure-dent, on retire les pépins et on le fait bouillir, pendant quelques minutes seulement, dans le sucre cuit à la grande plume.

Muscat à l'eau-de-vie. (*Voyez* p. 77 du vol.)

Muscat confit au liquide. Choisir du beau muscat, prendre égale quantité de sucre, ôter la peau, les pépins, clarifier le sucre, et, lorsqu'il est cuit à la plume, le faire bouillir à grand feu pendant dix minutes; versez le mélange dans une terrine; faites égoutter le raisin pour le mettre en pots; après avoir mis le sucre à la nappe, on le verse dans les pots sur le muscat pour le couvrir avec des papiers.

Muscat en grappes confit à sec. Après avoir fait cuire dans une bassine du sucre à la grande plume, on y range le raisin, pour le faire bouillir, l'écumer; lorsqu'il est arrivé au perlé, on retire le fruit qu'on laisse égoutter pour, après l'avoir mis sur des feuilles d'office saupoudrées de sucre, le faire sécher à l'étuve.

Muscat en conserve. Écraser le raisin, en exprimer le suc à travers un tamis pour le délayer à quantité égale dans du sucre cuit à la grande plume.

Muscat en gelée. Exprimer au tamis du muscat et le verser ensuite dans le sucre cuit au cassé, pour le faire bouillir pendant quelques minutes : on sait que la gelée est terminée lorsqu'elle tombe en nappe en baissant l'écumoire ; la proportion est d'une livre de sucre pour chopine de suc exprimé du raisin pris lorsqu'il est bien mûr.

Muscat en glace. Ecraser et exprimer, en passant au tamis, du raisin muscat ; y ajouter du sucre en assez grande quantité pour le passer à la chausse et le faire glacer comme de coutume.

Muscat en marmelade. Faire bouillir et reverdir le raisin ; le passer avec expression à travers un tamis pour faire évaporer, et le mêler ensuite avec du sucre cuit au cassé ; laisser ensuite chauffer sans bouillir : il faut une livre de sucre pour une livre de fruit à demi desséché par l'évaporation.

Muscat en ratafia. Broyer et exprimer le jus du muscat, en le passant dans un linge ou à la presse pour le clarifier avec la chausse, et y ajouter quatre onces de sucre pour pinte de jus de muscat mêlé avec moitié eau-de-vie ; aromatisez ensuite avec esprit de cannelle, de macis et de muscade, de chaque, une cuillerée à café, plus ou moins, suivant la quantité de ratafia ; laisser le tout infuser à la chaleur de l'atmosphère, au moins pendant quarante à cinquante jours ; tirez à clair, et y ajoutez quelques grains de musc.

DES NOIX.

Les confiseurs sont parvenus, au moyen de procédés assez faciles à exécuter, à rendre les noix, bien avant leur maturité, susceptibles d'être conservées, pendant très-long-temps, dans un état de saveur assez agréable. Tout le monde sait que la noix est une espèce d'amande à quatre lobes, renfermée dans une coque ligneuse qui, avant que d'être arrivée à cet état, est recouverte d'une enveloppe verdâtre très-épaisse contenant un suc acerbe, d'une amertume et d'une âcreté insupportable, qui se sépare du fruit par la maturité, et dont ils sont parvenus à faire du *brou de noix* (*voyez* pag. 52 du vol.) , et un *ratafia* (*voyez* pag. 94 du même); ils les mettent encore au candi, et en font des noix confites de la manière suivante :

Noix au candi. Après en avoir choisi les plus grosses et les plus belles au moment où elles ne sont que vertes, et avant que le bois de la coque ne commence à paraître, on enlève l'écorce verte extérieure jusqu'au blanc ; on les jette ensuite dans l'eau fraîche pour les mettre dans une bassine sur le feu, après y avoir ajouté de l'alun, pour les laisser ensuite bouillir jusqu'à ce qu'elles soient attendries, de manière à les percer facilement avec une tête d'épingle.

Clarifier du beau sucre et le faire cuire au lissé pour le verser froid sur les noix placées dans une terrine, après avoir été desséchées et égouttées ; répéter pendant trois jours de suite. La grande précaution à prendre, c'est que, pendant les trois premières façons, il ne faut pas que le sucre bouille, et encore moins que les noix aillent sur le feu, parce qu'elles noirciraient : pendant les cinq autres façons qui restent encore à leur faire subir, il faut donner un degré de cuisson de plus au sucre, depuis le lissé jusqu'au perlé, en le versant toujours sur le fruit, après l'avoir écumé et y en avoir ajouté du nouveau : à la huitième fois, enfin on met le tout à l'étuve pendant douze heures ; on fait égoutter et sécher les noix pour les conserver dans des boîtes à l'abri de l'humidité. Lorsqu'on veut les candir de suite, on prend du sucre clarifié pour le faire cuire au soufflé ; on le verse dans le moule à candir, après que les fruits y ont été arrangés par ordre, et on le place à l'étuve pendant l'espace de dix ou douze heures ; on les retire après avoir fait égoutter; on les met sur des tamis pour les faire sécher.

Noix confites, blanches ou noires. Même préparation que celle qui vient d'être exposée, excepté que, pour les blanchir, on y ajoute de l'alun, et que, pour qu'elles soient d'un gris foncé et non pas noires, on les prend vertes. On enlève, le plus légèrement possible, la première pellicule, sans découvrir le blanc ;

on les jette à mesure dans l'eau fraîche, puis on les met sur le feu dans une bassine avec de l'eau ; et, lorsqu'elles sont attendries, on les rejette encore dans l'eau froide pour continuer comme les autres ; les égoutter en les plaçant sur des ardoises ou des plaques saupoudrées de sucre, lorsqu'on veut les faire sécher à l'étuve.

Noix blanches confites au liquide. Après les avoir préparées comme pour les candir, on les pique avec un clou de gérofle, ou un petit morceau de cannelle, ou avec des lardons d'écorce de citron confite ; après avoir fait cuire le sucre au petit lissé, on le jette sur les noix, et on laisse reposer pendant une demi-heure ; ensuite on fait bouillir jusqu'à ce qu'il soit au perlé, pour laisser un peu refroidir ; y ajouter un peu d'ambre, et mettre le tout dans des pots.

Quant aux noires, la cuisson n'est différente que parce qu'il faut verser dessus le sucre un peu plus chaud, et les faire bouillir dans le dernier avant de les mettre en pots.

DES ORANGES.

Fruits dont les confiseurs tirent le plus grand parti : leur saveur agréable, leur arome, principalement dans celles qui viennent des pays chauds, les font rechercher avec délices dans les diverses préparations où elles entrent comme condiment essentiel : on en fait des *compotes*, des *glaces*. (p. 36), des *conserves*, des *pastilles*, des *tablettes*. (*Voyez* chacun de ces articles.) Les oranges s'emploient encore de la manière suivante :

Oranges en compote, à la bourgeoise. On choisit les plus belles et les plus mûres ; après les avoir coupées par tranches plus ou moins épaisses et transversales, on les saupoudre avec du sucre fin pour les achever avec du sirop peu cuit, auquel on ajoute de l'eau double de fleurs d'oranger, une cuillerée : quelques-uns conseillent encore d'y mêler un tiers d'une liqueur spiritueuse quelle qu'elle soit.

Oranges en filets, encore appelées *tailladins d'orange*. Après avoir ratissé les écorces de quelques oranges bien mûres, soit avec une râpe, soit avec un morceau de verre, on les coupe par filets ; on les fait blanchir dans l'eau bouillante pour leur donner ensuite quelques bouillons dans le sucre clarifié ; on répète trois jours de suite la même opération, pour ramener enfin le sucre à consistance de sirop ; on y jette les filets, et, sans le faire bouillir, on incorpore avec une pareille quantité d'eau-de-vie, pour enfermer le tout dans des bouteilles, en versant le sirop par-dessus les tailladins d'orange.

Oranges en marmelade. Coupez de belles oranges par morceaux plus ou moins gros ; après en avoir séparé tout ce qui est dur, on les fait cuire dans l'eau bouillante, à laquelle on ajoute le jus d'un citron pour les faire refroidir en les jetant dans l'eau fraîche ; après les avoir égouttées en les exprimant à travers un linge pour les piler, les passer à travers un tamis, et faire bouillir avec une livre de sucre pour demi-livre de marmelade : il faut que le sucre soit à la grande plume.

Oranges de Chine au liquide. Après les avoir choisies bien vertes et de la grosseur d'une noix, après les avoir mises dans une bassine avec de l'eau sur le feu, on fait bouillir jusqu'à ce qu'elles soient amollies ; on les jette dans l'eau froide pour les y laisser pendant quatre jours, en changeant l'eau trois ou quatre fois en vingt-quatre heures.

Faites cuire du sucre au petit lissé, pour y faire bouillir les oranges pendant quelques minutes, les écumer et les verser dans une terrine ; le lendemain les faire égoutter, et dans le sucre cuit à la nappe y rejeter les fruits, pour les y laisser encore bouillir quelques minutes ; répéter trois fois de suite, et dans la dernière façon faire cuire au perlé ; après un bouillon couvert, on verse le tout dans des pots pour ne les couvrir avec du papier que le lendemain : ainsi préparées, les oranges de Chine se conservent dans des terrines, pour les tirer à sec et les mettre en coffrets

Oranges de Chine tournées et glacées. Après les avoir choisies un peu plus volumineuses que les premières, on leur enlève l'écorce au moyen d'un couteau en les jetant dans l'eau, pour les mettre sur le feu et les préparer à être glacées, en suivant la même opération que pour les précédentes.

Oranges de Portugal ou *de Provence tournées au liquide.* Leur enlever les écorces, après les avoir choisies, pour les jeter dans l'eau fraîche ; les retirer et les faire bouillir pour les faire encore refroidir dans l'eau ; faire bouillir du sucre cuit au lissé, pour y mettre les oranges et leur laisser prendre quelques bouillons ; écumez et versez le tout dans une terrine, pour recommencer le lendemain. Le troisième jour, on met le sucre à la nappe, après y en avoir ajouté du clarifié, on y place les oranges ; après un bouillon on les laisse reposer pour recommencer trois jours de suite, en faisant cuire au perlé la dernière ; après quelques bouillons dans ce dernier, on met les oranges en pots ; on peut aussi les glacer.

Les mêmes en quartiers, au liquide. Choisies comme pour les autres, les partager en quatre, sans les séparer ; les blanchir comme à l'habitude, les confire par les procédés donnés plus haut, les diviser par quartiers pour en faire des compotes, ou les mettre en boîtes.

Oranges tournées et glacées. Prendre de pareilles oranges, leur enlever l'écorce qui recouvre la queue, appuyer avec un emporte-pièce pour y faire une ouverture afin de les vider ; les jeter à mesure dans l'eau froide, les blanchir ensuite à l'eau bouillante, les vider par l'ouverture et les laver : clarifier du sucre, le faire cuire à la nappe, y ajouter de l'eau pour le mettre au lissé, donner quelques bouillons aux oranges, les égoutter ; le lendemain, faire cuire le sucre à la petite nappe, le verser dessus, répéter deux jours de suite, en ajoutant à chaque fois un peu de sucre ; enfin le mettre au perlé pour y faire bouillir le fruit pendant quelques minutes seulement, les écumer, les verser dans des pots ou des terrines.

Les roquilles, ou *pelures d'oranges*, se font demi-blanchir en paquets, et confire de même que les oranges elles-mêmes ; après la troisième façon, on les retire, pour les faire égoutter et sécher à l'étuve, **en** les remuant de temps en temps ; lorsqu'elles sont desséchées, on les met dans des boîtes ; on peut encore les couper par morceaux plus ou moins gros, pour les mettre en dragées.

Les zestes d'oranges se font en enlevant l'écorce des oranges le plus également possible en largeur et en épaisseur, pour les faire bouillir dans quatre eaux différentes, en les jetant autant de fois dans l'eau froide ; chaque ébullition doit être continuée pendant un quart d'heure pour les confire ensuite, comme nous l'avons dit un peu plus haut pour les *oranges en filets*.

DES PÊCHES.

Fruit recouvert d'un duvet cotonneux, dont la pulpe est aussi fondante dans la bouche qu'elle est agréable au goût, et dans le milieu de laquelle se trouve un noyau assez gros, contenant une amande amère allongée et aplatie. Pour être bonne, une pêche doit être fondante, avoir la chair fine et légèrement résistante ; son arome doit être aussi légèrement vineux et très-prononcé. Les confiseurs emploient les pêches dans leur travail ; mais ceux qui en tirent le plus grand parti, ce sont les distillateurs. Les premiers en font des *compotes*, des *conserves*, des *pâtes* (*voyez* ces mots), et quelques autres préparations dont nous allons parler ; les autres les mettent à l'eau-de-vie (*voyez* p. 74), en font des *glaces* (p. 35), du *ratafia* (p. 95), du *vin* (p. 103).

Pêches à la bourgeoise. Coupez quelques pêches un peu avant qu'elles ne soient arrivées à maturité parfaite, pour les faire cuire à très-petit feu dans très-peu d'eau, avec suffisante quantité de sucre ; lorsqu'elles fléchissent sous le doigt, les retirer un moment pour faire réduire la décoction jusqu'à consistance de sirop, et le remettre sur le fruit préparé dans un compotier.

Pêches à la cloche. Faites cuire les pêches à très-petit feu avec du sucre en poudre fine ; après les avoir enfermées avec du feu dessus et dessous, les glacer ensuite pour les manger chaudes ou froides, après les avoir aromatisées par quelque chose de spiritueux, et plus ou moins agréable.

Pêches au caramel. Prendre de belles pêches crues, ou, mieux encore, après avoir été confites à l'eau-de-vie ; les faire égoutter pour les tourner dans du sucre grillé au caramel ; les traverser par des brochettes en bois, pour les appuyer sur des grilles ou des clayons, et les faire sécher à l'étuve.

Pêches en marmelade. Choisir sept livres de pêches bien mûres, ôter les noyaux, les mettre dans une passoire pour les écraser à l'aide d'un pulpoire, ou les broyer dans un mortier de marbre avec un pilon de bois ; mettre ce qu'on a obtenu de leur pulpe dans une bassine, sur le feu, et y ajouter quatre livres de sucre cuit à la plume après l'avoir clarifié ; après avoir laissé bouillir le tout pendant quelques minutes, on laisse refroidir pour conserver dans des pots.

Pêches au liquide. Les prendre belles, choisies un peu avant leur maturité ; les faire blanchir, faire cuire au petit lissé du sucre, le verser dessus ; le lendemain, le faire cuire à la petite nappe après avoir sorti les pêches ; le troisième jour, répéter la même chose, en l'amenant à la nappe ; l'amener au perlé le quatrième jour, y jeter les pêches après quelques bouillons ; les laisser pendant deux jours à l'étuve, en ajoutant à mesure du sucre clarifié, et en l'écumant à chaque opération : si on les tourne pour les glacer, elles ont beaucoup plus d'apparence.

Pêches en quartiers. Prendre les plus belles avant qu'elles ne soient mûres, les couper par quartiers plus ou moins gros, les blanchir pour les jeter dans du sucre cuit au petit lissé ; on les glace de la manière suivante : après les avoir égouttées du sucre, on les passe à l'eau tiède, ou clarifie et l'on fait cuire du sucre au petit soufflé ; on retire la bassine du feu pour le faire blanchir avec une fourchette ; lorsqu'il fige sur les bords, on les retire pour les mettre sur des clayons et les faire sécher le plus promptement possible : les *pavies* ou *brugnons* se travaillent de la même manière que les pêches.

Pêches (*noyaux de*). Avec de la pâte préparée pour les pastilles, rouler de manière à pouvoir contenir et enfermer une amande de pêche dans son milieu ; on lui donne la ressemblance du noyau, en la comprimant dans un moule préparé à ce sujet, pour le colorer ensuite et lui donner sa teinte plus ou moins rouge et brunâtre. Quelques-uns les imitent encore avec de la marmelade de groseilles desséchée par l'addition de sucre en poudre et mise ensuite dans les mêmes moules, pour l'achever à l'étuve et conserver dans un endroit à l'abri de l'humidité.

DES POIRES.

Fruit charnu, de forme extrêmement variée, plus ou moins gros, suivant l'espèce ; on le distingue suivant la saison où il mûrit, la grosseur qu'il acquiert, la couleur qui le caractérise et la saveur qu'il possède lorsqu'il est parvenu à sa maturité complète. Cependant, les confiseurs le distinguent en poires *d'été*, *d'automne* et *d'hiver* ; ils en préparent *des compotes, des glaces* (*V.* ces mots) ; ils les mettent *à l'eau-de-vie* (p. 76). Mais il reste encore plusieurs manières de les rendre plus agréables ; telles sont les suivantes.

Poires au candi. Prendre des poires confites, comme nous le verrons plus bas ; après les avoir égouttées du sucre clarifié et fait sécher à l'étuve sur des tamis, on en remplit les candissoires ; on verse dessus une quantité suffisante de sucre cuit au soufflé, pour qu'elles baignent, on les met pendant une journée entière à l'étuve, pour les retirer, les replacer de nouveau sur

les tamis et les faire sécher entièrement pendant toute
la nuit.

Poires au caramel. Avec une compote faite d'a-
vance, dont on fait bouillir une seconde fois le sirop,
jusqu'à ce que le dessus soit au caramel, pour le verser
sur les poires ; on peut rafraîchir et renouveler autant
qu'on le veut toutes les poires cuites, avec moitié sucre,
depuis un certain temps.

Poires de bon-chrétien en compote. Choisir les plus
belles, les couper en deux, les faire cuire, soit sur
des charbons allumés, soit dans une casserole exposée au grand feu ; après les avoir fait amollir, on les
pèle, on les met dans l'eau. Pour trois livres de fruits,
faites cuire deux livres de sucre à la plume ; jetez les
poires dedans, pour leur donner quelques bouillons,
après avoir ajouté le jus d'un citron ; arrivées au
point de cuisson convenable, mettez-les dans un
compotier.

Poires en compote à la bourgeoise. Prendre des
poires choisies, quelles qu'elles soient dans toutes les
saisons, leur couper la queue à moitié, enlever la
partie supérieure, les laver, pour les faire cuire très-
doucement et à petit feu, avec du sucre en suffisante
quantité, aromatisez ensuite avec de la cannelle ou
toute autre substance aromatique agréable.

Poires en compote à la cloche. Avec des poires
d'hiver coupées en deux ou en quatre, pelées ensuite,
après en avoir ôté les pépins, mettez dans un vase qui
aille sur le feu les fruits dans un peu d'eau ; ajoutez
de la cannelle, quelques clous de gérofle et du sucre :
mettez dessus et dessous assez de feu pour les faire
cuire promptement ; versez ensuite dans un compotier,
pour faire bouillir le sirop, s'il était trop long, et le
verser sur le fruit.

Poires de martin-sec en compote. Les choisir belles
et bonnes, leur couper la queue et la partie supérieure, pour les faire cuire à un feu doux et baignées
dans de l'eau et du sucre aromatisé avec de la cannelle ;
lorsqu'elles sont amollies, on les retire du feu pour

les mettre dans des vases à compote ; on fait un peu concentrer le sirop, s'il est trop clair, pour le verser par-dessus.

Poires confites. Le rousselet, la blanquette, la muscate, la poire d'orange, le carteau, la bergamote musquée, le beurré d'Angleterre, toutes en général peuvent se confire par les mêmes procédés, excepté qu'on laisse entières celles qui sont petites, et que l'on coupe les grosses par quartiers. On les choisit presque mûres ; on les fait blanchir, on les pèle, on les jette dans le sucre clarifié, pour les y faire bouillir pendant quinze ou vingt minutes ; on répète cette opération trois jours de suite ; on les fait égoutter à la dernière fois, pour les finir et leur donner quelques bouillons dans le sucre au grand perlé ; après les avoir écumées, on les met dans des terrines à l'étuve, pour les égoutter le lendemain ou le surlendemain, pour les faire bien dessécher avant de les mettre dans des boîtes, des coffrets, ou les mettre à l'eau-de-vie, en ajoutant autant de cette dernière qu'il y a de sirop lors de la dernière opération.

Poires en gelées. Après les avoir pelées, après les avoir coupées par quartiers plus ou moins gros, suivant l'espèce de poire qu'on voudra convertir de cette manière, on les fait assez cuire pour les écraser sur un tamis, à l'aide d'un pulpoir ; jetez le suc exprimé des poires dans le sucre cuit au cassé ; faites ensuite bouillir assez long-temps et en écumant ; lorsque la gelée tombera en nappe de l'écumoire, versez dans des pots : il faut autant de sirop que de jus de poires.

Poires en marmelade. Toutes celles qui peuvent être susceptibles de subir cette espèce de préparation se confectionnent de même. On les pèle, on les fait cuire dans l'eau. de manière à les rendre molles, pour les passer au tamis en les exprimant ; on met tout ce qu'on en a tiré sur le feu pour le faire évaporer et lui donner consistance ; arrivées au degré, on y mêle du sucre cuit à la grande plume, on fait chauffer, sans ébullition, livre de sucre pour livre de fruit, pour laisser refroidir et mettre dans les pots.

Poires séchées. Après les avoir choisies belles, mûres et surtout sans être tâchées, on les met dans l'eau tiède pour les faire revenir ; on ajoute du sucre à l'eau en quantité suffisante ; on achève de faire cuire les poires ; on fait un court sirop ; après l'avoir passé au tamis, on y trempe les poires pour les faire sécher. Après avoir répété cette dernière opération quatre fois de suite, on les fait encore dessécher pour les conserver dans des boîtes à l'abri de l'humidité.

Poires tapées. Préparez-les absolument comme les dernières, et, lorsqu'elles seront desséchées à moitié, aplatissez-les avec la paume de la main ou avec une spatule en bois, pour les remettre au four ou dans une étuve, et les conserver dans des boîtes garnies de papier, placées dans un endroit sec.

DES POMMES.

En considérant les pommes pour les usages de la vie, il n'en existe qu'un seul genre bon à manger, et qui mûrit en été et en automne ; les différences qui sembleraient caractériser les espèces ne tiennent qu'à la grosseur, la forme, la couleur et le goût. Quoi qu'il en soit, les meilleures et celles dont on fait le plus souvent usage sont le calville, la reinette, le court-pendu et la pomme d'api ; les confiseurs les emploient très-peu ; on en fait *des compotes, des glaces* (p. 37), *des pâtes* (V. ces mots). Mais, si nous entrons dans plusieurs autres détails relativement aux pommes, c'est pour ne rien avoir à omettre en faveur de tous ceux qui s'occupent des substances sucrées. Telles sont les préparations suivantes.

Pommes au beurre. Choisir une douzaine de pommes, les couper par quartiers, les peler, ôter le cœur et les pépins, les parer enfin de manière à ce qu'elles soient égales et uniformes ; les mettre dans une casserole, avec du beurre et du sucre en poudre ; lorsqu'elles sont amollies, retirer toutes celles qui sont entières et les mettre sur une assiette ; avec les rognures et ce qui s'est écrasé, faire une marmelade ; la passer à travers un tamis, et y ajouter une demi-livre de celle d'abricots; sucrez comme il convient et y rangez par-dessus les morceaux de pommes cuits d'avance; faites des couches successives en forme de pyramide, pour la recouvrir entièrement avec le restant de la marmelade. Mettez, pour achever de lui donner de la consistance, soit dans une étuve ou sous le four de campagne.

Pommes au caramel (compote de). Pour peu qu'une compote de pommes ait vieilli, pour ne pas la perdre autant que pour la rafraîchir, faites-la cuire de nouveau, jusqu'à ce que le sirop soit au caramel, comme il a été dit plus haut pour les poires.

Pommes (charlotte de). Mettre sur le feu quatre onces de beurre, autant de sucre. Lorsque le tout est fondu, jetez dedans quinze ou dix-huit pommes coupées par quartiers et émincies, après en avoir ôté la peau et les pépins, pour les faire cuire sans les mettre en pâte; ajoutez de la marmelade d'abricots, une demi-livre, et du sucre, s'il est nécessaire; coupez de la mie de pain pour revêtir le fond et les côtés de la casserole, de manière à ne rien laisser échapper de ce qui pourra s'y trouver contenu; faites roussir les croûtons dans le beurre exposé sur le feu: enfin, tout le pourtour étant bien arrangé, remplissez avec les morceaux de pommes cuits, recouvrez de pain grillé dans le beurre, mettez le tout à un feu vif, sous le four de campagne; lorsqu'il est arrivé à cuisson et couleur convenable, renversez, sans rien déranger, tout ce qui se trouve réuni et aggloméré dans la casserole, pour laisser refroidir; si le beurre se répandait encore autour, il faudrait l'enlever de manière à ce qu'il ne restât rien dans le plat où se trouverait la charlotte.

Pommes confites au liquide. Après en avoir choisi un certain nombre de belles, bien mûres, on les pèle, on ôte les pépins pour les faire blanchir, on les partage pour les faire bouillir pendant quelques minutes dans le sucre cuit à la grande plume; retirez la bassine du feu, versez le tout dans une terrine, et laissez reposer pendant vingt-quatre heures; égouttez, faites bouillir de nouveau le sucre, pour y remettre les pommes et les faire cuire encore deux ou trois minutes ; arrivez au perlé. Il faut égale quantité de sucre et de fruits. On laisse bien refroidir avant de la mettre en pots.

Pommes confites au sec. Celles qu'on emploie ordinairement pour cet objet sont les reinettes, les calvilles ; toutes les autres en sont moins susceptibles ; après les avoir préparées de la même manière que les précédentes, on les fait égoutter, on les place sur des ardoises saupoudrées de sucre. Toutes les pommes confites au liquide sont sujettes à décuire ; on y remédie en les remettant sur le feu et en ajoutant du sucre nouveau, elles n'en valent que mieux ; en répétant cette opération plusieurs fois, on les conserve aussi bien plus long-temps.

Pommes (gelée de). Choisir de belles pommes de reinette, les peler et couper par morceaux plus ou moins gros ; après avoir jeté tout l'intérieur et les pépins, mettez le tout dans une bassine avec suffisante quantité d'eau pour passer à la presse, au tamis, à l'aide d'un pulpoir, ou à la presse, enveloppé dans un linge ; mesurez ce qui aura été obtenu avec quantité égale de sucre fin clarifié ; faites-le cuire au cassé ; réunissez la liqueur en agitant pour faire tomber le bouillon ; lorsqu'il est à la nappe, retirez du feu et versez dans les pots, pour laisser refroidir et couvrir d'un papier imbibé d'eau-de-vie.

Pommes en marmelade. Mettez, sur un feu un peu vif, six livres de pommes choisies, pelées, coupées par tranches minces, après avoir ôté les pépins, et fait tremper un peu dans l'eau fraîche. Lorsqu'on les juge assez attendries, on les verse après les avoir mises dans un tamis placé sur une terrine, pour les broyer et passer à travers ; après avoir clarifié et fait cuire au petit cassé quatre livres de sucre, on jette dedans la pulpe des pommes ; on remet sur le feu, en agitant avec une spatule l'eau, pour achever de cuire jusqu'à une consistance convenable et verser dans les pots.

Pommes au miroton. Prendre une douzaine de belles pommes bien mûres, enlevez le cœur avec un vide-pomme, les peler toutes, en tourner quelques-unes, en couper quatre par émincées, pour faire une marmelade, en y joignant les tournures. Ajouter une demi-livre de marmelade d'abricots, faire un lit avec; faites le miroton avec les pommes coupées, recouvrez d'abricots, ensuite de pommes, pour mettre sous le four de campagne.

Pommes à la portugaise (compote de). Pelez et nettoyez de leurs pépins de belles pommes de reinette, mettez du sucre fin dans le fond d'une tourtière, arrangez les fruits par-dessus, et insinuant dans l'intérieur de chacune des pommes une cuillerée de sucre, placez la tourtière dans un four, après avoir tiré le pain, ou sous un four de campagne; lorsque les pommes seront cuites, saupoudrez de sucre et servez-les chaudes.

Pommes (suc de). Coupez en morceaux plus ou moins gros, vingt-cinq belles pommes de reinette; après les avoir pelées, et après en avoir ôté les pépins, les mettre sur le feu avec suffisante quantité d'eau, pour qu'elles puissent baigner; les faire bouillir jusqu'à ce qu'elles soient en marmelade, jetez-les ensuite sur un tamis pour passer avec expression le suc et le recevoir dans une terrine, le mesurer et le mettre à part avec trois fois autant de sucre clarifié cuit à la nappe: arrivé au cassé, retirez-le du feu pour verser le suc des pommes; remettez sur le feu, faites cuire au grand cassé, remuez, crainte qu'il ne brûle au fond. Le sucre étant enfin parvenu au grand cassé, on verse sur un marbre imprégné d'huile, on le laisse prendre consistance; alors, avec un moule à compartimens, on le découpe, ou bien encore on le roule en bâton plus ou moins gros et volumineux.

Comme le suc de pommes fait relâcher le sucre, il est nécessaire de rouler les tablettes, lorsqu'elles sont achevées, dans du sucre fin passé au tamis de soie, pour les placer sur une étuve, afin qu'il y forme croûte et qu'il soit transparent dans l'intérieur; tous les autres sucres de pommes ne sont que du sucre mis au cassé et luisant à l'extérieur, comme le sucre d'orge.

Pommes (tourtes de). Coupez par morceaux,

après les avoir pelées et après en avoir ôté les pépins et
ce qui les environne ; faites bien cuire au four d'un
poêle ou autrement avec un peu d'eau, aromatisez avec
de la cannelle et quelques zestes de citron ; lorsque les
pommes sont cuites, faites réduire ce sirop, retirez du
feu et laissez refroidir ; après avoir confectionné une
abaisse avec une pâte feuilletée, foncez avec tout le
pourtour d'une tourtière, versez-y les pommes, recouvrez avec une semblable abaisse, dorez le tout avec
un œuf battu et faites cuire au four, ou sous le couvercle de la tourtière ; lorsqu'elle sera cuite, achevez
de la glacer pour la servir et manger chaude.

DU PONCIRE.

Le poncire est une espèce de citron fort gros, dont
la peau est d'une épaisseur plus ou moins considérable ;
les confiseurs l'emploient ordinairement pour fabriquer
ce qu'ils appellent *écorces de citrons confites* ; ils les
préparent en morceaux coupés, sur la longueur, plus
ou moins épais et larges ; ils les coupent en rouelles,
par tiers, par quartiers, par la moitié, ils les tournent,
ils les divisent transversalement, ils en font des morceaux de grosseur et de forme variées : il n'a pas
d'autres qualités que celles du citron, et l'on fabrique
avec le poncire tout ce qui peut se faire avec le citron ;
nous en avons parlé dans les *conserves* et les *tablettes.*
(*V.* les mots *conserves de citrons*, *tablettes de citrons.*)

DES PRUNES.

Fruits dont les espèces nombreuses ne laissent que
l'embarras du choix, dans les couleurs, la grosseur,
la forme et la saveur douce, sucrée, âpre, styptique,
avec la peau plus ou moins épaisse et facile à comminuer ; pour être agréables, il faut qu'elles soient en
pleine maturité, fraîchement cueillies ; de quelque manière qu'on veuille les conserver pour en jouir après
la saison, il faut les prendre du plus beau choix : les
confiseurs n'emploient guère que la mirabelle et la
reine-claude ; avec les premières ils font des *compotes*,
des *confitures*, des *marmelades*, des *pâtes*, (*V.* ces

articles); les distillateurs les mettent *à l'eau-de-vie.*
(V. le Limonadier.

Mirabelle confite. Après avoir choisi une quantité
plus ou moins considérable de prunes de mirabelle
un peu avant leur maturité, on les pique, on les jette
dans l'eau fraîche, pour les faire bouillir; ensuite on
les retire avec une écumoire aussitôt qu'elles montent,
pour les remettre à l'eau froide ; prendre du sucre clarifié, et, lorsqu'il est bouillant, on y jette la mirabelle
pour lui laisser prendre quelques bouillons couverts ;
les écumer, les retirer le lendemain ; après les avoir
égouttées et remis le sucre à la nappe, on y remet le
fruit bouillir pendant quelques minutes; lorsqu'il est
au perlé, on met le tout à l'étuve pendant quarante-
huit heures, pour le tirer à sec et l'égoutter.

Mirabelles en marmelade. Après avoir choisi des
prunes bien mûres, après avoir ôté les noyaux, on
achève, comme pour les prunes de reine-claude, en
employant livre pour livre de fruits et de sucre.

Reine-claude.

Considérée comme la meilleure de toutes les prunes,
d'un vert tendre, brunâtre dans quelques places, lorsqu'elle est arrivée à son état de maturité parfaite et
fraîchement cueillie ; la reine-claude est de toutes les
prunes celle dont la pulpe est la plus exquise et la plus
sucrée ; il n'est pas étonnant que les confiseurs la travaillent de tant de manières différentes ; car, outre les
compotes et les *pâtes* (*V.* ces art.), on en fait encore
des marmelades, on les met au candi, *à l'eau-de-vie.*
(V. le Limonadier, p. 76.)

Reine claude au candi. Voyez et suivez ce qui a été
dit pour les poires dans ce chapitre.

Reine-claude confite au liquide. Quoique toutes les
prunes, excepté le damas rouge, puissent se confire au
liquide, celles-ci sont les meilleures. Après les avoir
choisies aussi belles qu'il est possible, avant qu'elles
ne soient complètement mûres et colorées, cependant
de manière à laisser détacher le noyau, on leur coupe

le bout de la queue, on les pique avec un poinçon, pour les mettre baigner dans une bassine pleine d'eau; lorsque l'eau est chaude de manière à ne pouvoir y plonger le doigt, on les retire pour les remettre le lendemain sur le feu dans la même eau, à laquelle on ajoute un peu de sel ou du verjus (quelques-uns même emploient le verd d'épinards), pour les y faire attendrir sans ébullition; lorsqu'elles montent, on les jette dans l'eau. Faire cuire du sucre à la nappe, y ajouter de l'eau pour le mettre au petit lissé, y jeter les prunes, les faire bouillir pendant huit ou dix minutes, écumer et verser dans une terrine; pendant quatre jours répéter la même opération en séparant toujours le fruit du sucre et en donnant à ce dernier un degré de cuisson de plus. Dans les dernières opérations, faites bouillir le fruit avec le sucre; lorsqu'il est au perlé, faites reposer à l'étuve pendant deux nuits pour les tirer au sec et les égoutter.

DU VERJUS.

Les uns entendent par *verjus* le suc exprimé du raisin avant sa maturité; celui-ci n'est qu'un assaisonnement (*V.* le *Manuel du Cuisinier*): mais celui dont nous voulons parler est une espèce de gros raisin grisâtre, cultivé assez généralement autour de Paris, et qui mûrit très-long-temps après le raisin ordinaire; âpre et acide avant sa maturité, on en fait des *compotes*, des *glaces*, des *pâtes*, (V. ces mots); on le prépare encore de la manière suivante.

Verjus confit au liquide. Prendre autant de sucre que de fruit préparé comme il suit : fendre les grains de verjus, en ôter les pépins, les jeter dans l'eau bouillante; après quelques bouillons, posez la bassine sur des cendres chaudes, la couvrir; lorsque le fruit a repris sa couleur verte, on le fait égoutter sur un tamis. Faire cuire le sucre au boulé; après quelques bouillons, on verse le tout dans une terrine pour le séparer le lendemain, le faire égoutter et le mettre en pots; remettre le sucre à la nappe, le laisser refroidir pour verser sur le verjus avant de couvrir avec du papier.

Verjus confit au suc. Préparer le fruit de même que dans l'article précédent, clarifier du sucre après l'avoir fait cuire au perlé, donner quelques bouillons au verjus, le faire égoutter le lendemain ; arrivé an grand perlé, donnez un bouillon couvert et écumez ; le lendemain, faites égoutter pour le mettre sur des ardoises saupoudrées de sucre, et faites sécher.

Verjus en gelée. Faire reverdir le verjus après l'avoir préparé comme pour sa confection au liquide, le passer au tamis en l'exprimant avec un pulpoir, faire bouillir le résidu dans le sucre cuit au perlé jusqu'à ce qu'en le remuant avec l'écumoire il tombe en nappe ; il faut, pour cette gelée, quantité égale de fruit et de sucre.

Verjus en marmelade. Commencer comme pour la confiture, le passer au tamis avec expression, mettre sur le feu jusqu'à ce que la pulpe du fruit ait acquis une consistance convenable, la mélanger exactement avec le sucre cuit au cassé ; faire chauffer seulement de manière à ne pas arriver jusqu'à l'ébullition et mettre toujours autant de sucre que de fruit ; laisser refroidir, et verser dans les pots pour conserver à l'abri de l'humidité.

DES GATEAUX.

Les gateaux, pour le confiseur, sont des pâtes assez analogues aux conserves dont nous avons parlé, et qu'ils confectionnent avec les confitures sèches, avec addition de sucre, ou bien avec la pulpe des diverses substances qu'ils veulent conserver comme objet de luxe ; c'est un moyen agréable pour décorer et orner la fin d'un repas. On les prépare comme il suit :

Gâteau de fleurs d'oranger soufflé. Prendre demi-livre de fleurs d'oranger, choisies et fraîches, pour deux livres de beau sucre réduit en poudre très-fine. Après avoir fouetté un blanc d'œuf avec du sucre pulvérisé, après en avoir fait une pâte assez épaisse, on la met à part pour s'en servir à faire monter le sucre. Faites fondre et écumer dans un poêlon à queue le sucre ; lorsqu'il a bouilli, on y jette la fleur d'oranger, on fait cuire au petit cassé pour le retirer et y jeter une demi-cuillerée de la pâte avec le blanc d'œuf, le sucre monte aussitôt ; on remue, on agite, en tournant autour du poêlon, jusqu'à l'instant où le sucre remonte une seconde fois, pour verser de suite le mélange dans un moule de papier, ou tout autre en fer-blanc, ou en étain, et même en plâtre, légèrement huilé, et saupoudré de sucre fin.

Pour blanchir la glace, on y ajoute la moitié d'un jus de citron ; pour colorer le gâteau en jaune, on mêle dans le sucre préparé pour le faire un peu de jaune liquide ou du safran ; pour lui donner une couleur rosée plus ou moins intense, c'est avec du carmin en liqueur ajouté peu à peu, ou bien encore avec la poudre de carmin, qu'on augmente jusqu'à suffisante quantité.

Gâteau en champignon à la fleur d'oranger. Pour quatre onces de fleurs d'oranger, ajoutez une livre et demie de beau sucre. Après avoir commencé comme pour le précédent, frottez le moule à champignon avec un peu d'huile, et versez à l'instant où le sucre monte pour la première fois, en le comprimant avec la spatule ; laissez refroidir, et renversez sur un linge le moule rempli ; coupez tout ce qui déborde, détachez les fils de fer qui retiennent les côtés, et retirez le champignon pour le poser sur un tambour de carton décoré de quelque manière que ce soit.

Gâteau au sucre soufflé. Quels que soient les ornemens que vous aurez choisis ou adoptés pour faire vos moules en étain, en fer-blanc ou en plâtre, disposez-les d'avance sur une table peu éloignée et d'aplomb. Prenez deux livres de sucre clarifié, faites cuire au petit cassé, ajoutez une pincée de fleurs d'oranger, récente, épluchée ; à son défaut, prenez-la pralinée ; versez à peu près demi-once de la glace au blanc d'œuf avec le sucre, agitez le mélange, le sucre monte, laissez retomber, et profitez de cet instant pour le verser dans les moules que vous ne remplirez pas entièrement : on peut même, par le moyen d'un morceau de bois rond, percé de part en part, que l'on plonge au milieu, donner une libre issue à l'air et empêcher de monter le sucre, et les formes extérieures sont plus régulières. On les colore par les mêmes moyens que nous avons indiqués.

DES GELÉES.

Sorte de confiture transparente obtenue par un mélange exact du suc des fruits avec le sucre cuit à plus ou moins grande consistance, et qui, une fois qu'il est parvenu au refroidissement complet, le rend susceptible de pouvoir être conservé pendant très-longtemps. Toutes les gelées, soit qu'on veuille les extraire des fruits rouges ou autres, doivent être obtenues à un feu doux, et continué pendant plus ou moins longtemps ; celles qu'on voudrait extraire des fruits plus consistans doivent, au contraire, subir une action plus forte et plus long-temps continuée du feu, et même exposées au contact de l'air extérieur : quoi qu'il en soit, il n'y a guère que les fruits mucilagineux qui peuvent donner des gelées d'une consistance parfaite, et susceptibles de pouvoir être gardées en magasin. Quelles qu'elles soient, on ne doit jamais les laisser séjourner dans le cuivre ; il ne faut jamais faire bouillir le sucre pour l'obtenir qu'après avoir extrait, par une préparation antécédente, la pulpe ou le suc des fruits dont on veut les faire ; toute autre manière serait vicieuse, et occasionnerait une perte évidente dans les matières premières. Nous en avons déjà donné plusieurs ; ce n'est que pour compléter que nous donnons les suivantes.

Gelée de cerises. Mélanger un quart de groseilles mûres et trois quarts de cerises choisies, mettez-les en presse pour en extraire le suc que vous ferez déposer pendant quatre heures, décantez ou filtrez. Faites cuire à la nappe du sucre clarifié à quantité égale de l'un et de l'autre pour arriver au petit cassé, retirez de la bassine, versez et mélangez exactement le suc du fruit dans le sucre, remettez sur le feu, et faites cuire en remuant avec l'écumoire pour empêcher de boursoufler ; lorsque la décoction s'étend en nappe sur l'écumoire, retirez du feu et versez dans des pots, laissez refroidir pour couvrir d'abord avec un papier imbibé d'eau-de-vie surmonté d'un autre qui sera blanc seulement.

Gelée de coings. Prendre des coings choisis un peu avant leur maturité, les essuyer pour ôter le duvet, les couper par quartiers, ôter les pépins, les mettre sur le feu avec un peu d'eau ; lorsqu'ils sont cuits, les mettre sur un tamis pour exprimer tout le suc qu'ils contiennent, passer à la manche pour tirer à clair. Faire cuire même quantité de sucre que de jus obtenu par la cuisson du fruit ; lorsqu'il est au cassé, faire du tout un mélange exact pour concentrer le suc jusqu'à ce qu'il tombe en nappe sur l'écumoire : la gelée est alors terminée pour la mettre en pots ; la laisser refroidir et la recouvrir de papier blanc, afin de la conserver à l'abri de la chaleur, et surtout de l'humidité ; car elle s'altérerait très-promptement dans l'une et l'autre de ces deux circonstances.

Gelée d'épine-vinette. Choisir trois-livres de l'épine-vinette la plus mûre, l'égrener et la faire cuire avec du sucre au perlé ; après avoir bouilli pendant quelques minutes, verser la décoction dans un tamis de soie placé sur une terrine pour en exprimer le suc à l'aide d'un pulpoir, décanter la liqueur, la remettre sur un feu vif, et, lorsqu'elle est à la nappe, on la retire pour la verser dans des pots.

Gelée de pommes. Pelez et coupez par quartiers plus ou moins gros un certain nombre de pommes de reinette, enlevez l'intérieur et les pépins, mettez le tout dans une bassine avec suffisante quantité d'eau pour en faire une décoction très-chargée ; lorsque toutes les pommes sont presque réduites à l'état de marmelade, on les retire du feu, on les verse sur un tamis au-dessous duquel se trouve une terrine pour recevoir la liqueur exprimée des pommes, que l'on passe à travers une manche qui n'ait jamais servi ; après l'avoir mesurée, ajoutez autant de sucre clarifié pour le faire cuire au cassé, faites un mélange exact en agitant pour empêcher le bouillon ; arrivé à la nappe, retirez du feu et versez dans les pots ; le lendemain couvrez avec un premier papier trempé dans l'eau-de-vie, surmonté d'un second dans l'état naturel.

DU JUS DE RÉGLISSE ANISÉ.

Mettre, pour laisser fondre à petit feu dans une bassine avec une suffisante quantité d'eau, suc de réglisse, quatre livres; le remuer continuellement, crainte qu'il n'adhère au fond de la bassine; passez au tamis de crin placé sur une bassine sous laquelle il y aura du feu, en continuant de l'agiter jusqu'à ce qu'il soit assez épais pour y incorporer demi-gros d'essence d'anis; lorsqu'après en avoir mis un peu sur le dos de la main, on voit qu'il ne contracte plus d'adhérence, on le jette sur un marbre graissé avec l'huile; pendant tout le temps qu'il est chaud, prenez-le par portions plus ou moins grosses pour le rouler avec les doigts, en faire des abaisses que l'on coupe en long, en carrés, avec des ciseaux, pour le terminer par des morceaux plus petits de toutes les formes. On trompe la confiance lorsque, dans sa préparation, on fait entrer la farine; mais il est loin de fondre dans la bouche comme le premier dont nous avons fait mention.

Jus de réglisse blanc ou *de Blois*. Après avoir bien lavé dans l'eau tiede, après avoir laissé séjourner pendant tout une journée deux livres d'orge mondée, faites-la égoutter pour la mettre sur le feu avec quatre pintes d'eau dans une bassine, et la réduire à moitié pour passer ensuite à travers un linge. Ratissez et affilez demi-livre de racine de réglisse, puis la jetez dans la décoction d'orge; laissez encore réduire à moitié, battez un blanc d'œuf dans un peu d'eau, et clarifiez avec la décoction pour laisser refroidir et passer au tamis; délayez avec deux onces de mucilage de gomme adragant, laissez reposer pendant quarante-huit heures; après l'avoir pilée et pétrie, ajoutez l'essence de fleurs d'oranger, six grains; faites des rouleaux de la grosseur d'une plume, que vous doublez pour les tordre l'un sur l'autre sur une longueur de quatre à cinq pouces environ, faites sécher à l'étuve peu chauffée, et conservez dans des boîtes doublées de papier et placées à l'abri de toute humidité. (*Voyez* plus bas *Pâte de réglisse.*)

DES GIMBLETTES.

Sorte de pâte sèche dont le sucre est la base, que l'on coupe et que l'on roule en anneaux, en chiffres, et que l'on confectionne par les procédés suivans :

Avec quatre onces de farine choisie, deux onces de sucre, trois jaunes et un blanc d'œuf frais, un peu d'eau de fleurs d'oranger et quelques gouttes d'ambre, faites une pâte fine, déliée et homogène ; si elle était trop épaisse, ajoutez un peu d'eau simple et de celle de fleurs d'oranger, roulez la pâte par bandelettes arrondies, plus ou moins longues et épaisses, faites-en des anneaux pour les faire revenir à l'eau bouillante et cuire après dans le four.

Autrement. Faire fondre sur un feu très-doux, sucre choisi, douze onces ; le retirer de dessus le feu pour y mêler quatorze onces de farine, de la râpure de citron, et deux gros d'eau de fleurs d'oranger. Après y avoir cassé trois œufs, faites du tout une pâte liée et homogène pour en former des anneaux ou des chiffres, faites bouillir de l'eau, jetez-y les gimblettes, agitez-les continuellement ; et, lorsqu'elles montent, retirez-les avec l'écumoire pour les faire égoutter sur une serviette, et les mettre au four jusqu'à ce qu'elles soient assez jaunes ; après les avoir retirées, glacez-les avec du blanc d'œuf que vous étalerez dessus avec un pinceau fait avec les barbes d'une plume.

DE LA GOMME.

Suc-végétal concret, plus ou moins transparent, de saveur douceâtre, extrèmement soluble dans l'eau, nullement inflammable ; mais elle pétille avec bruit et se boursouffle lorsqu'on la jette sur les charbons ardens. La gomme se rencontre dans un grand nombre de racines, dans les tiges et les feuilles nouvelles de quelques plantes ; on la reconnaît à ses propriétés visqueuses et gluantes. Dans la saison où elle abonde, elle découle naturellement dans les interstices de l'écorce des arbres, en s'épaississant à l'air ; étendue dans tous les fluides aqueux, elle leur donne une consistance plus ou moins visqueuse et épaisse encore, comme dans les diverses préparations où elle sert de condiment, sous le nom de *mucilage*; elle se dessèche par évaporation et conserve une transparence et une friabilité particulière. On en connaît diverses espèces, qu'on peut rapporter aux trois suivantes, et même les seules qui doivent nous occuper dans l'art du confiseur.

La première est celle du pays ; on la rencontre sur les arbres à noyaux, le prunier, l'abricotier, le cerisier ; sur ceux à pépins, le poirier ; d'un blanc mat et jaunâtre lorsqu'elle est transparente, on peut en tirer un parti assez avantageux. Elle se trouve toujours mêlée avec celles qui lui sont supérieures ; très-souvent, sur l'écorce des ormes, on trouve un suc épaissi et visqueux, qui a toutes les apparences et toutes les propriétés des gommes du pays, mais qui n'est pas aussi recherchée pour la consommation.

La deuxième est la gomme arabique ; elle découle d'un *mimosa*, épine égyptienne ou *cassia*, portant des boutons d'or très-odorans ; on la trouve dans le commerce, en morceaux plus ou moins arrondis, transparens, de couleur jaunâtre, brillans à leur cassure et donnant à l'eau dans laquelle ils se dissolvent très-facilement, une viscosité plus ou moins gluante, fade et inodore. Celle du Sénégal lui ressemble assez. On en fait la base principale des pastilles et des pâtes; on l'emploie même aussi beaucoup dans les arts.

La troisième, connue sous le nom de *mucilage de gomme adragant*, découle de l'arbre de ce nom en filets plus ou moins allongés et épais, roulés et repliés, ou grumelés, de couleur blanche ou grisâtre, luisante et légère. Elle n'a presque ni odeur ni saveur; lorsqu'on la dissout dans l'eau, elle est beaucoup plus visqueuse que les autres. Conservée quelque temps, elle se précipite en flocons épais; employée en quantité considérable par les confiseurs ; c'est avec la gomme adragant qu'ils donnent du corps aux préparations de leur commerce, telles que les pâtes, les dragées, les pastilles, les tablettes, etc.

Quant aux substances connues sous le nom de *gommes résines*, telles que l'aloës, le galbanum, la gomme ammoniaque, la myrrhe, l'oliban, comme elles sont plus utiles aux pharmaciens qu'aux confiseurs, nous nous abstiendrons d'en rien dire. Mais, comme il ne faut pas confondre la gomme avec les mucilages, il faut bien faire attention qu'on n'entend, par ce mot, désigner qu'un fluide épais, visqueux, peu sapide, filant, que l'on forme, soit par la solution d'une gomme dans l'eau, soit par l'infusion des graines, racines, feuilles ou écorces de quelques plantes qui contiennent un principe analogue a la gomme. La consistance des mucilages varie suivant l'usage auquel on les destine ; on l'augmente, soit en employant une moindre quantité d'eau pour les extraire, soit en évaporant à une douce chaleur, une partie de celle qu'ils contiennent ; et, comme ils s'altèrent facilement, on ne doit les préparer qu'à mesure qu'on peut en avoir besoin.

Gomme de dattes.

Fruits d'une espèce de palmier, allongés de dix-huit lignes à peu près, recouverts d'une pellicule très-mince, roussâtre, avec une pulpe grasse, plus ou moins jaune, ferme, assez agréable à manger, mais d'une douceur légèrement vineuse et sucrée, contenant dans son milieu un noyau allongé, cylindrique et grisâtre, dur, avec un sillon dans toute sa longueur. On en prend huit onces, pour les piler et les mettre dans une bassine sur le feu, avec à peu près seize onces d'eau que l'on fait réduire à moitié, et que l'on tire à clair en passant à travers un linge ou un tamis. Après avoir remis cette première décoction sur le feu, on la clarifie avec un blanc d'œuf ; battre dans de l'eau, et en l'écumant continuellement, pour mêler à une livre de gomme arabique ; continuez d'agiter jusqu'à ce que le mélange soit parvenu à consistance de miel; ajoutez alors une livre de beau sucre blanc et laissez exposé à la chaleur du bain-marie, pendant quelques heures, sans l'agiter d'aucune manière; parvenue à consistance convenable, retirez du feu et coulez dans des moules graissés avec un peu d'huile d'amandes ou dans des caisses de papier aussi huilées, pour la mettre sécher à l'étuve.

Gomme de jujubes.

Encore appelée *pâte de jujubes*. Confectionnée la plupart du temps avec de la gomme délayée avec de l'eau seulement, dans laquelle même on ne fait entrer ni sucre, ni substance aromatique. La gomme de jujubes, pour être bien préparée, se fait de la manière suivante :

Avec des jujubes récentes et dans leur maturité, renfermant une pulpe blanchâtre, molle, fongueuse, d'une saveur légèrement vineuse et douceâtre, dont on prend huit onces pour les piler et les mettre bouillir pendant quelque temps avec une pinte d'eau ordinaire, dans une bassine; on laisse réduire à moitié, on tire à clair; et, après l'avoir remis sur le feu, on clarifie avec un blanc d'œuf étendu dans l'eau, en écumant jusqu'à ce que le tout soit arrivé à la consistance du miel; on y ajoute une livre de gomme arabique, en remuant continuellement avec une spatule de bois, et on laisse exposé à une douce chaleur continuée jusqu'à ce qu'elle soit arrivée à consistance pâteuse, pour la couler dans des moules de papier huilé, et achever la dessication en l'exposant à l'étuve. On la coupe en carrés ou en losanges; et, lorsqu'elle est complètement desséchée, on l'enferme dans des bocaux à l'abri de l'humidité, pour l'employer au besoin.

Gomme de sébestes.

Les sébestes sont de petites prunes noirâtres, allongées, membraneuses, et qu'on trouve, dans le commerce, ridées et à moitié desséchées; leur pulpe est

brune, roussâtre, visqueuse et très-douce à manger,
mais sujette à la moisissure ; quoi qu'il en soit, on en
prépare une gomme de la manière suivante : On prend
une livre de sébestes, deux livres de gomme arabique
en poudre, et deux onces de sucre en poudre ; on
concasse les fruits, on les fait bouillir dans trois
pintes d'eau, jusqu'à réduction de la moitié ; on les
retire et on exprime à la presse, ou avec un linge
fortement serré, pour les faire évaporer jusqu'à une
certaine consistance, pour mêler la gomme et le sucre
et continuer la réduction jusqu'à ce qu'en en mettant
un peu sur le dos de la main, il n'adhère pas ; on la
coule dans des moules de papier un peu huilés, pour
mettre à l'étuve et les faire entièrement dessécher ; on
les coupe ensuite par morceaux plus ou moins gros,
et on les met dans des boîtes.

Gomme de violettes.

Contuser légèrement dans un mortier de marbre,
avec un pilon de bois, fleurs de violettes récentes,
mondées de leur calice et de leurs queues, une livre ;
les mettre dans une cucurbite d'eau bouillante,
passer l'infusion, exprimer le marc à la presse et
laisser déposer pendant quelques heures, pour décanter
en inclinant ; ajoutez deux gros de tournesol et six
gros de carmin pour colorer ; mêlez-y deux livres de
gomme arabique pulvérisée et passée au tamis de soie ;
remettez sur le feu jusqu'à la fusion complète ; passez le tout à travers un blanchet et faites évaporer de
nouveau, pour couler dans des moules de papier
huilé ; mettre à l'étuve et couper par morceaux carrés,
ou en losanges, plus ou moins gros, que vous ferez
dessécher le plus complètement possible, pour enfermer dans des boîtes capables d'en contenir une ou deux
onces.

DES MACARONS.

Pâte faite avec le sucre et les amandes, et qui ne
diffère des massepins ordinaires que par la forme

plate, ronde ou ovale, que l'habitude plutôt qu'un autre motif leur a fait donner.

Macarons ordinaires. Mettez infuser à l'eau froide douze onces d'amandes douces ordinaires, pour les peler, les bien faire sécher ensuite à l'air ou dans une étuve, les broyer dans un mortier de marbre, en y ajoutant de temps en temps du blanc d'œuf; quand vous en avez fait une pâte friable, vous y incorporez sucre en poudre fine, douze onces, la râpure d'un citron et quelques blancs d'œufs; après avoir bien battu le tout ensemble pour en faire une pâte homogène, vous prenez de la pâte sur une large spatule pour en former des morceaux de la grosseur d'une petite noix, placés sur du papier à distance convenable pour les mettre au four et les faire cuire comme des biscuits.

Macarons avec les amandes amères. C'est absolument la même manière de les faire; il n'y a de différence que dans l'amertume que leur procure les qualités de l'amande; aussi, il est absolument nécessaire d'y faire entrer une plus grande quantité de sucre.

Macarons à la portugaise. Pelez, comme pour les précédens, une demi-livre d'amandes douces; après les avoir broyées dans le mortier, battre en neige six œufs; achevez le mélange avec deux onces et demie de fécule de pommes de terre et dix onces de sucre en poudre, pour faire du tout une pâte liée et homogène, pour mettre dans des moules de papier ou autres, comme pour les biscuits de Savoie, et les faire cuire de même.

Macarons pralinés. Monder et peler des amandes douces, les couper par filets minces sur la longueur, les faire praliner pendant quelques minutes comme la fleur d'oranger, puis les verser dans une terrine avec du sucre et du blanc d'œuf. Comme ce mélange achevé doit toujours avoir assez de consistance, on le coupe par rondelles, comme les précédens, pour les faire cuire de la même manière.

DES MASSEPAINS ET DES MERINGUES.

Résultat d'une pâte confectionnée au moyen des amandes pilées avec le sucre, et d'une consistance à peu près semblable à celle des biscuits, à laquelle on ajoute encore très-souvent des marmelades faites avec les fruits de la saison; quant aux *meringues*, on les fait avec une pâte composée de sucre fin en poudre, des blancs d'œufs et de la râpure d'écorce de citron; au milieu on y place des confitures, un morceau de fruit, une cerise, une framboise confite.

Massepains au chocolat. Prendre une livre d'amandes douces, les peler par les procédés ordinaires, les piler pour en faire une pâte fine, en y ajoutant par intervalles du blanc d'œuf; clarifier deux livres de sucre, et le faire cuire au petit boulé; faire du tout un mélange exact, laisser refroidir pour y ajouter deux onces de bon chocolat passé au tamis, et un ou deux blancs d'œufs; après avoir fait du tout une pâte homogène, on en formera des abaisses pour être coupées avec des emporte-pièces en fer-blanc de toutes les formes ou passées dans une seringue; les faire cuire après les avoir glacés.

Massepains à la fleur d'oranger. Prendre une livre d'amandes choisies, trois onces de marmelade de fleurs d'oranger et vingt onces de sucre. Après avoir pelé et broyé les amandes et les avoir réduites en pâte, on fait cuire le sucre au petit boulé après qu'il a été clarifié, pour mélanger exactement avec la marmelade de fleurs d'oranger et la pâte d'amandes. Lorsque le tout a acquis la consistance nécessaire, on laisse refroidir pour faire les massepains. A défaut de marmelade de fleurs d'oranger, on peut aromatiser avec l'eau double de la même: on peut encore la prendre pralinée, et la broyer avec les amandes en commençant; on peut aussi, en suivant le même procédé, les faire au citron, à l'orange, a la vanille, etc.

Massepains à la framboise. Faire cuire le sucre au petit boulé, y réunir les amandes réduites en pâte après les avoir pelées; mêler avec, en délayant, le suc exprimé et passé au tamis d'une livre de framboises, remettre la bassine sur le feu en continuant de tourner ; lorsque la pâte est arrivée à consistance convenable, faites les massepains comme d'habitude.

On peut, de cette manière, y donner le goût de fraises, de groseilles, de cerises, d'épine-vinette.

Massepains fourrés. Avec de la pâte de massepains, préparée comme d'habitude, faites des abaisses assez minces, passez-les sur une table saupoudrée avec du sucre, garnissez le milieu avec une gelée, une marmelade de deux lignes d'épaisseur ; recouvrez avec une autre abaisse, et découpez en carrés ou de toute autre manière ; posez sur des feuilles de papier, et faites cuire à une chaleur douce pour glacer et mettre sécher à l'étuve.

Le plus généralement on les glace avec le blanc d'œuf, avec le sucre, avec une marmelade quelconque.

Massepains légers. Faire, avec une livre d'amandes douces pelées, égouttées et desséchées, une pâte pour la délayer à mesure qu'on la broie dans le mortier avec un peu de blanc d'œuf. Faire cuire à la plume une livre de sucre, retirez la bassine pour y jeter les amandes en les délayant avec une spatule ; la remettre ensuite sur des cendres chaudes, et remuer jusqu'à ce que la pâte soit assez consistante ; faites refroidir sur une table saupoudrée avec du sucre ; pilez de nouveau dans le mortier avec deux onces de sucre et trois blancs d'œufs ; battez le tout en aromatisant avec les râpures d'un citron et un gros de cannelle en poudre ; passez la pâte à la seringue, ou faites des abaisses à découper avec l'emporte-pièce pour faire cuire à une douce chaleur.

Massepains ordinaires. Peler une livre et demie d'amandes douces, et demi-livre d'amandes amères, après les avoir détrempées dans l'eau froide, et non pas chaude, comme il est d'habitude ; les piler dans un mortier en les humectant de temps en temps avec du blanc d'œuf ; clarifiez une livre et demie de beau sucre pour le faire cuire au petit boulé ; retirez la bassine du feu, et mélangez avec la pâte faite avec les amandes, pour remettre ensuite sur un feu doux ; continuez d'agiter avec une spatule pour l'empêcher de prendre au fond ; arrivée à une consistance convenable, versez-la sur une table saupoudrée de sucre ; laissez refroidir ; étendez-la en abaisses plus ou moins fortes, pour être découpées avec un emporte-pièce, les étendre en les séparant les unes des autres sur des feuilles de papier et les faire cuire à une douce chaleur, afin de les glacer, comme les biscuits, soit avec du blanc d'œuf, soit avec du sucre, ou de toute autre manière.

Meringues farcies. Fouettez, avec des brins d'osier, six blancs d'œufs ; ajoutez en même temps trois onces de sucre en poudre fine, et la râpure d'un citron, remuez et agitez jusqu'à ce que le mélange soit liquide ; recouvrez des feuilles de fer-blanc avec du papier, versez dessus une cuillerée à bouche pleine de la pâte pour en former une meringue de la grosseur d'une noix dans son milieu, laissez un vide, continuez pour employer toute la pâte, saupoudrez de sucre fin, et faites cuire à une chaleur très-douce ; lorsqu'elles sont levées et cuites à point, on remplit le milieu avec des fruits confits, tels que les cerises, les framboises, le verjus ou toute autre marmelade ou gelée plus ou moins agréable pour les recouvrir par une autre meringue, et cacher l'ouverture.

DES MARMELADES.

Confiture en pâte à demi-liquide, que l'on obtient avec la pulpe des fruits qui conservent après leur cuisson une certaine consistance ; tels sont les abricots, les coings, les pommes, les prunes ; elles sont ordinairement un peu plus consistantes que les gelées : on les confectionne encore très-souvent avec des fleurs cuites dans le sucre, et à consistance convenable, comme dans tous les fruits dont nous avons parlé, et qui se trouvent dans les attributions du confiseur. Nous avons fait mention de la manière de les réduire en marmelade ; nous ne les répéterons pas ; on peut les trouver à chacun d'eux : il en reste quelques-unes que nous allons exposer pour ne rien omettre.

Marmelade d'abricots verts.

Choisir un nombre plus ou moins considérable d'abricots verts, avant la formation de leurs noyaux (souvent même cela peut servir à dégarnir l'arbre, sur lequel il s'en trouverait une trop grande quantité); enlevez le duvet qui les recouvre, en les plongeant dans une eau chargée de l'alkali des cendres que vous aurez fait bouillir d'avance ; à mesure qu'ils sont nettoyés, vous les jetez dans une autre bassine pleine d'eau chaude, pour les rouler entre deux linges, et les rendre nets ; jetez-les ensuite dans l'eau froide, que vous renouvellerez deux ou trois fois ; faites-les ensuite bouillir grandement ; lorsqu'ils sont amollis, réduisez-les en pâte, en les pilant dans un mortier de marbre ; passez cette pulpe au tamis après l'avoir pesée, remettez sur le feu pour la rendre assez épaisse, en la remuant continuellement, pour qu'elle ne prenne pas au fond de la bassine ; clarifiez et faites cuire au petit cassé pareil poids de sucre bien blanc, versez-le dans la bassine, mêlez exactement avec la pulpe au moyen d'une spatule ; faites encore bouillir pendant huit ou dix minutes, la marmelade est achevée : laissez refroidir et versez dans les pots pour la couvrir et la conserver à l'abri de l'humidité.

Marmelade de cynorrhodon.

Prenez trois livres de fruits de l'églantier lorsqu'ils sont bien mûrs : après les avoir coupés dans leur milieu pour en extraire tout le duvet et les graines qu'ils renferment dans leur intérieur, mettez-les dans une bassine avec une livre d'eau ordinaire et les faites bouillir pendant quelques minutes, pour les piler dans un mortier, les passer à travers un tamis à l'aide d'un pulpoir ; clarifiez et faites cuire au petit cassé, deux livres et demie de sucre ; ajoutez, en remuant avec la spatule, la pulpe en marmelade ; donnez ensuite quelques bouillons ; laissez refroidir et versez dans les pots.

Marmelade de violettes.

Prendre quatre livres de beau sucre pour trois livres de fleurs de violettes mondées et épluchées, que l'on broie ensuite dans un mortier ; faire cuire le sucre au gros boulé, y délayer la violette, et ajouter en même temps deux livres de marmelade faite avec la pomme de reinette pour l'empêcher de candir ; faites bouillir pendant quelques minutes, et, après avoir laissé refroidir, versez dans des pots.

DES PASTILLES.

On appelle *pastilles* toute préparation faite avec une pâte de sucre dans laquelle on a fait entrer diverses substances en poudre, ou des huiles essentielles dont elles conservent le nom et qui deviennent sèches, solides, cassantes, soit par la cuisson du sucre, soit par le mucilage qui leur sert d'excipient ; pour qu'elles soient aussi bonnes qu'agréables au goût, il faut choisir le plus beau sucre, le réduire en poudre, le passer au tamis de crin, le délayer avec de l'eau pour incorporer les huiles essentielles aromatiques, ou autres spiritueux ; se servir d'un poêlon en argent, ne faire subir au sucre aucun degré de chaleur au-dessus de celui qui le déterminerait à frémir seulement ; que la pâte ne soit pas trop liquide ; tenir d'une main ferme et assurée le poêlon afin de bien diriger l'aiguille qui coupe la pâte à mesure qu'elle tombe ou qu'on la détache, et que les pastilles soient aussi égales qu'il est possible de les avoir ; apporter la plus grande attention dans le choix des substances aromatiques, observer, lorsqu'elles sont huileuses, si la rancidité n'y est pas développée, en un mot, tout ce qui doit servir à confectionner des pastilles doit être de premier choix.

On les fait à la goutte et au moule ; dans le premier cas, on tient avec la main gauche le poêlon rempli des ingrédiens préparés, et d'une manière aussi ferme qu'assurée ; on penche un peu le bec pour faciliter l'écoulement de la pâte qui se présente sur le bord, et avec un fil de fer long de cinq à six pouces, monté sur un petit manche arrondi, vous coupez successivement, et en la plaçant à des distances plus ou moins éloignées, tout ce qui est contenu dans le poêlon, soit sur des plaques de fer-blanc, soit sur des feuilles de papier ; lorsqu'elles sont refroidies et desséchées, on les met sur des tamis pour les placer dans l'étuve pendant l'espace de vingt-quatre heures. Quoique, par ce procédé, on puisse facilement venir à bout de confectionner jusqu'à vingt livres de pastilles dans une journée, il n'en est pas moins vrai qu'avec un moule de fer-blanc, percé de trous dans son fond et surmonté d'une plaque, que l'on appuie par le dessus à mesure que la matière qu'il contient tombe par gouttes, on parvient à en faire beaucoup plus, et, avec l'habitude, elles sont tout aussi bonnes et aussi bien faites que celles dites *à la goutte.*

Pastilles à l'ananas.

Pour trois livres de sucre pulvérisé et passé au tamis de crin, prendre deux ananas, beaux, choisis et arrivés à leur état de maturité parfaite : en râper la superficie sur du sucre que l'on met à part ; à mesure qu'elle se détache, couper les fruits par le milieu, en exprimer tous les sucs qu'ils contiennent, en les serrant entre deux morceaux de bois retenus par une charnière, pour mêler ensuite exactement, ainsi que les râpures, dans la quantité de sucre préparé, en le délayant avec de l'eau simple, pour en faire une pâte homogène que l'on fera cuire au degré convenable pour la couler à la goutte sur des plaques, et la mettre dessécher à l'étuve. Ces pastilles sont aussi recherchées à cause du parfum de l'ananas, qu'elles sont peu ordinaires à cause de la rareté du fruit, que l'on parvient cependant à se procurer dans nos climats par le moyen des serres chaudes.

Pastilles à l'angélique.

Réduire en poudre et passer au tamis de soie, graines d'angélique, une once et demie, pour l'incor-

porer ensuite dans trois livres de beau sucre en poudre ;
en faire une pâte molle et homogène à faire cuire par
partie dans un poêlon et couler en pastilles plus ou
moins grosses.

Pastilles de badiane.

Huile volatile de badiane, douze gouttes ; sucre
très-blanc tamisé, seize onces ; mucilage de gomme
adragant, suffisante quantité pour former une pâte
molle et homogène que l'on étendra sur un marbre
pour partager en rondelles plus ou moins grosses.

Pastilles blanches au vinaigre.

Dans trois livres de beau sucre passé au tamis de
crin, délayer suffisante quantité de bon vinaigre blanc
d'Orléans, ou autre, pour faire une pâte homogène
à mettre par partie dans un poêlon en argent et faire
des pastilles par les procédés ordinaires ; en employant
le vinaigre rouge, on ajoute un peu de carmin liquide,
et les pastilles deviennent rosées.

Pastilles au bouquet.

Prendre esprit de jasmin très-odorant, quinze
gouttes ; esprits de tubéreuse, de jonquille et de réséda,
pareille quantité, pour aromatiser trois livres de beau
sucre tamisé, et dont on aura fait une pâte ferme et
homogène en y ajoutant suffisante quantité d'eau de
rivière, pour faire cuire par parties dans un poêlon à
long bec, et former des pastilles plus ou moins
grosses.

Pastilles au cachou.

Réduire en poudre fine et passer au tamis de soie,
cachou, six onces ; le délayer dans deux livres de beau
sucre pulvérisé, avec suffisante quantité d'eau, pour
en faire une pâte ferme et homogène à couler par
parties en la faisant cuire dans le poêlon, afin de ne
pas graisser, et couler les pastilles, que l'on peut encore aromatiser en y ajoutant quelques gouttes d'essence d'ambre, de musc, de jasmin, sur des plaques

de fer-blanc, et les mettre sécher à l'étuve, pour conserver dans un bocal à l'abri de l'humidité.

Pastilles au café.

Faire bouillir pendant quelques minutes, dans une chopine d'eau ordinaire, bon café réduit en poudre, trois onces; le passer à la chausse après l'avoir clarifié avec la colle de poisson, pour délayer et mettre en pâte trois livres de sucre blanc passé au tamis de crin, qu'on prendra par parties seulement, et qu'on ne fera chauffer dans le poêlon que ce qui pourra être employé sans refroidir, afin d'empêcher de graisser ce qu'on prendrait après, pour continuer jusqu'à ce que toute la pâte soit consommée.

Pastilles au chocolat.

Mêler exactement une livre de chocolat bien fait d'avance et râpé, pour livre de beau sucre passé au tamis de crin, délayer avec de l'eau ordinaire, et en faire une pâte consistante et homogène pour couler par parties, après l'avoir fait chauffer dans le poêlon et avec les mêmes précautions que pour les pastilles au café.

Pastilles camphrées.

Prendre camphre en poudre, un gros; nitrate de potasse (sel de nitre), deux gros; acide benzoïque huileux, six grains; sucre blanc, seize gros; mucilage de gomme adragant, et jaunes d'œufs frais, suffisante quantité.

Après avoir réduit en poudre fine le camphre, le nitrate de potasse, le sucre et l'acide benzoïque (fleur de benjoin), on les mélange, on les incorpore avec suffisante quantité de jaunes d'œufs et de mucilage de gomme adragant, pour en former une pâte molle et uniforme que l'on étend sur un marbre et que l'on coupe ensuite en rondelles, en losanges du poids de huit ou dix grains.

Pastilles à la cannelle.

Piler dans un mortier de marbre avec un pilon de bois, beau sucre blanc, trois livres ; le passer au tamis de crin, y ajouter cannelle en poudre, deux onces ; pour délayer ensuite avec suffisante quantité d'eau de rivière, pour en faire une pâte molle que l'on chauffe dans le poêlon à bec, pour couler en pastilles à la manière accoutumée.

Autre procédé. Faire une pâte molle avec quatre livres de beau sucre tamisé, et suffisante quantité d'eau ordinaire ; l'aromatiser ensuite avec de l'essence de cannelle, pour couler en pastilles par les moyens accoutumés ; de cette manière elles sont d'une blancheur éblouissante, tandis qu'avec la cannelle en poudre elles sont plus ou moins jaunâtres, ce qui fait une assez grande différence, quoique leur goût reste le même.

Pastilles citriques.

Limonade sèche par l'acide citrique. Acide citrique cristallisé, trois gros ; sucre blanc pulvérisé et tamisé, dix onces ; huile volatile de citron, quatre à cinq gouttes ; mucilage de gomme adragant, quantité suffisante, pour faire du tout une pâte molle et homogène pour partager en pastilles.

On peut également former des pastilles avec trois gros d'oxalate acidule de potasse, que l'on mêle avec douze onces de sucre, et que l'on aromatise avec huit ou dix gouttes d'huile volatile de citron.

Enfin, au lieu d'incorporer toutes ces substances avec le mucilage de gomme adragant, on peut encore les conserver sèches dans un bocal pour s'en servir au besoin.

Pour les faire au citron. Délayer en une pâte consistante et homogène, avec de l'eau seulement, trois livres de beau sucre blanc tamisé qu'on aromatise ensuite avec suffisante quantité d'essence de citrons, pour couler en pastilles ; ou bien encore, râpez

*

l'écorce extérieure et jaune de huit citrons sur du sucre, que vous détacherez avec un couteau à mesure qu'il sera bien imprégné de l'huile essentielle aromatique, que vous incorporez dans la même quantité de sucre pulvérisé et tamisé dont il a été fait mention pour les autres, et coulez vos pastilles comme d'habitude. On les fait de même avec l'écorce et l'essence odorante d'oranges, avec l'essence et les râpures de bergamotes, de cédrats, etc.

Pastilles au coquelicot.

Faire bouillir pendant quelques minutes, dans une chopine d'eau ordinaire, fleurs de coquelicot, quatre onces; retirez du feu, et, lorsque la décoction est presque refroidie, passez le tout à travers un linge serré et en exprimant fortement pour délayer et faire une pâte molle avec trois livres de sucre blanc pulvérisé et passé au tamis de crin, pour cuire et couler avec le poêlon, afin de former des pastilles plus ou moins grosses; les faire sécher à l'étuve et les conserver dans un bocal à l'abri de l'humidité.

Pastilles au curaçao.

Dans trois livres de sucre raffiné, pulvérisé et passé au tamis de crin, ajoutez eau spiritueuse de curaçao, deux onces; achevez de faire la pâte d'une consistance ferme et homogène avec suffisante quantité d'eau de rivière, et coulez les pastilles par les procédés accoutumés.

Pastilles à l'épine-vinette.

Egrenez de l'épine-vinette arrivée à maturité parfaite; en prendre une livre pour la broyer dans un mortier de marbre avec un pilon de bois, la passer avec compression et en tirer tout le suc mucilagineux qu'elle renferme, en y ajoutant un peu d'eau, s'il en est besoin, pour faire une pâte molle et homogène, avec quatre livres de sucre en poudre tamisée, pour couler en pastilles, avec les précautions indiquées dans celles du chocolat et du café.

Pastilles érotiques.

Pastilles d'amour ou aphrodisiaques. Faire infuser pendant quatre heures, dans une verrée d'eau bouillante, marum concassé, une once; passez à travers un linge et conservez. Mettre en poudre fine gingembre, une once quatre gros; safran gâtinais, deux gros; musc, huit grains; ambre, deux grains; gérofle, six gros; cubèbes et macis, de chaque, six gros; délayez avec l'infusion du marum deux livres de sucre raffiné en poudre, et passé au tamis de crin, en ajoutant un peu d'eau, s'il est nécessaire, pour y incorporer tous les ingrédiens pulvérisés, et faire du tout une pâte homogène à couler en pastilles de cinq à six grains. On croit souvent pouvoir, sans tirer à grande conséquence, y ajouter des cantharides en poudre; mais c'est une de ces choses qu'on ne doit jamais se permettre; parce qu'elles deviendraient, quoique sous la dénomination de *pastilles à la Richelieu*, excessivement dangereuses, non-seulement par leur action stimulante, mais encore par l'inflammation momentanée qu'elles pourraient occasionner à l'estomac.

Pastilles à la fleur d'oranger.

Avec suffisante quantité d'eau distillée de fleurs d'oranger très-odorante (double), délayez et faites une pâte molle et homogène, avec trois ou quatre livres de beau sucre blanc réduit en poudre et passé au tamis de crin, pour faire cuire par parties dans le poêlon à bec, et couler en pastilles, soit au moule, soit à la goutte; laissez refroidir et sécher à l'étuve, pour conserver dans des flacons bien bouchés, et mis à l'abri de la lumière et de l'humidité.

Pastilles à la framboise.

Broyer des framboises choisies dans leur parfaite maturité, à l'aide d'un pilon de bois, dans un mortier de marbre; en extraire par compression tout le suc, le passer à la manche, afin de le clarifier, pour le délayer dans trois livres de beau sucre passé au tamis de crin, et en faire une pâte ferme, épaisse et homogène, à couler par portions, afin d'éviter qu'elle ne graisse. On peut encore faire les pastilles à la framboise, en desséchant à l'étuve, au moment de la saison, ce fruit, pour en prendre six onces que l'on réduit en poudre fine, et que l'on passe au tamis pour les amalgamer avec trois livres de beau sucre pulvérisé, en le délayant avec de l'eau ordinaire avant de couler en pastilles.

Pastilles au gérofle.

Prendre trois livres de beau sucre en poudre, en faire une pâte molle et homogène, et sur la masse incorporer gérofle en poudre très-fine, trois onces, et y ajouter une cuillerée à café d'essence de cet aromate bien préparé, et surtout très-odorant, pour couler en pastilles.

Pastilles de guimauve.

Racine de guimauve desséchée et réduite en poudre très-fine, une once et demie ; sucre blanc en poudre, quatre onces. On mêle exactement ces deux substances, et on les incorpore avec suffisante quantité de mucilage de gomme adragant, pour en former une masse molle et homogène, que l'on étend et que l'on coupe en losanges ou en carrés, et que l'on fait ensuite sécher à l'étuve.

Autre manière. Racine de guimauve très-blanche et desséchée, une once et demie ; gomme arabique choisie, quatre onces ; sucre blanc, une livre et demie ; eau de fleurs d'oranger, suffisante quantité. On pulvérise séparément toutes ces substances, on les mêle exactement dans un mortier de marbre, en y ajoutant peu-à-peu assez d'eau de fleurs d'oranger pour former une pâte molle et tenace, que l'on divise ensuite en rondelles.

Pastilles à l'héliotrope.

Dans trois livres de beau sucre préparé comme de coutume, ajoutez, lorsque la pâte en est faite avec de l'eau de fleurs d'oranger très-odorante , quelques gouttes d'esprit de jasmin , de tubéreuse , et une once de celui de vanille , pour couler en pastilles.

Pastilles d'ipécacuanha.

Ipécacuanha en poudre très-fine , un gros ; sucre pulvérisé , dix-huit onces ; mucilage de gomme adragant , suffisante quantité : on mêle très-exactement et on forme des pastilles de cinq grains , de manière à obtenir de toute la pâte à peu près trois cents pastilles. Quelques-uns, pour les aromatiser , forment le mucilage de gomme adragant avec l'eau distillée de fleurs d'oranger ; d'autres y ajoutent trois ou quatre gouttes d'huile volatile de bergamote ; souvent on y met un gros d'iris de Florence en poudre.

Pastilles au jasmin.

Délayer avec de l'eau de rivière seulement trois livres de beau sucre blanc passé au tamis de crin , en faire une pâte molle qu'on laisse pendant quelques heures dans un vase de faïence , après y avoir ajouté deux onces d'esprit de jasmin, pour couler en pastilles. Avec l'esprit de jonquille , de réséda , de tubéreuse , en les mélangeant à dose égale pour la même quantité de sucre.

Pastilles de menthe.

Sucre très-blanc, seize onces ; eau distillée de menthe poivrée, quatre onces ; huile volatile de menthe poivrée , un gros. On met dans un poêlon à long bec et à manche court, que l'on place sur un feu doux , huit onces de sucre, avec l'eau distillée de menthe ; et on fait cuire jusqu'à consistance suffisante ; alors on retire du feu , et on y ajoute huit onces de sucre granulé et mêlé exactement avec l'huile volatile de menthe ; on remue et on agite pour former le mélange. Lorsqu'il est fait et encore fluide , on fait tomber la matière goutte à goutte , par le bec du poêlon, et à l'aide d'un fil de fer ou tout autre instrument, sur des plaques de fer-blanc bien sèches et bien polies, ou sur une feuille de papier mince appliquée et étendue

sur le marbre.... On les fait encore par le simple mélange de deux gros d'essence de menthe poivrée, dite
d'Angleterre, dans trois livres de sucre fin passé au
tamis, et en achevant la pâte avec de l'eau ordinaire,
pour couler en pastilles.

Pastilles à l'œillet.

Réduire en poudre et passer au tamis la quantité de
sucre fin jugée nécessaire, en faire une pâte molle,
homogène, avec l'eau d'œillet aromatisée et odorante,
par l'addition de l'esprit de gérofle; la conserver
dans une terrine, pour couler par parties et faire les
pastilles.

Pastilles à l'orange.

Il est indifférent, pour faire les pastilles à l'orange,
de délayer la quantité de sucre dont on veut les confectionner avec une quantité d'eau suffisante, et d'y
ajouter en même temps de l'essence d'orange, ou de
râper sur du sucre la peau de quelques oranges, et
ensuite le réduire en poudre extrêmement fine, pour
achever la pâte et la couler en pastilles.

Pastilles à l'orgeat.

Faire infuser pendant six heures, dans suffisante
quantité d'eau froide ordinaire, une livre d'amandes
amères de pêches ou d'abricots. Après les avoir pelées,
on les fait sécher sur un tamis, pour les piler en deux
fois dans un mortier de marbre avec un pilon de bois;
achever ensuite de les réduire en pâte extrêmement
fine, en les broyant à la molette sur la pierre, et en
y ajoutant de l'eau de fleurs d'oranger, pour en extraire toute la substance laiteuse, soit par le moyen de
la presse, soit avec un linge serré fortement; faire
ensuite la pâte avec le sucre, et la conserver pour la
couler par parties comme toutes celles qui peuvent
contenir quelques substances sujettes à graisser.

Pastilles au pot-pourri.

Délayer trois livres de beau sucre fin tamisé, avec
suffisante quantité d'eau de fleurs d'oranger très-

odorante ; pour terminer la pâte et la rendre agréable, y ajouter une cuillerée à café des esprits de jasmin , de jonquille, de réséda, de tubéreuse, et six ou huit gouttes des essences d'ambre et de musc, pour conserver et couler par parties, afin de ne pas laisser échapper les substances aromatiques et volatiles.

Pastilles de réglisse au cachou.

Extrait de réglisse noir purifié, cinq gros ; cachou pulvérisé, dix gros ; sucre, six onces ; mucilage de gomme adragant, suffisante quantité. On fait chauffer légèrement un mortier de marbre, pour amollir l'extrait de réglisse, on y ajoute un peu de mucilage de gomme adragant, afin de le mêler plus facilement aux autres substances, que l'on pile et que l'on incorpore pour former une pâte molle que l'on divise en petites parties.

Pour les faire *à la réglisse irisée*, on prend racine de réglisse en poudre, huit gros ; iris de Florence en poudre et amidon, de chaque, quatre gros ; safran , douze grains ; sucre blanc, une livre ; mucilage de gomme adragant, quantité suffisante , pour former une pâte molle , que l'on partagera en rondelles ou en pastilles ; on peut même en faire des cylindres de la grosseur d'une plume.

Pastilles à la rose.

Délayer et faire une pâte molle et homogène avec trois livres de beau sucre tamisé , et suffisante quantité d'eau de roses très-odorante , pour couler en pastilles. Avec six gros de roses rouges, en poudre très-fine , quatre onces de sucre blanc et en poudre , que l'on incorpore avec suffisante quantité de mucilage de gomme adragant préparé avec de l'eau de roses et dont on fait une masse homogène, on fait encore d'autres pastilles qui portent le même nom.

Pastilles au safran.

Prendre dix-huit grains de safran gâtinais, les faire infuser pendant quelques minutes dans six onces d'eau bouillante; passer et tirer à clair, et laisser refroidir pour délayer, en y ajoutant encore un peu d'eau, si elle est nécessaire, trois livres de sucre réduit en poudre et tamisé; en faire une pâte homogène et couler en pastilles.

Pastilles à la salade.

Faire deux mélanges avec du beau sucre passé au tamis, dans deux vases différens; délayer l'un avec du vinaigre blanc, et l'autre avec de l'eau ordinaire colorée avec un peu de carmin, en y ajoutant une once de graine de céleri réduite en poudre extrêmement fine; prendre dans un poêlon à deux compartimens une certaine quantité de l'une et de l'autre des deux pâtes, les faire chauffer et les remuer avec deux bâtons différens; lorsque les mélanges sont bons à couler, servez-vous de chacun de ceux avec lesquels vous les aurez mélangés, pour ne pas altérer les couleurs. C'est le procédé à suivre pour faire toutes les pastilles à qui l'on veut donner deux couleurs et deux goûts différens.

Pastilles de semen-contra.

Réduire en poudre et passer au tamis de soie semen-contra, une once et demie ; prendre ensuite trois livres de beau sucre tamisé, à délayer avec suffisante quantité d'eau ordinaire, et y incorporer le semen-contra, pour faire cuire et couler en pastilles *vermifuges*.

Pastilles de soufre.

Mucilage de gomme adragant fondu et préparé à l'eau simple, une once; soufre sublimé et lavé (fleurs de soufre), trois onces; cannelle de Ceylan en poudre très-fine, deux gros; beau sucre blanc passé au tamis de soie, trois livres.

Faire avec le mucilage et le sucre un premier mélange, pour incorporer ensuite le soufre avec beaucoup de soin ; y ajouter la cannelle et faire du tout une pâte ferme, uniforme et homogène, bien pétrie, à étendre sur un marbre, et découper en pastilles plus ou moins grosses.

Avec une once de soufre sublimé et lavé, un gros d'acide benzoïque et huit onces de sucre blanc, et suffisante quantité d'un mucilage de gomme adragant préparé avec l'eau d'hysope, on prépare les *pastilles de soufre composées*.

Pastilles stomachiques.

Prendre une once des zestes d'oranges amères desséchées, un gros d'extrait de quinquina, demi-gros de calamus aromaticus; sucre blanc, une livre, et suffisante quantité d'eau de fleurs d'oranger, très-odorante, réduire le tout en poudre très-fine, et l'incorporer dans le sucre avec l'eau de fleurs d'oranger; en faire une pâte consistante et homogène, susceptible d'être étendue sur un marbre, et d'être découpée en pastilles plus ou moins grosses; à faire sécher à l'étuve.

Pastilles à trois couleurs.

Délayer dans trois vases différens deux livres de beau sucre blanc tamisé : le premier, avec de l'eau de fleurs d'oranger, odorante, destiné à rester blanc; le second, avec l'eau de roses, coloré avec un peu d'eau carminée; le troisième, avec l'eau de rivière, en y faisant entrer une demi-once d'iris de Florence en poudre, et en colorant avec une légère solution d'indigo; liquéfiez également partie de l'une et de l'autre dans un poêlon à trois compartimens, et le blanc dans le milieu; remuez chacune des pâtes avec une spatule différente, pour couler en pastilles, et d'une manière aussi égale et uniforme que possible. En suivant le même procédé, on peut varier à l'infini toutes les substances aromatiques comme les couleurs.

Pastilles de tolu.

Communément *pastilles* ou *tablettes pectorales de baume de tolu*. Prendre baume de tolu ou du Pérou, un gros; givre de vanille, dix-huit grains; acide tartareux, dix-huit grains; essence d'ambre, huit gouttes; sucre blanc, une livre; eau de roses et gomme adragant, de chaque, quantité suffisante. On commence par triturer le baume de tolu avec un peu de sucre ; puis on le divise, on l'étend avec de l'eau de roses, et, après avoir fait chauffer très-légèrement la liqueur, on la filtre, et on se sert de cette liqueur filtrée pour former le mucilage de gomme adragant ; alors on triture avec soin le givre de vanille avec l'acide tartareux, l'essence d'ambre et le restant du sucre : lorsque le mélange est homogène et bien pulvérisé, on l'incorpore avec le mucilage de gomme adragant, et on en forme des pastilles, qu'on fait sécher.

Pastilles de vanille.

Vanille en poudre très-fine, six gros ; sucre en poudre, quatre onces ; mucilage de gomme adragant, quantité suffisante ; mêler le tout très-exactement, pour faire une pâte molle que l'on partage également en pastilles de toutes formes et du poids de huit ou dix grains.

On les fait encore en broyant quatre gros de vanille avec un peu de sucre que l'on passe ensuite au tamis de soie, après l'avoir mélangé avec une livre et demie de sucre en poudre, et assez d'eau pour rendre la pâte molle et homogène : on coule les pastilles.

Ou bien encore en délayant le sucre avec quatre gros d'esprit de vanille, et en y ajoutant un peu d'eau ordinaire pour achever la pâte ; celles-ci sont beaucoup plus transparentes, et l'on peut à volonté les aromatiser plus ou moins en augmentant ou en diminuant les doses des diverses préparations de vanille.

Pastilles vermifuges.

Prendre muriate mercuriel doux sublimé, cinq gros ; résine de jalap, trois gros ; sucre blanc pulvérisé, une livre ; mucilage de gomme adragant, suffisante quantité.

Après avoir broyé exactement sur un marbre le muriate mercuriel, la résine de jalap, on les mêle, on les incorpore avec le sucre, et on y ajoute une suffisante quantité de mucilage de gomme adragant pour en former une pâte uniforme que l'on divise en ron-

delles du poids de huit à dix grains chacune. Avant de
diviser la pâte, on peut l'aromatiser avec quelques
gouttes d'essence de citron.

Pastilles à la violette.

Préparer, comme pour les autres, trois livres de
sucre fin, mettre dans la cucurbite d'un alambic une
livre de fleurs de violette, mondées de leur queue et
de leur calice ; verser dessus une chopine d'eau bouillante, fermer exactement pour placer pendant douze
heures à l'étuve, exprimer le tout fortement pour en
tirer toute l'infusion dont on se servira pour faire avec
le sucre une pâte à couler en pastilles.

DES PASTILLES-BIJOU.

La petitesse, la beauté et la transparence, ainsi que
toutes les autres qualités essentielles qui les caractérisent, sont les principales causes de la dénomination
de *bijou* qu'on leur a donnée, et qui sert à les distinguer parmi toutes les autres ; la variété des couleurs
qu'on peut employer pour les distinguer, ainsi que les
diverses substances aromatiques dont il est possible de
les parfumer, les rendent extrêmement agréables au
palais ; comme les autres, elles fondent presque subi-
tement dans la bouche, et plus spécialement encore
à cause de leur grosseur qui n'est guère supérieure à
une lentille ordinaire. Aussi, pour les couler, on doit
apporter des précautions beaucoup plus minutieuses
que pour faire les précédentes, et surtout pour qu'elles
soient d'égale grosseur ; on les débite dans des petites
boîtes en carton avec étiquette de l'arome qu'elle renferme ; on peut y ajouter une devise.

Pastilles-bijou à la fleur d'oranger.

Prendre une livre de sucre tout ce qu'il y a de plus
fin, de celui désigné sous le nom de *sucre royal*, le
réduire en poudre et le passer au tamis de crin, pour
le délayer avec suffisante quantité d'eau de fleurs d'o-
ranger pour faire une pâte ferme et homogène ; en
mettre une petite partie dans un poêlon à long bec, et

l'exposer au feu jusqu'à ce que la liquéfaction en soit complète et qu'elle soit entrée en ébullition ; retirez du feu, et, avec une longue lame mince et étroite, coulez sur des plaques de fer-blanc ; faites-les petites et égales, et guère plus grosses que des lentilles : et si le sucre contenu dans le poêlon venait à refroidir avant qu'il ne fût totalement employé, faites-le réchauffer ; et, lorsqu'il viendra à se granuler à l'extrémité du bec où il coule, avec une petite éponge imbibée on parvient très-facilement à le nettoyer : ces pastilles entièrement achevées, on les détache des plaques pour les mettre dans un tamis et les faire sécher à l'étuve.

Pastilles-bijou à la rose.

Délayer le sucre le plus fin avec l'eau de roses la plus odorante qu'il soit possible de trouver, y ajouter un peu de carmin pour les colorer en rose assez vif, et manipuler comme pour les précédentes.

Pastilles-bijou au safran.

Faire bouillir pendant quelques minutes, dans un poêlon, avec une verrée d'eau de rivière, safran du Gâtinais, trente-six grains : laissez refroidir et tirez à clair, en exprimant aussi fortement qu'il est possible, pour en extraire toute la liqueur colorante, dont vous vous servirez pour délayer une livre de sucre le plus fin, et l'amener à consistance de pâte ferme pour faire ces pastilles.

Pastilles-bijou à la violette.

Pilez et passez au tamis une livre de sucre raffiné et une once d'iris de Florence en poudre avec de l'eau ordinaire, faites du tout une pâte à laquelle on peut donner la couleur violette avec une solution de carmin, dans laquelle on laisse tomber quelques gouttes d'indigo en liqueur pour couler par parties, et faire ces pastilles par les procédés indiqués, etc.

DES PASTILLES FAITES A FROID AVEC LA LIQUEUR.

Comme on fabrique cette espèce de pastilles sans rien exposer au feu, il n'est pas étonnant qu'elles soient beaucoup plus suaves et plus aromatiques que toutes celles dont nous venons de parler, parce que rien de ce qui y entre ne s'évapore ; quoi qu'il en soit, le choix des matières premières, et surtout celui du sucre, méritent les plus grandes attentions : on peut s'en servir pour varier et décorer les desserts, les mettre en papillotes, etc.

Pastilles à l'eau des Barbades.

Prendre une livre de beau sucre blanc, réduit en poudre et passé au tamis de crin, faire fondre quatre gros de gomme arabique dans suffisante quantité d'eau de rivière, pour le délayer en pâte fine et homogène qu'on aromatise avec de l'eau spiritueuse des Barbades.

Pastilles épiscopales.

Beau sucre, une livre ; gomme arabique, quatre gros ; suivre la même préparation que pour les autres, et délayer le sucre avec de l'eau spiritueuse épisco-pale, dans laquelle on mêle et on étend une dissolution de carmin mêlé d'indigo pour la rendre violette.

Pastilles à l'esprit de cannelle.

Pour une livre de sucre raffiné et réduit en poudre passée au tamis de crin, délayez avec de l'eau ordinaire quatre gros de gomme arabique bien blanche, et aromatisez avec suffisante quantité d'eau de cannelle spiritueuse, ou d'esprit de cannelle.

Pastilles à l'esprit cordial.

Préparez une livre de beau sucre raffiné dont vous ferez la pâte, avec quatre gros de belle gomme arabique bien blanche, et dissoute dans suffisante quantité d'eau de rivière, pour l'aromatiser avec de l'esprit cordial bien odorant.

Pastilles de gérofle.

Pour les précédentes, comme pour les suivantes, pilez une livre du plus beau sucre, et le passez au tamis de soie, et le mettez dans un vase de faïence ; on délaie séparément quatre gros de gomme arabique avec de l'eau chaude, pour que sa dissolution se fasse mieux et plus promptement ; après son refroidissement, on la verse sur le sucre, et on y ajoute l'eau spiritueuse de gérofle ; on saupoudre des plaques de fer-blanc avec du sucre passé au tamis de soie, sur lesquelles on roule la pâte pour la couper en petits morceaux les plus ronds possibles ; lorsqu'elles en sont couvertes, on les secoue sur une table pour les faire aplatir et prendre la forme de pastilles, on les met à l'étuve pendant vingt-quatre heures, le lendemain on les retourne avec un couteau à palette pour achever de sécher, et les enfermer dans des boîtes bien bouchées.

En suivant les mêmes procédés et en employant les mêmes quantités de sucre, de gomme et d'essences, liqueurs spiritueuses ou esprit, on fait des pastilles à froid, au jasmin, à l'esprit de jonquille, de macis, au marasquin, à la menthe, à la muscade, à la myrrhe, à l'orange, au persicot, au réséda, au rossoglio, au scubac, à la tubéreuse, à l'esprit de Vénus, etc.

DES PASTILLES A LA GOMME.

Pastilles de cannelle à la gomme.

Mucilage de gomme adragant préparé à l'eau simple, deux onces ; cannelle en poudre fine, une once ; huile essentielle et aromatique de cannelle, dix onces ; sucre en poudre, huit livres.

Piler la gomme et la faire fondre ou plutôt l'incorporer dans le sucre qu'on y ajoute peu-à-peu jusqu'à ce que la pâte qui en résulte soit assez compacte ; y ajouter la cannelle en poudre, ainsi que l'huile essentielle, la pétrir et en faire des abaisses de deux ou trois millimètres d'épaisseur, découper les pastilles à l'emporte-pièce pour les faire sécher à l'étuve, et les enfermer dans des boîtes ou des bocaux bien bouchés.

Pastilles de gomme adragant à la fleur d'oranger.

Dans une très-petite quantité d'eau de fleurs d'oranger très-odorante, faites fondre mucilage de gomme adragant, deux onces, de manière à la laisser de consistance assez épaisse, l'exprimer à travers un linge pour la piler dans un mortier, en y ajoutant de temps en temps du sucre en poudre fine et tamisée ; lorsque la pâte est blanche, on y incorpore racine de guimauve desséchée et réduite en poudre, trois onces ; sortez du mortier, et pétrissez sur une table pour en faire des abaisses d'une épaisseur de trois millimètres, sur lesquelles vous passerez un rouleau cannelé pour couper avec l'emporte-pièce en rondelles plus ou moins larges ; les mettre sur un tamis pour les faire sécher à l'étuve, et, au bout de quarante-huit ou soixante heures de dessication, les enfermer dans des boîtes ou des bocaux bien fermés.

Pastilles de gérofle à la gomme.

Prendre mucilage de gomme adragant fondu à l'eau simple, deux onces ; gérofle pulvérisé et passé au tamis, trois onces : sucre en poudre, huit livres : suivre en tout et pour tout les mêmes procédés que pour les précédentes ; elles diffèrent très-peu des pastilles coulées à la goutte.

Pastilles létifiantes à la gomme.

Piler dans un mortier de marbre avec un morceau de sucre, et à l'aide d'un pilon de bois, gérofle, écorce de citrons desséchés, storax calamite et graines de basilique, de chaque, un gros ; macis et muscade, de chaque, demi-gros ; ambre, musc et safran du Gâtinais, de chaque, douze grains : réduire toutes ces substances en poudre très-fine, en les passant au tamis de soie.

Broyer, triturer et passer au tamis de crin du sucre très-blanc, prendre ensuite quantité suffisante de mucilage de gomme adragant pour faire du tout une livre de pâte en pilant dans le mortier, afin qu'elle soit égale et homogène, après y avoir incorporé toutes les autres substances pulvérisées, et qui ont été indiquées plus haut, à couler en pastilles à la manière accoutumée.

Pastilles à la gomme pour la soif.

Mucilage de gomme adragant préparé avec de l'eau de fleurs d'oranger très-odorante, une once, pour faire une pâte à la manière indiquée avec quatre livres de beau sucre raffiné et passé au tamis, en incorporant, sel d'oseil, une once ; huile essentielle de citrons, dix gouttes ; faire des abaisses, y passer le rouleau cannelé, et couper avec l'emporte-pièce en rondelles plus ou moins grosses, et les faire dessécher à l'étuve en les plaçant sur des tamis.

DES PATES.

Les confiseurs ont donné le nom de *pâtes* à beaucoup de préparations qui ont la mollesse, la flexibilité, la ténacité de la pâte ordinaire de farine, et qui sont essentiellement composées de substances gommeuses et de sucre dissout dans l'eau ou dans une infusion ou une décoction plus ou moins rapprochées par l'ébullition, au point qu'elles peuvent conserver toutes les formes qu'on désire leur donner, soit en les mettant dans des moules appropriés à cet usage, soit en les mettant sécher à l'étuve ; telles sont les suivantes :

Pâte d'abricots.

Choisir de beaux abricots dans leur état de maturité parfaite, les pelurer, en ôter les noyaux, pour les faire cuire ensuite à feu doux, en les remuant continuellement dans une bassine, et après y avoir ajouté une suffisante quantité d'eau ; la marmelade achevée, on les retire ; les laisser égoutter sur un tamis de crin, et les passer, lorsqu'ils sont refroidis, à l'aide d'un pulpoir, faire évaporer à moitié ce qu'on en a obtenu de suc exprimé, pour le garder dans un vase à part ; clarifiez et faites cuire au petit cassé, poids pour poids, de beau sucre, dans lequel on mélange exactement la marmelade pour la verser dans des moules, et faire sécher à l'étuve, soit en la tenant isolée sur des tamis, soit en la disposant par couches successives avec une feuille de papier entre chacune d'elles.

Pâte à la bergamote en dragées.

Faire fondre dans suffisante quantité d'eau ordinaire, mucilage de gomme adragant, trois onces, avec du sucre en poudre : les piler dans un mortier de marbre, en y ajoutant de l'essence de bergamote ; quand la pâte est ferme, faites des abaisses et découpez avec un emporte-pièce ; quelle que soit la forme que vous adoptiez, mettez la pâte après avoir été coupée sur des tamis de crin, pour les faire sécher à l'étuve. Lorsqu'elle est devenue croquante, mettez-la dans la bassine ou tonneau, avec du feu dessous, et la chargez peu-à-peu avec du sucre fondu dans de l'eau et cuit à la nappe. A la sixième ou huitième charge, retirez de la bassine et placez à l'étuve, pour la faire blanchir : après la cinquième charge, vous y ajoutez de la gomme, et continuez avec celles au sucre en la faisant sécher à chaque fois ; enfin, pour achever de la blanchir, vous mettez huit charges avec du sucre superfin, tout cela sur un feu très-doux ; lissez dans la bassine branlante sans feu, et appuyez de manière à agiter avec les deux mains, et en diminuant chaque fois la charge : raccrochez la bassine, et remuez en lissant ; lorsque la pâte est essorée, chauffez le tout, remuez doucement, et retirez les dragées pour les enfermer dans des boîtes.

Pâte au café en dragées.

Après avoir délayé trois onces de mucilage de gomme adragant dans suffisante quantité d'eau ordinaire, on y ajoute, en le pétrissant, quatre onces de café en poudre passé au tamis de soie : il faut choisir le café de première qualité ; lorsque la pâte est ferme, roulez et formez des abaisses que vous découpez à l'emporte-pièce, pour mettre sur des tamis et faire sécher à l'étuve ; travaillez-les ensuite comme les précédentes.

Pâte au chocolat en dragées.

Faire semblable préparation de gomme adragant pour mêler avec dix onces de chocolat râpé et confectionné sans sucre ; lorsque la pâte a acquis une consistance et une fermeté convenables, étendez avec le rouleau, faites des abaisses minces en saupoudrant avec du sucre ou des ratissures ; mettez-en cinq ou six les unes sur les autres, pour les découper en filets longs, de deux, trois ou quatre lignes de grosseur, en les mettant, à mesure qu'ils sont faits, sur des tamis pour sécher à l'étuve et les travailler ensuite comme la bergamote.

Pâte de cerises.

Après avoir fait un choix de douze ou quinze livres de cerises bien mûres, parmi celles que l'on désigne sous le nom de *courtes-queues*, de *Montmorency*, après en avoir ôté les noyaux et les queues, mettez-les dans une bassine sur le feu pour les faire bouillir pendant quelques minutes, en les remuant avec une spatule de bois : retirez du feu et versez sur un tamis pour les passer et en extraire la pulpe ; faites évaporer et réduire à moitié pour la mettre dans un vase de faïence ; faites cuire et clarifier poids pour poids de sucre ; arrivé au boulé, incorporez votre pulpe de cerises préparée ; arrivée à consistance convenable, remplissez des moules de fer-blanc ou versez sur un marbre pour former une pâte à couper comme on le juge à propos, et d'une certaine épaisseur ; placez sur des tamis ; saupoudrez avec du sucre fin, pour faire sécher à l'étuve, en les retournant de temps en temps ; la pâte arrivée à dessication convenable, conservez dans des boîtes à l'abri de l'humidité.

Pâte de coings.

Prendre des coings bien mûrs, les couper en quatre, en ôter la pulpe et les pépins ; les faire cuire dans l'eau

ordinaire au point de pouvoir les écraser ; les mettre
sur un tamis de crin pour laisser égoutter et les exprimer à l'aide d'un pulpoir ; faites cuire du sucre poids
pour poids de ce qu'il y aura de marmelade ; arrivé au
petit boulé, mélangez la marmelade, et, lorsque le
tout sera parvenu à consistance requise ; remplissez
des moules, ou coulez sur le marbre pour couper en
parties de forme et de grosseur différentes, que vous
mettrez sur des tamis et à l'étuve pour les faire sécher
comme les autres ; retournez-les de temps en temps en
saupoudrant avec du sucre ; la pâte entièrement desséchée doit être conservée dans des boîtes à l'abri de
l'humidité.

Pâte croquante.

Faire tremper dans suffisante quantité d'eau fraîche
une livre d'amandes douces pour les peler et les faire
ensuite sécher à l'étuve ; après les avoir pilées dans un
mortier de marbre, après les avoir réduites en une
pâte fine et homogène au moyen d'un blanc d'œuf et
d'une quantité suffisante d'eau de fleurs d'oranger
odorante, mettez dans une bassine pour faire évaporer, en y ajoutant peu-à-peu une livre et demie de
sucre en poudre ; lorsque le tout est bien mélangé,
posez cette masse sur une table ou sur un marbre pour
la façonner en gâteaux plus ou moins gros et épais, de
formes et de figures variées, soit avec les doigts, soit
avec des emporte-pièces, pour les mettre cuire au
four sur des plaques de tôle ou de fer-blanc.

Pâte croquante à l'italienne. Préparez, comme pour
la précédente, une livre d'amandes ; pilez ensuite dans
un mortier avec le zeste d'un citron coupé très-fin, en
arrosant avec le blanc d'œuf et deux onces de fleurs
d'oranger odorante ; clarifiez une livre et demie de
sucre, et faites cuire au petit boulé ; retirez la bassine
du feu pour y incorporer la pâte d'amandes ; faites
cuire de nouveau sur un feu doux, et remuez jusqu'à
ce qu'elle se détache de la bassine ; versez-la dans un
plat saupoudré avec le sucre pour la laisser refroidir et

en faire des gâteaux de toutes formes ou de grandeur et d'épaisseur variées, pour les faire cuire au four.

Pâte d'épine-vinette.

Choisir de la belle épine-vinette bien mûre; l'éplucher, la mettre dans une bassine avec une verrée d'eau pour l'amollir, sur un feu doux; la jeter sur un tamis de crin, et l'écraser pour en extraire la pulpe, et la faire réduire ensuite jusqu'à peu près la moitié en la remuant continuellement avec une spatule de bois; peser ce qui reste, et l'incorporer dans poids égal de sucre clarifié et cuit au petit boulé; ajoutez une livre de marmelade de pommes pour arriver au point de cuisson, et à consistance convenable, afin de verser dans des moules préparés, ou couler sur un marbre; laissez refroidir; mettez à l'étuve en saupoudrant avec du sucre et en retournant de temps en temps pour dessécher complètement, et conserver dans des boîtes à l'abri de l'humidité.

Pâte de fleurs d'oranger.

Choisir, éplucher une livre de belles fleurs d'oranger : la mettre avec suffisante quantité d'eau dans une bassine pour la faire bouillir ; la fleur d'oranger attendrie, retirez du feu ; jetez de l'eau fraîche par-dessus pour la refroidir promptement; faites égoutter; essuyez-la dans un linge et broyez-la dans un mortier de marbre avec un pilon de bois, de manière à en faire une pâte homogène, à laquelle vous ajouterez, pour deux livres pesant, le suc d'un citron entier ; faites cuire et clarifier du sucre dans la proportion de demi-livre pour livre de pâte à laquelle vous aurez ajouté, avant que de la mêler avec le sucre, quatre onces de gelée de pommes par livre. pour lui donner un bouillon et l'égoutter, lorsqu'elle est arrivée à consistance requise, dans les moules ou sur des feuilles de fer-blanc en lui donnant toutes les formes que vous jugerez convenables.

Pâte de framboises.

Ecraser cinq livres de framboises bien mûres ; les passer au tamis à l'aide d'un pulpoir ; peser le produit, et faire cuire autant de sucre au cassé pour y verser la framboise, et la faire cuire à petit feu en la remuant continuellement ; la cuisson est achevée lorsqu'on aperçoit le fond de la bassine ; retirez du feu et versez dans des moules de fer-blanc ; saupoudrez avec du sucre fin et mettez à l'étuve ; au bout de vingt-quatre heures, sortez la pâte et achevez de la dessécher complètement pour enfermer dans des boîtes par lits successifs, entre lesquels vous mettrez du papier blanc, et la conserver à l'abri de l'humidité.

Pâte de fruits d'églantier.

Pâte de cynorrhodon. Après avoir choisi trois ou quatre livres de fruits d'églantier bien mûrs, après en avoir fait une marmelade en leur ôtant les graines, les pédicules, les calices, après les avoir écrasés sur un tamis à l'aide d'un pulpoir, faites évaporer l'humidité ; pesez le produit, et y ajoutez poids égal de sucre clarifié et cuit au petit boulé : arrivée au point de consistance requise, versez dans les moules ou coulez sur le marbre pour faire des tablettes ; faites dessécher à l'étuve en saupoudrant avec du beau sucre pour enfermer dans des boîtes et la conserver à l'abri de toute humidité.

Pâte de groseilles.

Choisir et égrener de belles groseilles bien mûres ; ôter les rafles, les écraser ; les mettre sur le feu, en y ajoutant une chopine d'eau ordi·aire ; après quelques minutes d'ébullition, et, lorsque le fruit est crevé, verser tout dans un tamis et exprimer le suc ; laissez reposer ; coulez par inclinaison et faites réduire à moitié ; retirez du feu, et, dans une égale quantité de sucre cuit au cassé, mélangez la groseille clarifiée avec une spatule de bois. Dès l'instant où vous apercevez le fond de la bassine, coulez dans les moules pour la faire sécher à l'étuve et conserver à l'abri de l'humidité. Si, dans la pulpe obtenue avec la groseille, on incorpore une certaine quantité de celle de framboises, on rend la pâte encore beaucoup plus agréable au goût.

Pâte de guimauve.

Racines de guimauve mondées de leur écorce, deux onces : gomme arabique choisie et très-blanche, sucre très-blanc, de chaque, vingt onces ; eau de rivière, dix-huit onces.

On fait bouillir la guimauve pendant cinq ou six minutes dans l'eau ; on passe la décoction ; on y ajoute la gomme arabique concassée ; on remet la bassine sur le feu, en remuant continuellement avec une spatule de bois jusqu'à l'entière solution de la gomme ; on coule à travers un linge blanc, et mieux encore à travers un blanchet ; et, après avoir nettoyé la bassine, on y remet la liqueur ; on y ajoute le sucre concassé, et on fait évaporer à une douce chaleur, en agitant continuellement jusqu'à ce que la matière ait pris la consistance du miel : alors on y ajoute peu-à-peu, huit ou dix blancs d'œufs mêlés avec deux ou trois gros de fleurs d'oranger, et que l'on réduit en mousse écumeuse, en les fouettant avec quelques brins de bouleau. Pendant ce temps, on agite fortement et vivement, avec la spatule, la matière contenue dans la bassine, jusqu'à ce qu'elle ait une grande blancheur, et qu'elle se détache facilement de la spatule ; on retire alors la bassine du feu ; on coule aussitôt la pâte sur un marbre saupoudré d'amidon ; enfin, lorsqu'elle est refroidie, on la coupe avec des ciseaux, en tablettes, que l'on saupoudre aussi avec de l'amidon, pour qu'elles n'adhèrent point les unes aux autres.

Pâte de marrons.

Après avoir choisi une certaine quantité de beaux marrons, ôtez l'écorce ligneuse, faites-les blanchir à l'eau bouillante, pour ôter la seconde pellicule qui les recouvre, et les piler dans un mortier de marbre ; faites du tout une pâte homogène ; après l'avoir pesée.

clarifiez poids égal de beau sucre et faites-le cuire au
boulé ; mélangez avec la pâte de marrons à laquelle
vous joindrez moitié de son poids de marmelade d'a-
bricots ou de gelée de pommes ; lorsque le tout est
bien incorporé, versez sur un marbre et l'étendez sur
des ardoises, en lui laissant une épaisseur de trois ou
quatre lignes, pour les mettre à l'étuve et les faire sécher ; au bout de vingt-quatre heures, coupez les tablettes en leur donnant une forme quelle qu'elle soit,
pour les enfermer dans des boîtes et les conserver à
l'abri de l'humidité.

Pâte de mirabelles.

Prendre une quantité suffisante de prunes de mirabelle dans leur état de maturité parfaite ; ôter les
noyaux ; les mettre dans une bassine sur le feu, en y
ajoutant un peu d'eau ; après quelques minutes d'é-
bullition, les faire égoutter dans un tamis, les écraser
à l'aide d'un pulpoir, et les séparer entièrement de
leur pellicule ; peser la marmelade et faites évaporer
jusqu'à moitié ; retirez la bassine du feu et versez le
tout dans un vase de faïence ou de porcelaine ; clarifiez poids égal de sucre et faites cuire au petit cassé,
pour y mélanger, avec une spatule de bois, le premier
produit ; remettez la bassine sur un feu doux et continué jusqu'à ce que vous aperceviez le fond de la
bassine ; coulez sur un marbre ou dans des moules de
toute forme et de toute grandeur ; mettez-les à l'étuve,
et le lendemain, après les avoir retirées et saupoudrées
de sucre, replacez-les dans l'étuve jusqu'à ce que la
pâte soit entièrement desséchée. pour conserver ensuite dans des boîtes à l'abri de toute espèce d'humidité.

Pâte d'orgeat.

Voyez la partie du Limonadier, page 87.

Pâte de pêches.

Choisir des pêches bien mûres, en ôter les noyaux,
les mettre sur le feu, dans un tamis, pour les écraser

et tirer quatre livres de leur pulpe, que vous laisserez évaporer et réduire à moitié; clarifiez et faites cuire au petit cassé même quantité de sucre dans lequel vous incorporerez la marmelade avec une spatule de bois; faites cuire à consistance requise, pour verser dans les moules et les mettre à l'étuve; au bout de vingt-quatre heures, et, lorsqu'ils seront suffisamment desséchés, saupoudrez la pâte avec du sucre, pour l'achever et l'enfermer dans des boîtes, qui devront toujours être tenues à l'abri de toute humidité.

Pâte pectorale d'ache.

Racine fraîche d'ache, gomme arabique en poudre, sucre blanc, de chaque, huit onces; on fait légèrement bouillir les racines d'ache dans suffisante quantité d'eau, et, après avoir passé cette décoction à travers un linge, on y ajoute le sucre et la gomme arabique que l'on fait fondre à une douce chaleur, en remuant continuellement; lorsque la solution est complète, on passe de nouveau à travers un linge ou un morceau d'étoffe de laine, puis on évapore au bain-marie en consistance assez grande pour être mis dans des moules de fer-blanc huilés, dans lesquels on achève l'évaporation et la dessication à l'étuve.

Pâte de pommes.

Pelez et coupez par quartiers de belles pommes de reinette bien mûres; après en avoir ôté les pépins, mettez-les dans une bassine pour les faire cuire, en ayant soin de les retourner de temps en temps avec une spatule de bois. Lorsqu'elles sont amollies, les retirer du feu; les verser sur un tamis, pour égoutter; les écraser ensuite pour obtenir tout ce qu'elles peuvent contenir de pulpe, que l'on fait réduire à moitié; conservez dans un vase de faïence ou une terrine vernissée; clarifiez quantité égale de sucre, faites-le cuire au petit cassé, retirez du feu et y incorporez la pulpe des pommes: remettez sur un feu doux et continu, laissez bouillir jusqu'à ce que vous aperceviez le fond de la bassine; versez dans des moules de fer-blanc

légèrement huilés, dans lesquels vous acheverez l'é-
vaporation à l'étuve.

Pâte de réglisse.

Racines de réglisse mondées de leur écorce, deux
onces ; gomme arabique choisie et très-blanche, sucre
très-blanc, de chaque, vingt onces ; eau de rivière,
dix-huit onces.

On fait bouillir la réglisse pendant cinq ou six minutes dans l'eau ; on passe la décoction ; on y ajoute
la gomme arabique concassée, et on remet la bassine
sur le feu en remuant continuellement avec une spatule
de bois, jusqu'à l'entière solution de la gomme ; on
coule à travers un linge blanc ; et, après avoir nettoyé
la bassine, on y remet la liqueur, on y ajoute le
sucre concassé, et on fait évaporer à une douce chaleur, en agitant continuellement jusqu'à ce que le tout
ait pris une certaine consistance ; alors on y ajoute
peu-à-peu six à huit blancs d'œufs que l'on réduit en
mousse écumeuse, en les fouettant avec un balai
d'osier, et en y mêlant quatre gros d'eau de fleurs
d'oranger odorante ; pendant ce temps, on agite fortement et vivement avec la spatule toute la matière
contenue dans la bassine jusqu'à ce qu'elle ait acquis
une grande blancheur et qu'elle se détache facilement
de la spatule. On retire la bassine du feu ; on coule
aussitôt la pâte sur un marbre saupoudré d'amidon ;
enfin, lorsqu'elle est refroidie, on la coupe avec des
ciseaux et on saupoudre pour empêcher les tablettes de
coller les unes avec les autres.

Pâte de Reine-Claude.

Choisir de belles reines-claudes un peu avant leur
maturité complète, les mettre dans une bassine sur le
feu, avec un peu d'eau, après en avoir ôté les noyaux ;
les faire bouillir pendant quelques minutes ; après les
avoir retirées, laisser égoutter sur un tamis, pour obtenir une plus ou moins grande quantité de leur pulpe ;
faire clarifier du sucre à la plume livre pour livre de
fruit ; achever de faire cuire à consistance, pour ver-

ser dans des moules de fer-blanc, et faire sécher à l'étuve.

Pâte de verjus.

Egrener du verjus bien mûr, le mettre sur le feu, avec un peu d'eau, dans une bassine d'argent; faire bouillir; les grains gonflés et crevés, jetez-les sur un tamis de crin, pour les exprimer avec un pulpoir; mettez le produit sur un feu doux, faites réduire à moitié sur un feu doux; pesez ce qui reste et faites cuire autant de sucre au petit boulé; mélangez exactement l'excipient et le produit du verjus, et par livre de ce dernier ajoutez quatre onces de marmelade de pommes; parvenu au point de cuisson suffisante, coulez dans les moules, pour achever de sécher à l'étuve.

Pâte de violette.

Prendre deux livres de fleurs de violette épluchée, la réduire en pâte, en la pilant dans un mortier de marbre avec un pilon de bois, en y ajoutant le jus de deux citrons. Faire cuire au boulé deux livres de sucre; retirez la bassine du feu, mêlez exactement la pulpe de violettes et y ajoutez, gelée de pommes, une livre, pour donner de la consistance, et continuer comme pour toutes les autres pâtes.

DES SIROPS.

Sirop. Préparation extrèmement répandue dans le commerce, et l'une des plus grandes attributions des confiseurs. Toute espèce de sirop ne peut et ne doit être considérée que formée par la solution du sucre dans un fluide aqueux; mais dans une proportion telle que la composition puisse se conserver sans éprouver de fermentation, de moisissure, ni se candir.

On les distingue le plus ordinairement d'après les procédés que l'on emploie pour leur préparation. Ainsi, il y en a qui se préparent par infusion, par décoction, par distillation, par contusion, par fermentation : quoique ces distinctions soient peu exactes, puisqu'aucun sirop ne se prépare par distillation, ni fermentation, mais uniquement par la solution d'une certaine quantité de sucre dans un excipient, ou véhicule aqueux, qui, dans quelques cas, doit, il est vrai, avoir été soumis à la distillation, ou avoir éprouvé un certain degré de fermentation.

Si cependant on voulait établir absolument quelques distinctions dans la classe nombreuse des sirops, on pourrait les rapporter aux cinq articles suivans :

1° Tous les sirops qui se préparent avec de l'eau pure, ou des eaux distillées, c'est-à-dire chargées par la distillation d'un principe aromatique et volatil de de quelques plantes ;

2° Ceux qui se préparent avec le suc exprimé des fruits, des feuilles, ou racines des plantes, et que l'on clarifie ou dépure, par le repos, la filtration ou quelqu'autre procédé ;

3° Ceux qui se préparent avec l'infusion aqueuse, vineuse ou acéteuse de quelques plantes ;

4° Ceux qui se font avec la décoction d'une ou de plusieurs plantes ;

5° Enfin ceux que l'on prépare avec quelque liqueur émulsive.

Quelquefois aussi on forme des sirops composés, en mélangeant deux sirops déjà faits, en étendant, en délayant, dans un sirop simple, une certaine quantité de teinture, ou d'esprit chargé de quelque substance aromatique ou balsamique. Quoi qu'il en soit. le mode de préparation doit varier suivant la nature de la substance que l'on se propose de retenir et de conserver dans la solution du sucre ; la quantité du sucre pour former un sirop doit être généralement du double de la quantité du fluide qui sert d'excipient, c'est-à-dire qu'il faut trente-deux onces de sucre pour seize onces d'eau, ou autre liquide ; elle doit cependant être un peu moindre si l'excipient est vineux, acide, ou légèrement spiritueux.

La qualité du sucre doit aussi varier suivant la nature du sirop ; quelquefois il faut employer du sucre blanc, très-pur, bien cristallisé ; d'autres fois on peut se borner à la cassonade : le degré de cuisson est déterminé par la consistance visqueuse du sirop, et une densité telle qu'après le refroidissement il donne au pèse-liqueur trente-cinq degrés.

Tous les sirops mal conservés, et dans lesquels la fermentation commence à s'établir, deviennent louches, mousseux, et font sauter les bouchons. Cette espèce de décomposition dépend le plus souvent de ce qu'ils ont été mal clarifiés ou mal cuits ; car, lorsque le degré de cuisson n'a pas été suffisant, ils fermentent promptement ; lorsqu'il a été poussé trop loin, ils candissent, et l'on aperçoit des cristaux dans les bouteilles : il faut toujours apporter les plus grandes attentions à les bien remplir, et de ne les boucher qu'après leur parfait refroidissement. Enfin, pour qu'il soit plus facile de les conserver pendant un certain temps, on doit les placer dans un endroit dont la température soit peu élevée et constamment égale, et surtout à l'abri de la lumière du soleil.

Presque tous les sirops dont nous donnons ici les doses et la manipulation, sont extraits des formules contenues dans les différens programmes des opérations chimiques et pharmaceutiques exécutées dans les jurys médicaux pendant plusieurs années de suite, sous la présidence du professeur *Chaussier*.

Sirop acétacé de fenouil.

Ecorces de racines fraîches de fenouil et de racines de persil, vinaigre fort, de chaque trois onces, eau de rivière, dix-huit onces ; sucre blanc, trente onces.

On met les racines mondées et coupées dans une cucurbite ; on verse dessus l'eau bouillante et le vinaigre ; on bouche le vase, et, après douze heures d'infusion à une douce température, on coule avec expression ; on laisse dépasser la colature ; on la filtre, puis on y fait fondre le sucre et on fait cuire à consistance de sirop.

Sirop acidule de raisin (Parmentier).

On prend douze kilogrammes de suc de raisin blanc ou noir (environ vingt-quatre livres), légèrement

exprimé, afin qu'il contienne une moins grande quantité d'extractif; on le met dans une bassine que l'on
place sur un feu doux. Lorsque l'ébullition a été continuée pendant quelque temps, on clarifie ce suc avec
des blancs d'œufs, on le passe, puis on le fait cuire à
consistance de sirop, qui fournit à peu près la sixième
partie du suc que l'on a employé.

En refroidissant, ce sirop dépose une matière muqueuse, épaisse, de couleur rougeâtre, qui contient
une portion extractive, colorante, et une grande quantité de tartre (tartrite acidule de potasse), substance
qui, par la suite, déterminerait la fermentation du
sirop. Ainsi, pour prévenir cet inconvénient, il faut,
lorsque le sirop est suffisamment cuit, le verser dans
une grande terrine, l'y laisser reposer pendant vingt-
quatre ou trente heures; on le tire ensuite au clair, et,
après l'avoir versé dans des bouteilles, on ajoute à
chacune un peu d'esprit-de-vin, on les bouche bien,
et on les conserve dans un endroit frais.

Ce sirop, qui est d'une acidité agréable, d'une composition facile, peu dispendieuse, est très-propre à
calmer la soif pendant les chaleurs de l'été : ainsi, en
l'étendant dans l'eau, il pourrait être employé, avec
grand avantage, pour les moissonneurs, pour tous les
ouvriers qui travaillent à l'ardeur du soleil, et qui
souvent contractent des maladies en buvant de grandes
quantités d'eau qui les affaiblit, et ne peut les désaltérer si elle ne contient pas quelques substances acides,
amères ou acerbes. Dans le pays où le raisin est rare,
on pourrait préparer, pour le même objet, un sirop
acide avec les pommes, les poires sauvages, la cor-
nouille, la sorbe, la groseille, l'airelle myrtille, etc.

Sirop d'absinthe.

Prendre sommités d'absinthe, deux onces ; après les
avoir mises dans une terrine, verser dessus une livre
d'eau bouillante, et laisser infuser pendant deux heures :
après les avoir mises sur un feu doux, la macération
achevée, passez le tout à travers un linge ou un tamis,
pour y battre un blanc d'œuf et faire fondre le sucre. Lors-

qu'il est cuit à consistance de sirop, on le passe au blanchet pour le tirer à clair et le mettre dans des bouteilles bien bouchées.

Sirop de benjoin (par infusion).

Benjoin choisi et concassé. . . . . 2 onces.
Eau distillée. 8
Sucre blanc en poudre grossière. 15
On met le benjoin avec la quantité d'eau prescrite dans un ballon que l'on bouche avec une vessie, et que l'on place sur un bain de sable chaud. Après douze ou quinze heures d'infusion, on décante la liqueur dans un autre ballon ; on y ajoute la quantité de sucre prescrite ; on plonge le ballon dans l'eau chaude ; et, lorsque le sucre est fondu et l'appareil refroidi, on transvase le sirop dans des bouteilles bien bouchées.

Sirop de bryone.

Suc dépuré de racines de bryone . . 9 onces.
Sucre blanc concassé. 16
On fait fondre le sucre dans le suc de la plante à la chaleur du bain-marie, ou tout au plus à une légère ébullition.

On prépare de la même manière des sirops avec les sucs dépurés de *bellis*, de *bourrache*, de *buglosse*, de *chardon bénit*, d'*oseille*, de *racines d'enula campana*.

Sirop de café.

Brûler une livre de café jusqu'à la couleur blonde, le moudre et le mettre dans un vase de faïence ou de porcelaine, verser dessus une chopine d'eau bouillante ; agitez avec une cuiller ou une spatule de bois ; bouchez le vase et l'enfermez dans un endroit chaud jusqu'au lendemain ; décantez la liqueur, et exprimez le marc à la presse, et ajoutez du sucre cuit à la nappe le double de la quantité de café à l'eau ; faites cuire au cassé : après un bouillon couvert, versez dans les bouteilles lorsqu'il est encore tiède : il sert à remplacer tous les moyens de se procurer du café en voyageant ;

il suffit d'en verser deux cuillerées dans une verrée d'eau bouillante.

Sirop de camomille composé.

(Sirop fébrifuge.)

Suc de camomille romaine, de petite centaurée, de charbon bénit, de scordium, de chaque partie égale ; sucre blanc concassé, suffisante quantité.

Pour préparer ce sirop, qui est recommandé comme un excellent fébrifuge, on prend les plantes dans leur vigueur, c'est-à-dire un peu avant la floraison, et, après les avoir mondées, on les pile séparément, chacune dans un mortier de marbre, en les humectant légèrement, s'il est nécessaire, avec quelques gros d'eau distillée des mêmes plantes ; et, lorsqu'elles sont réduites en pulpe très-fine, on les met à la presse, pour en obtenir le suc que l'on laisse reposer pendant quelques heures ; alors on tire les sucs au clair, on les mélange, on les filtre ; et, après avoir pesé, on y ajoute environ le double du poids de sucre blanc concassé, que l'on fait fondre sur le feu, en se bornant à donner un seul bouillon au mélange ; enfin, on passe à travers un blanchet et on conserve le sirop dans des bouteilles sèches et bien bouchées.

Sirop de cannelle.

Après avoir cassé et brisé en petits morceaux huit onces de cannelle de Ceylan fine et choisie, après l'avoir mise dans le bain-marie d'un alambic, avec six livres d'eau de rivière, on laisse infuser vingt-quatre ou trente-six heures à la température de l'atmosphère, pour procéder à la distillation et retirer à peu près la moitié de l'eau, qui alors est odorante, légèrement laiteuse, et que l'on conserve bien bouchée.

On met ensuite huit onces de cette eau de cannelle simple et quinze onces de sucre très-blanc concassé dans un matras à long col, que l'on bouche, soit avec un parchemin percé de quelques trous d'épingle, soit avec un morceau de papier : on fait fondre le sucre en plongeant le matras dans de l'eau chauffée à soixante-dix et soixante-quinze degrés. Lorsque le sucre est fondu et le sirop refroidi, on le passe à travers une étamine et on le conserve dans une bouteille bien bouchée.

Sirop de capillaire.

Mettre dans un vase de faïence, capillaire du Canada bien odorant, huit onces; versez dessus dix-huit ou vingt onces d'eau bouillante; et, après quelques heures d'infusion, on pousse à l'ébullition pendant deux ou trois minutes; on passe à travers un linge; on y ajoute une livre et demie de sucre concassé, que l'on clarifie avec quelques blancs d'œufs et que l'on fait cuire à consistance convenable; enfin, on passe le sirop à travers un blanchet sur lequel on a mis du capillaire bien sec et bien odorant, et on l'aromatise pour l'agrément, avec un peu d'eau de fleurs d'oranger.

Sirop de capillaire avec l'eau distillée. On choisit une livre de capillaire, on le met dans un alambic, avec quatre livres d'eau de rivière, et on distille à un feu très-doux, en se bornant à retirer seulement une livre et demie d'eau.

On prend ensuite de cette eau distillée de capillaire, douze onces, et sucre blanc concassé, vingt-quatre onces; après les avoir mis ensemble dans un ballon, on le bouche avec un parchemin pour le plonger dans un bain d'eau tiède, pour faire fondre complètement le sucre; et, lorsque le sirop sera refroidi, on le versera dans des bouteilles que l'on conservera pour l'usage.

Sirop de capillaire composé. Capillaire du Canada, douze gros; figues grasses, huit gros; racine de réglisse concassée, deux gros; eau de fleurs d'oranger, trois onces; eau bouillante, deux livres; sucre blanc, trois livres et demie.

Après avoir haché grossièrement le capillaire, on le met dans un vase convenable, avec la réglisse et les figues grasses qui doivent être coupées en deux; on verse par-dessus l'eau bouillante, on laisse infuser pendant vingt-quatre heures à une douce température, on passe ensuite en exprimant légèrement le marc; on laisse déposer la colature, on la filtre, puis on y ajoute l'eau de fleurs d'oranger et le sucre concassé, que l'on laisse fondre à froid ou à une douce température.

Sirop de cassis.

Après avoir choisi du cassis bien mûr, après l'avoir broyé dans un mortier de marbre, passez-le au tamis ou dans un linge, pour en tirer huit onces de suc exprimé : laissez déposer à clair. Faites cuire ensuite quinze onces de sucre blanc, au petit cassé; versez dessus et laissez bouillir un peu; enlevez l'écume, retirez du feu; après quelques minutes d'ébullition, laissez refroidir à moitié, pour mettre en bouteilles.

Sirop de céleri.

Prendre des sommités de céleri, huit onces; bourrache, capillaire, fleurs de sureau, de chaque, une once et demie; eau bouillante, une livre et demie; sucre blanc, deux livres. Après avoir versé l'eau bouillante sur les plantes, on laisse infuser pendant quelques heures, dans un vase fermé : on tire la liqueur au clair; on filtre ou l'on passe à la chausse, et l'on y fait fondre le sucre à la chaleur du bain-marie.

Sirop de chicorée avec rhubarbe.

Feuilles de chicorée sauvage, trois onces; feuilles de pissenlit, de fumeterre, de scolopendre, de chaque, douze gros; cuscute et baies d'alkekenge, de chaque, une once : rhubarbe, trois onces; santal citrin et cannelle, de chaque, deux gros.

Après avoir lavé, coupé les racines, on les fait bouillir pendant quelques minutes dans sept livres d'eau; on fait ensuite infuser les feuilles, la cuscute, les baies d'alkekenge; on passe cette décoction, et on y ajoute trois livres de cassonade, que l'on clarifie et que l'on fait cuire à consistance de sirop. D'autre part, on fait infuser pendant vingt-quatre heures la rhubarbe concassée dans quatre livres d'eau bouillante; on passe ensuite cette infusion avec une légère expression; on y ajoute le double de son poids de sucre, et l'on en fait, au bain-marie, un sirop que l'on mêle au premier. Enfin, on verse ce mélange encore chaud dans un vase où l'on a mis le santal et la cannelle concassée, et on le laisse infuser jusqu'à ce qu'il soit entièrement refroidi; alors on passe à travers une étamine, et on le conserve dans des bouteilles pour l'usage.

Sirop de chou rouge.

On prend deux livres de chou rouge, que l'on coupe en tranches minces; on le met dans une bouilloire, avec une livre d'eau de rivière, que l'on place sur un feu doux et que l'on entretient pendant deux ou trois heures; lorsque le chou est amolli et bien cuit, on passe la liqueur avec une légère expression; et, après quelques heures de repos, on la tire au clair, et on y fait fondre le double de son poids de sucre.

Sirop de cochléaria.

Prendre huit onces de cochléaria dépuré et filtré; sucre blanc, seize onces. Mettre ces deux substances dans un ballon, que l'on bouche avec un parchemin et que l'on tient plongé pendant quelques temps dans un bain-marie d'eau chaude à quarante degrés, pour faciliter la solution du sucre.

On prépare de la même manière des sirops avec les sucs dépurés de *beccabunga*, de *bourrache*, de *buglosse*, de *cresson*, d'*eresymum*, de *fumeterre*, d'*ortie*, de *roses pâles*, etc.

Sirop de coings.

Suc exprimé des coings, après les avoir râpés, enfermés dans un linge et mis à la presse, huit onces; faire bouillir le marc avec suffisante quantité d'eau que l'on coule encore avec expression; mêler le tout et y ajouter une livre de sucre blanc, que l'on fait cuire à consistance de sirop ; laissez refroidir ; passez à la chausse, pour qu'il soit très-clair, et conservez pour l'usage.

Sirop de consoude.

Racines de grande consoude séchées, cinq onces ; feuilles de plantain, trois onces ; faire bouillir pendant quelques minutes, dans douze onces d'eau de rivière ; filtrer ensuite ; et sur dix onces de cette décoction ajouter dix-huit onces de sucre que l'on fera cuire à consistance convenable. Quelques-uns recommandent d'employer les plantes fraîches, et d'en exprimer le suc pour servir ensuite à la solution du sucre.

Sirop de cresson composé.

Suc dépuré de cresson de fontaine et de beccabunga, de chaque, huit onces ; suc aussi dépuré de fume-terre et de houblon, de chaque trois onces; sucre blanc concassé, deux livres et demie; esprit de cochléaria, deux onces.

Faire fondre à la chaleur du bain-marie le sucre concassé dans le suc dépuré des plantes, et, lorsqu'il est fondu et le sirop à demi-refroidi, on y mêle exactement l'esprit de cochléaria.

Sirop d'iacode.

Prendre douze onces de têtes sèches de pavots, dont on sépare la graine, que l'on rejette comme inutile ; on les coupe en morceaux, on les contuse dans un mortier, puis on les met dans le bain-marie d'un alambic, en y versant deux livres d'eau chaude, à soixante degrés ; après quelques heures d'infusion, on passe la liqueur avec expression ; on verse sur le ré-sidu une livre d'eau chaude à soixante degrés, et on laisse infuser de même pendant quelques heures ; on passe ensuite avec expression, on recueille les colatures dans une bassine et on fait évaporer jusqu'à réduction de près de moitié, alors on verse la liqueur dans une terrine de grès, et, après quelques heures de repos, on la décante, on la verse dans une bassine avec deux livres de sucre ; on clarifie le tout avec un blanc d'œuf et on fait cuire à consistance convenable.

Sirop d'écorce de citron.

Écorce jaune de citron frais, six onces ; eau chaude à soixante degrés, deux livres.

On met les zestes ou écorces jaunes du citron dans une cucurbite de verre, avec la quantité d'eau prescrite ; on laisse infuser pendant douze heures à une douce chaleur ; on coule avec expression ; on filtre la colature, puis on y ajoute le double de son poids de sucre blanc, que l'on fait fondre dans un ballon bouché à la chaleur du bain-marie, en l'agitant de temps en temps ; enfin, lorsque la solution sirupeuse est faite et presque refroidie, on l'aromatise en y ajoutant du sucre auparavant frotté sur la partie extérieure du citron, afin qu'il soit imprégné de son huile essentielle aromatique.

On prépare de la même manière le *sirop d'écorce d'oranger.*

Sirop de feuilles d'oranger.

D'abord, distiller des feuilles d'oranger, en s'y prenant de la manière suivante : choisir deux livres de feuilles d'oranger, les inciser, les déchirer et les mettre avec neuf livres d'eau de rivière dans la cucurbite d'un alambic, que l'on recouvre de son chapiteau ; et, après vingt-quatre heures d'infusion à la température de l'atmosphère, on procède à la distillation, en se bornant à retirer seulement deux livres d'eau ; alors on passe avec expression ce qui reste dans l'alambic, on y met deux autres livres de feuilles d'oranger sur lesquelles on verse la colature ainsi que la première eau distillée, et on procède à une nouvelle distillation en se bornant à recueillir seulement deux ou trois livres au plus d'eau, que l'on conserve dans un flacon.

Pour faire ce sirop, on prend huit onces de cette eau distillée, que l'on met avec quinze onces de sucre

concassé, dans un matras à long col, que l'on bouche
avec un parchemin ou un papier percé ; on fait ensuite
fondre le sucre en plongeant le matras dans l'eau
chauffée à soixante-quinze degrés, et, lorsque le sucre
est bien fondu et refroidi, on le passe à l'étamine pour
conserver dans des bouteilles bien bouchées.

Sirop de fenouil.

Graines de fenouil contusées, une once ; eau bouillante, huit onces. On met dans un ballon le fenouil
avec l'eau bouillante et on laisse infuser pendant sept
à huit heures ; on tire ensuite la liqueur au clair, et on
y fait fondre à la chaleur du bain-marie le double de
son poids de beau sucre.

On prépare de la même manière les sirops d'*anis* de
sommités d'ysope, etc.

Sirop ferrugineux.

On fait fondre, dans huit onces d'eau distillée, deux
gros de sulfate de fer neutre ; lorsque la solution est
faite, on y ajoute quatre gros de gomme arabique et
seize onces de sucre blanc concassé, que l'on fait fondre
sans feu.

On recommande encore de le préparer, en dissolvant
deux gros de sulfate de fer dans une once d'eau de
gentiane, à laquelle on ajoute ensuite neuf onces de
sirop de pommes composé, bien cuit.

On peut aussi préparer un sirop ferrugineux en
faisant une solution de tartrite de fer (boule de Nancy),
soit dans l'eau, soit dans du vin, et en y ajoutant une
quantité suffisante de sucre pour lui donner la consistance sirupeuse.

Sirop de fleurs d'acacia.

On met dans une cucurbite d'étain, une livre de
fleurs fraîches d'acacia mondées de leurs pédicules et
de leur calice ; on verse dessus une livre d'eau bouillante, et, après avoir bouché la cucurbite, on laisse infuser pendant quinze ou dix-huit heures ; on passe ensuite avec expression, on filtre la colature et l'on y

fait fondre, à la chaleur du bain-marie, quantité suffisante de sucre blanc pour faire un sirop.

On prépare de la même manière, un sirop avec les
fleurs de *camomille*, de *chèvre-feuille*, d'*hypericum*,
de *pêcher*, de *petite centaurée*, de *pivoine*, de *prime-
verre*, de *tussilage*.

Sirop de fleurs de mauves.

Fleurs de mauves sèches et mondées, six onces et
demie, eau bouillante, une livre et demie, sucre concassé, suffisante quantité ; on met dans un vaisseau d'é-
tain les fleurs de mauves, on verse dessus l'eau bouillante ; on conserve le vaisseau, et on laisse infuser à une
douce température pendant vingt-quatre heures ; on
passe ensuite avec expression, on filtre la colature,
puis on y fait fondre le sucre à la chaleur du bain-
marie ; et, lorsque le sirop est refroidi, on le conserve
dans des bouteilles sèches et bien bouchées.

Sirop de fleurs d'oranger.

Pour avoir ce sirop bien clair, incolore et très-suave,
on prend huit onces de l'eau de fleurs d'oranger la plus
odorante, on y délaie un blanc d'œuf ; on la met ensuite avec quinze onces de sucre concassé dans un matras à long col, que l'on bouche avec un parchemin ou
un papier percé de trous d'épingle ; on fait ensuite
fondre le sucre en plongeant le ballon dans l'eau
chauffée à soixante-dix degrés, et, lorsque le sucre est
fondu et le sirop refroidi, on le passe à travers une
étamine, et on le conserve dans une bouteille bien
bouchée.

L'eau de fleurs d'oranger, dont on se sert pour
préparer ce sirop, se fait de la manière suivante :
elle consiste à mêler une livre de fleurs récentes dans
quatre livres d'eau de rivière ; en procédant aussitôt
à la distillation, n'en retirer que la moitié ; mais en
vieillissant, cette eau, surtout lorsqu'on la garde dans
des flacons de verre exposés à la lumière du soleil,
forme un dépôt jaunâtre qui tombe au fond et s'attache au parois du vase, qui n'est pas autre chose

qu'une huile concrète ; elle est sujette à contracter une saveur acide très-marquée qui pourrait être nuisible dans quelques cas, saveur qui est due à l'acide acéteux qui se forme avec le temps. L'eau de roses est aussi sujette, quoique moins facilement, à cette même dégénérescence ; ainsi, il faut avoir soin de renouveler ces eaux tous les ans, et, si on en employait qui fût plus ancienne, il faudrait s'assurer, par l'immersion du papier de tournesol, s'il ne s'y est point formé d'acide acéteux.

Sirop de framboises.

Après avoir choisi des framboises bien mûres et aromatiques, après les avoir mondées et épluchées, on les met dans une bassine exposée au feu et l'on y ajoute le sucre pour les faire bouillir pendant quelques minutes et jusqu'à la consistance de sirop. Quelques-uns conseillent de faire cuire le sucre au petit cassé, les autres à la grande plume ; de le verser ensuite dans une terrine pour y mêler les framboises, et, après qu'elles sont refroidies, les passer avec expression douce et légère, soit à travers un linge, soit en les mettant sur un tamis. Quant aux doses, les uns ont trouvé qu'il faut une livre de sucre pour livre de fruit ; d'autres conseillent cinq livres de sucre pour trois livres de framboises. Quoi qu'il en soit, le sirop achevé et tiré à clair, on le conserve dans des bouteilles bien bouchées.

Sirop de gayac simple.

Mettre dans une bouilloire quatre onces de bois de gayac râpé avec quatre livres d'eau de rivière, et, après quelques heures d'infusion, on procède à l'ébullition que l'on entretient jusqu'à ce que la liqueur soit réduite au quart ; alors on passe, on filtre la décoction et on y fait fondre le double de son poids de beau sucre.

Le sirop de gayac composé se prépare de la manière suivante : Mettre dans une bouilloire quatre onces de bois de gayac, six onces de salsepareille, séné et semence de cumin, de chaque, une once ; eau de rivière, quatre bouteilles ; après quelques heures d'infusion, faire bouillir, jusqu'à réduction de moitié ; passez et filtrez, ajoutez le double du poids de cassonade blanche.

Sirop de gentiane composé.

Racines de gentiane et racines de garance, de chaque, deux gros ; quinquina concassé, deux gros ; eau de rivière, deux livres ; sucre, une livre et demie. On fait bouillir dans la quantité d'eau prescrite jusqu'à la moitié par réduction, les racines avec le quinquina ; on passe la décoction, puis on ajoute à la colature le sucre que l'on clarifie et que l'on fait cuire à consistance de sirop.

Sirop de grenades.

Prendre des grenades mûres, en séparer les fruits, les écraser dans un mortier de marbre ; ajouter quantité suffisante d'eau de rivière, pour les faire bouillir pendant quelques minutes dans un vase de porcelaine ou une bassine en argent ; passer ensuite à travers un linge ou un tamis, laisser reposer et décanter la liqueur ; sur dix-sept onces de suc de grenades, faites fondre deux livres de sucre blanc concassé, et faites cuire à consistance de sirop en écumant continuellement ; laissez refroidir pour mettre en bouteilles et conserver pour l'usage.

Sirop de groseilles.

On prend deux livres de suc exprimé de groseilles rouges filtré et bien dépuré ; après l'avoir mis dans une bassine d'argent, ou une grande capsule de verre ou de porcelaine, avec trois livres et demie de sucre blanc, on fait cuire en consistance de sirop.

On doit préparer de la même manière les sirops avec les sucs de limons, de citrons, d'épine-vinette, de verjus et de tous les fruits acides en général.

Sirop de guimauve simple.

Racines de guimauve, six onces; eau de rivière, six livres; sucre, quantité suffisante. On prend des racines de guimauve fraîches, on les monde, on les coupe en petites tranches; on les fait bouillir dans l'eau jusqu'à ce qu'elles soient bien amollies; alors on passe, puis sur chaque livre de la colature on ajoute vingt onces de sucre, on clarifie avec des blancs d'œufs et on fait cuire sur un feu doux jusqu'à consistance de sirop.

On peut préparer de même le sirop de grande consoude.

Sirop de jujubes composé.

(Sirop pectoral.)

Jujubes, dattes et raisins de Corinthe, de chaque, huit gros; réglisse, deux gros; capillaire, quatre gros; extrait d'opium, six grains; eau de rivière, dix-huit onces; cassonade blanche, trente-deux onces.

On fait bouillir pendant deux ou trois minutes les jujubes avec les dattes et les raisins de Corinthe dans la quantité d'eau prescrite; en retirant le vase du feu, on y jette la réglisse ratissée ainsi que le capillaire, et on les laisse infuser pendant deux heures; on passe ensuite, on fait fondre dans la colature la cassonade, que l'on clarifie avec un blanc d'œuf, et, lorsque le sirop a acquis le degré de cuisson convenable, on le retire du feu et on y ajoute l'extrait d'opium qu'on a délayé avec une petite quantité d'eau de fleurs d'oranger.

Sirop de lierre terrestre.

Distiller au bain-marie quatre onces de lierre terrestre dans deux livres d'eau de rivière pour retirer six onces de liqueur, mettre dans cette liqueur distillée dix onces de sucre concassé pour en former un sirop à la chaleur du bain-marie.

D'autre part, on passe la décoction en l'exprimant, et, après l'avoir laissé déposer, on la décante et on y fait fondre une quantité suffisante de sucre, on le clarifie et on le fait cuire en consistance de sirop ; enfin, lorsqu'il est refroidi, on le mêle avec le premier sirop et on le conserve dans des bouteilles bien bouchées.

On prépare de la même manière, c'est-à-dire par distillation et décoction, les sirops d'*eresynum*, d'*hysope*, de *mélisse*, de *menthe*, de *myrte*, de *mille feuilles*, de *scordium*, etc.

Sirop de limons.

On prend une livre de suc exprimé de limons filtré et bien dépuré, on le met dans une bassine d'argent ou une grande capsule de verre, de porcelaine ou de faïence, avec deux livres de sucre blanc et concassé ; on place le vaisseau sur un feu très-doux en remuant continuellement jusqu'à ce que le sucre soit fondu, on retire du feu, on laisse refroidir et on passe à l'étamine ; on l'aromatise avec suffisante quantité d'esprit de citron pour le conserver dans des bouteilles sèches et bien bouchées, mises à l'abri de la chaleur et de la lumière.

Pour préparer le suc de limons, on les choisit beaux, bien jaunes et bien mûrs, on les pèle, on les coupe en deux, on ôte les pépins pour les écraser dans un vase de faïence ou de porcelaine, et les laisser fermenter pendant vingt-quatre heures ; on passe ensuite avec expression ; après avoir filtré, on le conserve dans des bouteilles bien bouchées ; entre le bouchon et la liqueur on met un peu d'huile d'olive, qu'on en retire avec du coton ou du papier gris toutes les fois qu'on veut s'en servir. En ayant soin de le descendre à la cave, le suc de limons peut se conserver bien longtemps.

Sirop de menthe.

Sommités de menthe frisée, quatre onces ; eau de rivière, deux livres ; on distille au bain-marie pour retirer seulement six ou huit onces de liqueur. On met ensuite, dans ce produit d'une première distillation, dix onces de sucre concassé, pour en former un sirop à la chaleur du bain-marie. D'autre part, on passe la décoction en l'exprimant à travers un linge, et, après l'avoir laissé déposer, on la décante ; on y fait fondre suffisante quantité de sucre ; et, après l'avoir clarifié avec deux blancs d'œufs; on fait cuire à consistance de sirop. Enfin, lorsque le tout est presque refroidi, on le mêle au premier sirop pour conserver ensuite dans des bouteilles sèches et bien bouchées.

Autre manière. Prendre des sommités de menthe crépue, une once ; eau distillée de menthe, quinze onces ; sucre blanc concassé, quantité suffisante.

On incise les sommités de menthe, on les met dans un vase d'infusion que l'on bouche bien, et que l'on plonge dans un bain-marie chaud ; après douze heures d'infusion, on coule la liqueur avec expression, on la filtre, on la pèse, on la met dans un ballon avec deux blancs d'œufs fouettés, et le double de son poids de sucre ; après avoir bouché le ballon avec un parchemin ; on le plonge dans un bain-marie chaud : et, lorsque le sucre est fondu et le sirop refroidi, on le passe à travers une étamine.

On prépare de même les sirops d'*ache*, d'*hysope*, de *mélisse*, de *myrte*, de *marrube*, de *tilleul*, etc.

Sirop de ménianthe composé.

Pour faire ce sirop, qui est très-efficace et très-recherché dans plusieurs cas, on prend une certaine quantité de ménianthe (*menyantes trifoliata*) récemment cueilli et dans toute sa vigueur, on le coupe, on l'incise, on le pile dans un mortier de marbre, et on en exprime le suc que l'on met de côté pour le laisser déposer. D'autre part, on prend parties égales de laitue, de citron, de chicorée et de cresson, et, après avoir nettoyé ces plantes, on les mélange et on les pile, pour en exprimer le suc que l'on laisse clarifier par le repos.

Alors on prend deux parties du suc exprimé de ménianthe et une partie du suc exprimé des autres plantes,

on mêle ces sucs, et, après quelques heures de repos
pour laisser précipiter les parties féculentes, on tire la
liqueur au clair, on la met dans un ballon avec le
double de son poids de sucre blanc concassé et à la
chaleur du bain-marie, on en forme un sirop.

Sirop de merises.

Après avoir choisi des merises bien mûres, après les
avoir mondées de leurs queues, on les écrase sur une
claie d'osier ou sur un tamis peu serré, de manière à
n'obtenir que la pulpe du fruit, et à séparer les noyaux
et les peaux; après avoir exprimé et mis dans une terrine deux livres du suc des merises, ajoutez quatre
livres de sucre que vous faites cuire à consistance de
sirop, remuez et agitez continuellement le mélange en
écumant, retirez du feu, laissez refroidir, et mettez-le
dans des bouteilles sèches et bien bouchées. On s'en
sert très-souvent pour donner de la couleur au sirop
de vinaigre.

Sirop de mûres.

Prendre du suc exprimé des mûres bien noires, et
un peu avant qu'elles ne soient arrivées à leur maturité
complète, vingt-quatre onces; faire cuire à consistance de sirop deux livres de sucre, y verser le suc des
mûres, faire bouillir le tout pendant quelques minutes,
retirer du feu, et, après avoir laissé refroidir, mettre
dans des bouteilles sèches et bien bouchées.

Sirop de navets.

Navets cultivés et mondés de leur écorce, dix onces;
gomme arabique choisie, une once; sucre blanc,
vingt onces. On coupe les navets par quartiers, on
les fait bouillir pendant une demi-heure dans cinquante onces d'eau, on coule la liqueur sans expression, on la remet dans une bassine avec la gomme
arabique, on la place sur le feu en remuant continuellement avec une spatule de bois; et, lorsque la gomme
est complètement fondue, on y ajoute le suc concassé,
on clarifie, et ou fait cuire à consistance de sirop.

Sirop de nymphæa ou nénuphar.

Fleurs sèches de nymphæa, six onces ; eau bouillante, seize onces ; sucre, suffisante quantité. On met les fleurs dans un vase d'infusion, avec l'eau bouillante, on le bouche exactement et, après vingt-quatre heures d'infusion, on coule avec expression, on filtre la colature, on la remet dans une cucurbite d'étain avec le double de son poids de sucre concassé, que l'on fait fondre seulement à la chaleur de l'eau bouillante. Laissez refroidir pour enfermer dans des bouteilles sèches et bien bouchées.

Sirop d'œillets.

Mondez de leurs onglets douze onces d'œillets rouges ; mettez ensuite les pétales dans un bain-marie avec un gros de gérofle concassé, versez dessus douze onces d'eau bouillante, et laissez macérer à une température un peu élevée pendant quinze heures ; passez la liqueur, exprimez le marc à la presse, filtrez le tout. Faites cuire deux livres de sucre à consistance de sirop, versez dedans la liqueur exprimée des œillets, laissez bouillir pendant quelques minutes, retirez du feu, et, lorsque le tout sera refroidi, mettez dans des bouteilles sèches et bien bouchées.

Autrement encore, avec fleurs d'œillets rouges, fraîches et onglées, six onces ; eau bouillante, douze onces ; sucre blanc concassé, suffisante quantité. On met les fleurs dans une cucurbite d'étain avec l'eau, on bouche le vaisseau, et, après vingt-quatre heures d'infusion, on coule avec expression, on filtre la colature, on la pèse, et on y fait fondre à la chaleur du bain-marie le double de son poids de sucre.

Sirop d'orgeat.

Voyez plus haut dans l'article *Orgeat* du *Manuel du Limonadier.*

Sirop pectoral.

Feuilles d'adiante, de rue des murailles, de tri-
chonome, de scolopendre et de bourrache, de chaque,
une poignée ; après y avoir ajouté deux onces de réglisse affilée et concassée, on met le tout infuser à la
chaleur de l'atmosphère dans six livres d'eau de rivière ; au bout de douze heures, passez avec expression, et sur cinq livres de suc ajoutez quatre livres
de sucre pour faire cuire à consistance de sirop ,
laisser refroidir et conserver dans des bouteilles.

Sirop de pistaches.

Pistaches fraîches et de l'année, quatre onces ; les
laisser tremper pendant six ou sept heures dans l'eau
fraîche, et non pas bouillante comme on le fait le
plus ordinairement ; après les avoir mondées, on les
pile dans un mortier de marbre avec une partie de
sucre, et, lorsqu'elles sont réduites en une pâte molle,
fine et homogène, on y ajoute peu-à-peu, et en triturant, seize onces de décoction d'orge ; puis on passe
avec expression à travers un blanchet ; alors on ajoute
à la colature le restant du sucre qui doit être encore
de vingt-quatre onces ; enfin , on l'aromatise avec six
ou huit gros d'eau de fleurs d'oranger et quelques
gouttes d'essence de citron. Quoique ce sirop soit verdâtre et de couleur un peu louche, comme les pistaches , il n'en est pas moins fort souvent employé
comme émulsif.

Sirop de pommes.

Prendre suffisante quantité de pommes de reinette
pour obtenir deux livres de leur suc dépuré ; après les
avoir pelées et après en avoir ôté les pépins, après les
avoir coupées en morceaux plus ou moins gros, on les
met dans un matras avec deux livres de sucre et de

l'eau, de manière à ce qu'elles soient suffisamment humectées; on les place dans le bain-marie d'un alambic exposé pendant deux heures à la chaleur de l'eau bouillante; laissez tout refroidir en place, et y ajoutez le suc d'un citron, une cuillerée à bouche d'eau de fleurs d'oranger, ou bien une cuillerée à café d'esprit de cannelle.

Sirop de pommes au séné. Suc dépuré de pommes odorantes, quatre livres; suc aussi dépuré de bourrache, et de buglosse, de chaque, trois livres; séné mondé, huit onces; fenouil, une once; gérofle, un gros; sucre blanc, quatre livres; eau, suffisante quantité.

On met d'abord le séné, le fenouil et le gérofle dans les sucs dépurés, et, après quelques heures d'infusion à une douce chaleur, on fait jeter quelques bouillons à la liqueur, puis on passe avec expression; on fait bouillir le marc dans suffisante quantité d'eau, que l'on coule de même avec expression; enfin, on mêle les colatures, et on y ajoute le sucre que l'on clarifie, et que l'on fait cuire en consistance de sirop.

Sirop de punch au rack.

Concasser quatre livres de sucre, les mettre dans une bassine avec une quantité d'eau suffisante pour le fondre; après l'avoir clarifié avec le blanc d'œuf, et fait cuire au petit cassé, ajoutez une chopine de suc dépuré de citrons, remuez et agitez le mélange jusqu'à ce qu'il ait eu un bouillon couvert, retirez du feu et versez dans une terrine; laissez refroidir pour y mêler de nouveau une pinte et demie de rack.

Préparé avec le rhum et de la même manière, on peut le conserver très-long-temps, et, pour faire le punch, il ne faut plus qu'y ajouter de l'eau chaude, ou bien une infusion de thé plus ou moins concentrée.

Sirop de racines de persil composé.

Racines de persil, cinq onces ; racines d'ache, d'asperges, de fenouil, de petit houx, de chaque, quatre onces. On prend les racines fraîches, on les monde, on les coupe en tranches minces ; puis on met les racines d'asperges et de houx dans une bouilloire avec quatre livres d'eau de rivière, et on fait bouillir doucement jusqu'à réduction de moitié ; alors on retire le vase du feu, on y ajoute les racines de persil, de fenouil, d'ache, et, après avoir bouché le vase, on fait infuser pendant vingt-quatre heures à une chaleur de cinquante degrés au plus ; après ce temps, on coule la liqueur avec une légère expression, on la tire au clair, et on y fait fondre la quantité de sucre nécessaire pour faire un sirop.

Sirop de raifort composé (par distillation).

Racines de raifort sauvage, feuilles de cochléaria, de beccabunga, de cresson, oranges amères, de chaque, huit onces ; cannelle de Ceylan, deux gros ; bon vin blanc, deux livres ; sucre, cinq livres. Ce sirop, communément appellé *anti-scorbutique*, ainsi que tous ceux qui doivent contenir en même temps un principe aromatique et fugace, volatil, et une substance extractive, doit se préparer en deux temps distincts, de la manière suivante :

1º. On met d'abord dans le bain-marie d'un alambic le vin blanc ; on y ajoute les oranges amères coupées par tranches, la cannelle concassée, les feuilles de cochléaria, de cresson, de beccabunga, qui doivent avoir été mondées et contusées, enfin, la racine de raifort, qui doit avoir été nettoyée, ratissée, coupée par tranches minces et écrasée dans un mortier de marbre ; puis, après avoir luté les jointures de l'appareil, on procède aussitôt à la distillation et on retire à peu près le quart ou huit onces d'un fluide très-odorant et un peu laiteux.

On met ce premier produit dans un ballon avec une livre de sucre concassé, on le plonge dans un bain-marie, pour faire fondre le sucre, et former un premier sirop, que l'on réserve ;

2°. On passe à travers un linge ce qui reste dans le bain-marie de l'alambic, et, après avoir laissé déposer et décanté, on y ajoute deux livres de sucre que l'on clarifie avec le blanc d'œuf, et que l'on fait cuire à consistance de sirop.

Enfin, lorsque les deux sirops sont presque froids, on les mêle, pour n'en former qu'un seul composé, que l'on conserve dans des bouteilles bien bouchées.

Sirop de raifort composé (par expression).

Feuilles de cochléaria, de beccabunga, de cresson d'eau, racines de raifort, de chaque, une livre et demie ; on nettoie les plantes sans les laver ; on coupe par tranches les racines de raifort sauvage ; on pile d'abord les racines dans un mortier de marbre avec un pilon de bois ; lorsqu'elles le sont suffisamment, on ajoute les plantes, que l'on pile avec les racines, et on soumet ce mélange à la presse pour en tirer le suc qu'on ne clarifie point ; ensuite on prend.... suc ci-dessus, trois livres ; suc d'oranges amères, vingt onces ; cannelle concassée, un gros ; écorces d'oranges amères récentes, une once... On met toutes ces substances dans un matras que l'on bouche exactement ; on laisse macérer ce mélange à froid, pendant douze heures, en l'agitant de temps en temps, ou jusqu'à ce que le suc soit dépuré, et qu'il ait acquis une couleur ambrée et une odeur pénétrante, tirant sur celle du vin ; on le filtre au travers d'un papier gris, en ayant soin de couvrir le filtre, afin qu'il se dissipe le moins possible de principes volatils ; alors on prend.... suc dépuré ci-dessus, deux livres et demie ; sucre blanc en poudre grossière, quatre livres.... on met l'un et l'autre dans un matras que l'on bouche avec un parchemin : on place le vaisseau dans un bain-marie, à une chaleur inférieure à celle de l'eau bouillante, afin de dissoudre le sucre ; lorsqu'il est dissous et le sirop refroidi, on ajoute.... esprit de cochléaria, une once ; on mêle exactement, on laisse éclaircir ce sirop, on le tire par inclinaison et on le conserve dans des bouteilles qui bouchent bien.

Sirop de raifort composé (par expression et distillation).

Pour le bien préparer de manière à ce qu'il contienne en même temps les parties extractives et les principes volatils et fugaces des plantes qui doivent entrer dans sa composition, il faut plusieurs opérations successives.

1º. On prend racines fraîches de raifort sauvage, feuilles vertes de cochléaria, de cresson de fontaine, de beccabunga, de chaque, deux livres ; après avoir mondé, nettoyé les plantes, coupé les racines en tranches minces, on pile le tout dans un mortier de marbre ; on les soumet à la presse et on exprime promptement le suc : la quantité indiquée des plantes bien pilées et exprimées fournit à peu près quatre livres de suc ;

2º. Sur quatre livres de ce suc exprimé des plantes on ajoute, suc d'oranges amères, dites *bigarades*, douze onces ; cannelle choisie et concassée, écorces d'oranges amères récentes, de chaque, douze gros... ; on met le tout dans un ballon de verre que l'on bouche bien, et, par le repos, ce suc se clarifie spontanément dans l'espace de douze heures ; alors on le filtre, et on le conserve pour l'usage ;

3º. Comme le marc des plantes contient encore une grande quantité de principes volatils et efficaces, dans la composition, qu'il ne faut point perdre, on met le marc dans le bain-marie d'un alambic, avec six livres d'eau, deux livres de bon vin blanc, et on procède à la distillation en se bornant à retirer seulement vingt onces de liqueur ;

4°. Alors on met dans un ballon de verre la liqueur distillée avec le suc clarifié des plantes, on y ajoute deux parties de beau sucre concassé, contre une de fluide, et, après avoir bouché ce ballon avec un parchemin percé de quelques trous d'épingle, on le plonge dans l'eau chaude pour faciliter la solution du sucre, et former ainsi un sirop d'une consistance convenable ; enfin, lorsque le sirop est refroidi, on le verse dans des bouteilles bien sèches ; mais, avant de les boucher, on y ajoute par livre un gros d'esprit ardent de cochléaria, addition qui concourt à la conservation du sirop, et augmente encore ses propriétés.

Comme ce sirop est très-efficace et très-souvent employé, des colporteurs et des droguistes infidèles le falsifient quelquefois, en mêlant seulement de l'esprit de raifort au sirop simple ; mais cette falsification se reconnaît facilement ; parce que cette sorte de sirop ne contient pas les parties extractives des plantes, et qu'il est sans efficacité lorsqu'il a perdu l'arome qui y avait été ajouté.

Sirop de réglisse.

On prend huit onces de racines de réglisse nettoyées de leur écorce, on les contuse, on les met avec deux livres d'eau chaude à soixante degrés, dans une terrine ou un vase d'étain que l'on bouche, et, après dix ou douze heures d'infusion, on passe la liqueur ; on la verse dans une bassine avec du sucre concassé, on clarifie avec des blancs d'œufs, et on la rapproche jusqu'à la consistance convenable pour un sirop.

Sirop de réglisse composé. Réglisse en poudre, deux onces ; raisins de caisse, six onces ; décoction d'orge, deux livres ; sucre blanc, suffisante quantité.

Après avoir mondé les raisins de leurs pépins, on les met dans une bouilloire avec la décoction d'orge, qui doit avoir été tirée au clair, et on fait bouillir doucement jusqu'à la réduction de vingt-quatre onces ; alors on retire le vase du feu, on y ajoute la réglisse en poudre, et on laisse infuser pendant quinze à dix-huit heures ; on passe ensuite, on filtre la colature et on y fait fondre suffisante quantité de sucre blanc pour former un sirop.

Sirop de rhubarbe (simple).

Infusion de rhubarbe à l'eau, dix onces ; sucre très-blanc, vingt onces ; on met dans un matras de verre ces deux substances, que l'on expose à la température du bain-marie jusqu'à la solution complète du sucre ; on laisse refroidir le sirop et on le conserve pour l'usage dans une bouteille bien bouchée.

Sirop de rhubarbe par infusion ou décoction. Rhubarbe, trois onces ; sucre blanc, trois livres ; eau de rivière, trente-six onces. Après avoir déchiré la rhubarbe avec les tenailles, et l'avoir réduite en morceaux, on la met dans un ballon, on verse dessus seize onces d'eau chauffée à cinquante ou soixante degrés ; on laisse infuser pendant douze heures à une douce température ; après ce temps, on tire la liqueur au clair, on la filtre, on y ajoute le double de son poids de sucre, que l'on fait fondre à la chaleur du bain-marie pour en former un premier sirop.

D'autre part, on prend le résidu de l'infusion, on le fait bouillir quelques minutes avec vingt onces d'eau, on passe en l'exprimant cette décoction, on y ajoute le restant du sucre que l'on clarifie avec un blanc d'œuf, et que l'on fait cuire à consistance convenable ; enfin, lorsque ces deux sirops sont presque refroidis, on les mêle exactement et on les conserve dans des bouteilles sèches et bien bouchées.

Sirop de rhubarbe potassé. Rhubarbe choisie, vingt-quatre gros ; cannelle, trois gros ; solution de potasse carbonatée, deux gros ; eau bouillante, vingt-quatre onces ; sucre blanc, quarante onces. On met dans une cucurbite la rhubarbe concassée, la cannelle, avec la solution de potasse carbonatée ; on y verse l'eau bouillante, et, après avoir couvert le vase, on laisse infuser à une douce chaleur pendant quinze à seize heures ; ensuite on coule avec une légère expression, on laisse clarifier l'infusion par quelques heures de repos, on la décante, et, sur vingt onces de cette infusion, on met quarante onces de sucre, que l'on fait fondre à une douce chaleur pour former un sirop, que l'on conserve pour le besoin.

Sirop de roses rouges.

Feuilles de roses de Provins, deux onces ; eau bouillante, une livre ; sucre très-blanc, quantité suffisante. On met dans une cucurbite les roses rouges mondées et onglées, on verse dessus l'eau bouillante, et, après douze heures d'infusion, on coule sans expression, on filtre la colature, et on y fait fondre à une douce chaleur le double de son poids de sucre : au lieu d'eau de rivière, quelques-uns conseillent de faire infuser les roses rouges dans l'eau distillée de roses pendant douze heures à une température de quarante à cinquante degrés.

On prépare de la même manière le *sirop de fleurs de coquelicots.*

Sirop de safran.

On met dans un ballon huit onces de safran gâtinais, on verse dessus dix onces d'eau de rivière, ou mieux encore dix onces d'eau distillée de safran, et, après avoir bouché le vase, on laisse infuser à une douce chaleur pendant vingt-quatre heures, en remuant de temps en temps ; lorsque l'infusion est refroidie, on la passe avec expression, on filtre la liqueur, puis on y fait fondre, à la chaleur du bain-marie, le double de son poids de beau sucre blanc.

Sirop de salsepareille.

Salsepareille coupée, trente onces; gayac râpé, huit onces; graines de cumin, fleurs de bourrache, roses musquées, feuilles de séné, de chaque, deux onces; miel blanc, sucre ordinaire, de chaque deux livres.

On fait d'abord bouillir la salsepareille et le gayac dans vingt livres d'eau, jusqu'à réduction de sept livres et demie; on décante et on fait bouillir le résidu une seconde puis une troisième fois, avec la même quantité d'eau et les mêmes attentions que la première fois; alors, après avoir passé, on mêle les trois décoctions, on y ajoute les graines, les fleurs et les feuilles, que l'on fait encore bouillir jusqu'à réduction de moitié. Dans cet état, on passe, on ajoute à la colature le miel et le sucre prescrits; enfin, on fait cuire à consistance de sirop, et on conserve pour l'usage.

Sirop de salsepareille et de bourrache composé, encore appelé *sirop dépuratif et anti-syphilitique.* Salsepareille coupée et hachée, vingt-quatre onces; séné mondé et semence de cumin, de chaque, deux onces; extrait de bourrache, deux onces; miel blanc, trente onces; cassonade blanche, trente onces; eau de rivière, quantité suffisante.

On met la salsepareille, coupée et hachée, dans une bouilloire avec suffisante quantité d'eau, et, après quelques heures d'infusion, on fait bouillir pendant dix heures, jusqu'à ce que la salsepareille soit bien amollie; alors on y ajoute la semence de cumin concassée et le séné; on retire la bouilloire du feu, et, après quatre heures d'infusion, on passe avec expression, on délaie, dans la colature, le miel, la cassonade que l'on clarifie avec deux blancs d'œufs : et, après avoir passé, on fait cuire à consistance de sirop épais, dans lequel on délaie bien exactement l'extrait de bourrache, et, lorsque le sirop est froid, on le conserve dans des bouteilles bien bouchées.

Sirop de séné et de rhubarbe.

Séné, deux onces ; rhubarbe concassée, une once ; gingembre concassé, deux gros ; sucre, trois livres et demie ; raisins de Corinthe, deux onces ; eau de rivière, quatre livres.

On fait bouillir l'eau avec les raisins jusqu'à l'évaporation d'un quart ; on met dans la décoction le séné, la rhubarbe, etc., que l'on laisse infuser pendant quelques heures ; on passe, on laisse reposer la colature, on décante ; enfin, on y ajoute le sucre que l'on fait cuire jusqu'à la consistance de sirop.

Autre. Rhubarbe et séné, de chaque, quatre gros ; cannelle de Ceylan, un gros et demi ; potasse carbonatée, deux scrupules ; gingembre, demi-gros ; infusion de chicorée, dix onces ; infusion de roses, quatre onces ; sucre blanc, vingt-quatre onces.

Pour préparer ce sirop, on fait séparément une infusion de chicorée et de roses pâles ; lorsque ces infusions sont faites, on prend chacune d'elles à la quantité prescrite, que l'on verse sur les autres substances que l'on a mises dans le bain-marie d'un alambic ; on les y fait infuser pendant vingt-quatre heures à une température de quarante à cinquante degrés : alors on coule à travers un linge, on laisse reposer, on décante et on fait fondre le sucre que l'on a clarifié à la manière accoutumée.

Sirop simple, sirop de sucre.

Sucre blanc pulvérisé ou grossièrement cassé, vingt-quatre onces : eau de rivière, douze onces. On met ces deux substances dans une bouteille à large goulot, que l'on bouche bien ; on agite de temps en temps pour faciliter la solution du sucre et son mélange avec l'eau.

Avec ce sirop simple on peut, suivant quelques-uns, préparer extemporanément quelques sirops composés ; ainsi, on formerait un *sirop de cannelle*, en mélant à une livre de ce sirop une once de teinture de cannelle; un *sirop de tolu*, en mélangeant à une livre de ce sirop quatre gros de teinture de baume de tolu.

Sirop de têtes de pavots.

Voyez plus haut l'article *sirop diacode*, sirop de codion (mot composé du grec DIA, de, et de CODÉÏON ou CODION, tête de pavots).

Sirop de tolu.

Sirop balsamique de tolu. Teinture de tolu, huit onces ; eau distillée, seize onces ; sucre blanc, trente onces. On met dans un ballon ou dans la cucurbite d'un alambic la teinture de tolu, on verse par-dessus l'eau distillée, chaude ; on bouche aussitôt le vase et on laisse infuser à une douce température pendant quinze à vingt heures, et, lorsque les vases sont refroidis, on décante, on filtre promptement la liqueur, on la verse dans un nouveau ballon avec le double de son poids de sucre concassé, et, après avoir bouché le ballon avec un parchemin percé de trous d'épingle, on le plonge dans l'eau chaude ; lorsque la solution du sucre est complète et le mélange bien exact et refroidi, on verse le sirop dans des bouteilles bien bouchées, que l'on place dans un endroit frais.

On peut préparer de même le *sirop de benjoin*.

Autre manière. Sur huit onces de sucre concassé, on verse trois gros de teinture spiritueuse de tolu bien

saturée : et, pour que le sucre en soit bien pénétré, on
le pulvérise, on le triture pendant quelques minutes,
puis on laisse pendant deux ou trois heures ce mélange
exposé à l'air, afin que l'esprit de vin s'évapore ; alors
on met le sucre dans un matras, on y verse cinq onces
d'eau distillée, et, après avoir bouché le matras avec
une vessie percée d'un trou, on le plonge dans un
bain-marie chauffé jusqu'à parfaite solution de sucre ;
enfin, lorsque le sirop est entièrement refroidi, on le
passe au travers d'une étamine, sans expression, afin
de séparer les portions résineuses qui sont réduites en
grumeaux plus ou moins gros : ainsi préparé, ce sirop
n'est point parfaitement clair, mais aussi il est plus
efficace dans les cas pour lesquels on le prescrit.

Autre manière. On fait dissoudre une once de
baume de tolu dans la plus petite quantité d'esprit-de-
vin à trente degrés ; on triture cette solution avec une
livre de sucre de la plus grande pureté, et cette opération doit être faite avec soin ; d'autre part, on agite
un blanc d'œuf avec huit onces d'eau pure, puis on
met le tout dans un vase d'argent, et on chauffe jusqu'à ébullition, ce qui suffit pour volatiliser l'esprit-
de-vin employé pour dissoudre le baume ; on passe à
la chausse, et on obtient ainsi un sirop incolore très-
beau, très-suave.

Sirop de tussilage.

Mettre dans une cucurbite d'étain dix-huit onces
de fleurs fraîches de tussilage (pas-d'âne), mondées
de leur pédicule et de leur calice, verser dessus trois
demi-setiers d'eau bouillante, et, après avoir bouché
la cucurbite pour laisser infuser pendant quinze ou
dix-huit heures, on passe avec expression, on filtre
la colature et l'on y fait fondre, à la chaleur du bain-
marie, quantité suffisante de beau sucre pour former
un sirop.

Sirop de vanille.

Vanille choisie, deux onces; sucre blanc en poudre, dix-sept onces; eau de rivière, neuf onces. On coupe la vanille en petits morceaux, on la triture dans un mortier de marbre avec quelques gouttes d'esprit-de-vin ordinaire, une partie de sucre et un peu de l'eau prescrite, pour en former une sorte de pâte molle et homogène.

La vanille étant ainsi divisée avec le sucre, on la met dans un ballon de verre avec le restant du sucre et de l'eau prescrite; on y ajoute un blanc d'œuf; puis, après avoir bouché le ballon avec un parchemin percé d'un petit trou, on le place dans un bain-marie dont on entretient la chaleur pendant dix-huit ou vingt heures, avec l'attention d'agiter le ballon de temps en temps; lorsque le sucre est complètement fondu, et la liqueur homogène, on la laisse reposer pendant vingt-quatre heures; on coule le sirop à travers une étamine, et on le conserve dans un flacon bien bouché.

Sirop de verjus.

Avant de faire le sirop, il faut préparer le verjus et le purifier. Pour cela, on pile dans un mortier de marbre quatre onces d'amandes douces avec quelques grains de verjus; lorsque les amandes sont réduites en une pâte très-fine, on les met dans une terrine de grès, on les délaie avec quatre pintes de verjus nouvellement exprimé, on passe ensuite à travers un blanchet propre jusqu'à ce que la liqueur sorte limpide et incolore. Ainsi purifié, on met ce verjus dans des bouteilles de verre bien lutées, que l'on bouche encore par-dessus : il peut ainsi être conservé sans altération pendant plusieurs années.

On prend donc seize onces de verjus purifié, sucre blanc, vingt-huit onces, pour faire cuire sur un feu doux jusqu'à consistance de sirop ; ainsi que tous les sirops acides, il doit toujours être préparé dans une capsule d'argent ou de porcelaine.

Sirop de vinaigre framboisé.

On prend six livres de framboises cueillies un peu avant leur parfaite maturité, on les monde de leur calice, on les met dans un ballon de verre ou une cucurbite de grès, avec six livres de bon vinaigre, et, après quelques jours d'infusion à la température de l'atmosphère, on coule la liqueur sans expression ; on la filtre pour conserver pour l'usage.

Ainsi, l'on prend seize onces de cette infusion de framboises dans le vinaigre, et vingt-huit onces de sucre blanc concassé ; on met ces deux substances dans une bassine d'argent, un matras de verre ou de porcelaine, que l'on place sur un feu doux pour faire fondre le sucre, et lui faire prendre la consistance convenable.

On prépare de la même manière *le sirop de vinaigre simple.*

Sirop vineux de cannelle composé.

Cannelle de Ceylan, trois gros ; gérofle, quarante grains ; gingembre, vingt grains ; eau de roses très-odorante, une once et demie ; vin de Lunel ou bon vin blanc, huit onces ; sucre blanc, une livre. On fait infuser les substances aromatiques dans un ballon, avec l'eau de roses et le vin blanc, pendant trente à trente-six heures ; on filtre ensuite la liqueur, et on y fait fondre le sucre à la chaleur du bain-marie.

Sirop vineux de raifort.

Racine fraîche de raifort sauvage, deux onces; cresson, cochléaria, beccabunga, dont on a exprimé le suc, de chaque, deux onces; graine de moutarde, une once; bon vin blanc, deux bouteilles. On coupe la racine de raifort en tranches minces, on pile le cresson, le cochléaria, le beccabunga, on en exprime le suc, que l'on rejette comme inutile dans cette préparation; on met toutes ces substances dans une bouteille avec la graine de moutarde qui doit rester entière, et la quantité de vin blanc prescrite, et on laisse infuser pendant quelques jours à la température de l'atmosphère, en remuant de temps en temps; on passe ensuite avec expression; on filtre et on ajoute à la colature deux gros d'esprit de raifort.

On prend seize onces de cette infusion vineuse de raifort, avec trente onces de sucre, que l'on met dans un ballon, et que l'on bouche avec un parchemin, pour le plonger dans un bain-marie à quarante degrés de température. Lorsque la solution du sucre est faite, et le sirop à demi-refroidi, on y mêle trois gros d'esprit de raifort, et on conserve dans des bouteilles bien bouchées.

Sirop de violettes.

Fleurs de violettes, une livre; sucre blanc, deux livres; eau de rivière, une pinte. Choisir des fleurs de violettes simples, de celles que l'on cultive dans les jardins; il faut même les prendre dans le courant d'avril : après les avoir mondées de leurs calices et de leurs queues, on les met dans une cucurbite d'étain, en les pilant légèrement, pour verser dessus l'eau ; laisser macérer à l'étuve pendant vingt-quatre heures; passer le mélange à travers un linge; mettre le marc à la presse, réunir les colatures et les laisser reposer pendant une ou deux heures, pour les faire déposer : faites fondre le sucre dans l'eau de violettes placée dans la cucurbite mise au bain-marie, en ayant soin de la tenir bien bouchée : le mélange exactement achevé, laissez refroidir, et passez à l'étamine pour conserver dans des bouteilles bien bouchées et pleines, dans des endroits dont la température soit douce et à l'abri de la lumière.

DU SUCRE.

Considéré d'une manière générale, le sucre se trouve, en plus ou moins grande quantité, dans presque toutes les substances qui servent à alimenter l'espèce humaine ; mais ici nous ne devons considérer, pour le confiseur, que celui qui se trouve dans le commerce, et que les Américains méridionaux retirent de la canne : car, soit qu'il provienne de celle-ci, soit même qu'on le retire de l'érable ou de la betterave, il ne diffère que par les degrés de cristallisation plus ou moins serrés, par sa couleur plus ou moins blanche, par son poids plus ou moins léger ; toutes les autres qualités qui le caractérisent sont absolument les mêmes. On a beaucoup dit pour savoir s'il était essentiel à la nourriture de l'homme : les uns l'ont proscrit comme susceptible d'affadir et de blaser le goût, de gêner l'action de l'estomac, de rendre la bouche mauvaise, pâteuse, d'exciter la soif, de faire éprouver un état de malaise et de chaleur générale, de donner des ardeurs à l'estomac, surtout lorsqu'il est aggloméré avec quelques substances mucilagineuses ; les autres le regardent comme très-utile aux hommes faibles, cacochymes, susceptible de les alimenter plus que tout autre chose, en le mélangeant surtout avec le chocolat, le lait, les fruits de toute espèce. Quoi qu'il en soit, c'est sous ce dernier rapport qu'il doit nous occuper ici, et nous pensons qu'il ne faut attribuer qu'aux abus qu'on a pu en faire les propriétés nuisibles qui l'ont fait proscrire dans plusieurs occasions ; il en serait de même pour tout ce qui se trouve nécessaire dans les usages de la vie.

Le sucre que le confiseur doit adopter pour son travail sera toujours du premier choix, c'est-à-dire en pain, raffiné, très-blanc et brillant, d'une granulation parfaitement égale, sec, sonore par la percussion, et légèrement transparent. On le distingue ordinairement en sucre *ordinaire*, *superfin*, et en sucre *royal* ; mais le nom ne fait rien à la chose : il existe encore une espèce de sucre qui se fabrique à Marseille, sous le nom de *sucre tapé*, qui est aussi blanc que le sucre royal, beaucoup moins cher, et de qualité supérieure pour le travail. Mais il faut rejeter ceux qui tombent en poudre, qui ont souffert de l'humidité, qui sont gras, onctueux, mal raffinés, de couleur bise ou jaunâtre, et de saveur désagréable. Le beau sucre bien choisi se clarifie très-facilement. Pour procéder aux cuites différentes qu'il est nécessaire de lui donner, afin de pouvoir le travailler de toutes les manières, on suivra les indications suivantes :

Eau préparée pour clarifier le sucre. Battre un ou plusieurs blancs d'œufs cassés dans une terrine, en les fouettant avec un petit balai d'osier dont on aura enlevé l'écorce, et en y ajoutant peu-à-peu suffisante quantité d'eau ordinaire ; casser, dans une partie plus ou moins considérable de cette eau, du sucre, le délayer dans une bassine et le mettre sur le feu.

Cuisson à la nappe. Après l'avoir laissé monter deux fois avant de l'écumer, on y jette de temps en temps un peu de l'eau chargée du blanc d'œuf, jusqu'à ce que l'écume arrive blanche ; le sucre bouillant est déjà limpide ; on y jette encore de l'eau simple pour achever d'écumer ; et, si avec l'écumoire, à laquelle vous donnez un mouvement par un tour de main, le sucre s'étend sur la longueur de l'instrument, il est à la nappe. On le passe, pour achever de le rendre très-clair, au travers d'une manche faite avec de la futaine, et fixée à un cercle de fer retenu dans le mur, et à une hauteur assez élevée pour le recevoir dans une terrine placée dessous. Mais, comme dans un laboratoire un peu considérable, il ne faut rien perdre, toutes les écumes se ramènent dans une terrine, et, pour en tirer parti, on les met sur le feu ; on y ajoute la quantité nécessaire d'eau chargée de blanc d'œuf, et, lorsqu'elles ont monté trois fois, on les retire, et, après quelques minutes de repos, on y ajoute de l'eau froide, on les écume pour enlever tout ce qui surnage, on passe à la manche, on remet la bassine sur le feu pour achever de cuire à la nappe, et faire du tout un sirop plus ou moins beau, mais cependant susceptible d'être encore employé dans beaucoup de circonstances.

Sucre au grand et petit lissé. Lorsqu'après avoir clarifié, comme nous venons de le dire, on remet la bassine sur le feu, et qu'on ajoute un peu d'eau dans le sucre en dissolution pour le faire bouillir de nouveau, si l'on plonge l'écumoire dans l'intérieur, si on y trempe l'indicateur, et qu'en le rapprochant de suite sur le pouce il se forme, avec le sucre dont il est imprégné, un petit filet qui se casse de suite, et forme sur le doigt une gouttelette imperceptible, c'est le *petit lissé;* et si le petit filet persiste et se tend d'un doigt à l'autre, ce sera le *grand lissé.*

Sucre au grand et petit perlé. En continuant l'ébullition, prenez du sucre au bout du doigt; lorsque le premier filet que vous avez eu auparavant prend une consistance plus grande, il est au *petit perlé;* dans l'écartement entier des deux doigts si le filet persiste, c'est *le grand perlé;* le sucre, dans la bassine, commence à développer des gouttelettes arrondies, plus ou moins grosses, plus ou moins abondantes, qui lui ont fait donner cette dénomination de *perlé.*

Sucre soufflé, à la petite plume, au petit boulé. Trois manières d'exprimer la même chose : lorsqu'en prolongeant la cuite, si, au bout de quelques minutes, vous y replongez l'écumoire, si vous l'agitez pour souffler ensuite au travers de ses trous, il s'en échappe des jets plus ou moins étendus, que l'on a comparés à des étincelles, à de petites bouteilles, c'est le *soufflé*, la *petite plume*. En prenant alors au bout du doigt, plongé dans la bassine, un peu de sucre, pour le porter de suite dans un vase plein d'eau, crainte qu'il ne brûle, il acquiert de suite une consistance plus ou moins dure, c'est le *petit boulé*.

Sucre à la grande plume, au grand boulé. Si l'ébullition du sucre continue, et qu'après y avoir plongé l'écumoire vous veniez à souffler le sucre qui la recouvre, il s'est échappé des jets beaucoup plus forts, plus longs, des boursoufflures plus élevées et adhérentes les unes aux autres, c'est alors ce qu'on désigne sous le nom de *grande plume*: alors, en trempant le doigt dans la cuite, pour le mettre de suite dans l'eau fraîche, s'il reste assez de sucre pour en faire une bouteille, c'est le *grand boulé*.

Sucre au petit et grand cassé. La bassine toujours sur le feu, l'ébullition continuée, on mouille le doigt indicateur, pour le porter dans le sucre et le plonger plus vivement encore dans une tasse d'eau fraîche : si le sucre qu'on a retenu casse et résiste à la dent, c'est le *petit cassé*. En répétant quelques minutes après la même immersion avec le doigt, si le sucre casse avec bruit, et, s'il rompt facilement et ne s'attache plus aux dents, il est alors au *grand cassé*.

Sucre au caramel. Après la dernière opération, s'il se manifeste la moindre odeur, il faut promptement le retirer du feu, car il ne tarderait pas à se brûler, et sa décomposition serait complète; il serait en *caramel*, et ne pourrait plus servir à rien : cependant il est quelques ouvrages où l'on doit s'en servir comme tel, ne fût-ce même que pour donner de la couleur au sucre.

Du sucre candi.

Le sucre parvenu à un degré de cuisson particulière forme, en le laissant reposer et en l'exposant à une douce chaleur continuée, et même à l'air libre et lorsqu'il est refroidi, des cristaux plus ou moins beaux, réguliers et parallèles, qui s'attachent à toutes les surfaces des corps environnans ou qui y sont plongés, et leur donnent un aspect d'autant plus agréable qu'on peut encore varier leur cristallisation par des couleurs plus ou moins brillantes.

Candi en terrine. Dans une bassine placée sur un feu vif et remplie aux deux tiers de sucre clarifié, vous faites cuire au soufflé, en humectant les bords de la bassine avec une éponge mouillée, pour empêcher le sucre de brûler et de rougir, pour le verser dans les terrines humectées d'avance avec un peu d'esprit-de-vin, traversées par des fils collés sur les côtés, et que l'on porte à l'étuve pour les y laisser plus ou moins long-temps exposées à la chaleur continuellement égale ; après avoir fait égoutter le sucre non cristallisé, après avoir rompu la croûte qui s'était formée sur la surface, on achève de faire dessécher ; on les lave deux fois lorsqu'on désire avoir des cristaux brillans ; pour achever la dessication, on remet à l'étuve et on conserve le candi, soit en masses complètes de la forme des terrines, soit après l'avoir cassé en morceaux plus ou moins gros, soit en chapelets, par celui qui s'est attaché aux fils qui traversaient : les terrines dans lesquelles on fait candir du sucre doivent avoir été choisies ; de même que les cassonades devront aussi être belles, aussi blanches que possible et nullement avariées.

Candi à la fleur d'oranger. Faire cuire au soufflé une quantité plus ou moins grande de sucre clarifié ; jeter ensuite dans la bassine suffisamment de fleurs d'oranger choisies et bien épluchées, en faire un mélange exact avec l'écumoire ; faire bouillir pendant quelques minutes le tout ensemble ; lorsque le sucre est au soufflé, on verse dans une terrine, pour le mettre à l'étuve et l'achever comme le précédent.

Candi au safran. Faire bouillir pendant quelques minutes, dans une pinte d'eau ordinaire, safran du Gatinais, une demi-once ; lorsque le tout est refroidi, passez à travers un linge et versez dans quinze livres de sucre clarifié et cuit au soufflé ; après quelques minutes d'ébullition, jetez le tout dans une terrine, et laisser candir à l'étuve.

Du sucre retors.

Prendre quelques livres de sucre clarifié, le mettre dans une bassine sur le feu, y ajouter une cuillerée à bouche de vinaigre blanc, et deux cuillerées à café de gelée de pommes ; faire cuire le tout au grand cassé et aromatiser avec l'essence de bergamote ; le verser ensuite sur un marbre légèrement huilé ; dès l'instant où il commence à refroidir, on le fait passer d'une main à l'autre en l'étendant de plus en plus sur lui-même, jusqu'à ce qu'il soit blanc argenté semblable à de la soie filée ; du moment où il ne se mêle plus en approchant les extrémités l'une sur l'autre, on le roule pour le tresser et le poser sur des ardoises. Pour cela, il faut être à deux ; l'un continue à filer, et l'autre à couper et tordre avec le plus de diligence et de précipitation qu'il est possible d'y mettre, avant que le sucre ne soit entièrement refroidi et qu'il ne vienne à grener et tomber en sable.

Pour le faire de plusieurs couleurs, il faut, avant tout, colorer le sucre pendant la cuite et le filer à part, pour le mêler et le tordre à mesure que, chacun de son côté, deux ouvriers le coupent ; de cette manière on parvient à le varier et à l'aromatiser comme on le désire.

Sucre retors à la fleur de sureau. On jettera , pour laisser infuser seulement pendant quatre heures , dans une pinte d'eau bouillante , fleur de sureau , six onces, pour mêler ensuite avec trois livres de sucre clarifié et cuit au petit cassé ; remettre le mélange sur le feu, pousser la cuisson au grand cassé , jeter ensuite sur le marbre légèrement huilé , et le filer comme les précédens.

Sucre retors à l'orange. Exprimer à la presse , et en les tenant enfermées dans un linge , suffisante quantité de belles et bonnes oranges, bien mûres et privées de leurs écorces ; y ajouter, pour augmenter la substance aromatique , un peu d'essence d'orange. Faire cuire , après l'avoir clarifié , trois livre de sucre au petit cassé ; y mélanger exactement le suc d'oranges et continuer de laisser sur le feu et faire cuire au grand cassé , pour couler sur le marbre , après y avoir ajouté un peu de carmin , et le travailler comme les autres, pour le filer , le couper et le tordre.

Sucres ou bonbons nouveaux.

Toutes les sucreries, quelle que soit leur forme , leur grandeur, se font avec des moules en plusieurs pièces, emboîtées les unes dans les autres, et sur lesquels sont ciselées, d'une manière plus ou moins profonde , toutes les empreintes qu'on veut qu'elles conservent ; on y grave même les numéros de la loterie. On remplit ces moules avec du sucre cuit et préparé de la manière suivante : Dans un poêlon à bec , faites cuire au cassé du sucre clarifié, ajoutez un esprit aromatique, quel qu'il soit, pour le verser quand il est au degré convenable dans des moules, et le sortir lorsqu'il est refroidi ; on y mêle la vanille en poudre,

l'eau de roses double, ou toute autre essence spiritueuse aromatique. On l'enveloppe dans des papiers
recouverts avec de jolies gravures, auxquels on ajoute
encore des rébus, des devises. Chaque confiseur les
confectionne à son goût, suivant les modes, les circonstances.

Sucre en bouteilles.

Après avoir clarifié du beau sucre, après y avoir
ajouté de la gelée de pommes, on en met dans un
poêlon à pastilles, pour faire cuire au cassé; le verser
ensuite sur un marbre, le couper de la grosseur d'une
petite noix, en former une boule qu'on allonge au
moyen d'un tube de verre, qui la retient à son extrémité, et à travers lequel on souffle pour faire le vide
intérieur ; par la pression avec les doigts, on façonne
le goulot, on achève la bouteille, que l'on remplit de
marasquin ou de toute autre chose agréable ; on les
bouche en les présentant à la flamme d'une bougie.
On peut encore les faire avec les moules.

DES TABLETTES.

Communément et indistinctement, on comprend
sous cette dénomination, comme sous celle de *pastilles*, diverses préparations sèches, solides, cassantes,
formées, soit avec du sucre cuit à la plume, soit avec
un mucilage, et dans lequel on a incorporé des poudres ou des huiles volatiles; mais, quelque peu important que soit cet objet, pour éviter toute confusion,
il vaut beaucoup mieux appeler *pastilles* les préparations qui ont un mucilage pour excipient, et réserver
le nom de *tablettes* pour désigner celles qui doivent
leur consistance au degré de cuite du sucre.

On peut leur donner des formes extrêmement variées ; employer les carrés, les losanges, les triangles,
les ovales ; cela ne dépend absolument que du choix,

et n'ajoute rien à leurs qualités ; qu'elles soient grandes, petites, épaisses, minces, quels que soient les ingrédiens qui entrent dans leur composition, il est absolument nécessaire qu'elles soient fermes sans être visqueuses ; il faut par conséquent éviter d'y faire entrer des gommes, des huiles, des acides styptiques ; on peut encore les aromatiser avec l'ambre, le musc ; les frotter de quelque odeur suave, lorsqu'elles sont desséchées, ou les arroser avec des essences.

Nous ne dirons rien de celles qui sont du ressort de la pharmacie, quoique leur composition soit à peu près la même que celles que prépare le confiseur, qui les fait ordinairement avec la gomme et le sucre ; car, outre l'avantage qu'elles ont de bien enfermer les substances végétales dont elles peuvent avoir été composées, elles ne décomposent rien, et il est encore extrêmement difficile de les falsifier ou de les contrefaire, car elles perdraient tout leur brillant. On peut les couler dans des moules de papier, sur un marbre imprégné d'un peu d'huile d'amandes douces, et les couper avec des moules de fer-blanc de toute forme, avec ou sans compartimens ; on peut encore les diviser avec un couteau ; mais cette opération est longue et le résultat n'en est ni aussi égal, ni aussi accéléré.

Comme leur consistance est légère, elles ne doivent tout au plus avoir que deux ou trois lignes d'épaisseur ; c'est toujours avec le feu qu'on donne au sucre le degré de cuisson convenable ; c'est la meilleure manière de les faire, et l'on doit toujours, pour les conserver lorsqu'elles sont faites, les renfermer dans des bocaux bien bouchés et à l'abri de l'humidité et de la lumière du soleil.

Tablettes d'anis.

Après avoir mis trois livres de sucre sur le feu, dans suffisante quantité d'eau, pour le fondre, après l'avoir clarifié et cuit au boulé, on le retire du feu et l'on y ajoute essence d'anis, demi-gros; anis vert en poudre et anis étoilé aussi pulvérisé, de chaque, demi-once; après les avoir passés au tamis, agitez le mélange pour qu'il soit exact, et versez sur le marbre pour former des tablettes.

Tablettes d'angélique.

Dans suffisante quantité d'eau faites fondre trois livres de sucre cassé; faites-le cuire au petit boulé; retirez du feu et laissez reposer pendant quelques minutes; ajoutez graines d'angélique en poudre, demi-once; racine d'angélique, aussi en poudre, une once; après les avoir passées au tamis fin, agitez continuellement pour empêcher la granulation; puis vous versez le tout sur le marbre, pour couper en tablettes et laisser refroidir.

Tablettes balsamiques.

Mille-pertuis, quatre onces; toutesaine, six onces; sucre, trois livres; pilez, broyez dans un mortier de marbre, avec un pilon de bois, les plantes, en y ajoutant un peu d'eau ordinaire; mettez le tout au bain-marie pendant deux heures, puis le passez à la presse; clarifiez le sucre et faites cuire à consistance convenable pour verser sur le marbre et former les tablettes.

Tablettes de cacao.

Cacao carraque torréfié, une livre; cacao des îles, quatre onces; sucre, douze onces; broyez le tout ensemble sur un marbre, et de même que pour faire le chocolat, pour former une pâte fine et homogène, que vous diviserez en petites tablettes.

Tablettes au café.

Choisissez une livre quatre onces de ce que vous pourrez trouver de meilleur en café ; après l'avoir torréfié d'une belle couleur, broyez-le dans un mortier de marbre, ou passez au moulin, pour le tamiser ensuite ; mettez-le dans un vase de faïence ou de porcelaine, et versez dessus une livre d'eau bouillante, en ayant soin de le bien délayer avec une spatule de bois ; fermez le vase avec un parchemin et le mettez pendant vingt-quatre heures infuser dans un endroit un peu chaud.

Le lendemain, coulez le café sans expression, mettez le marc dans un linge pour le soumettre à la presse, réunissez les colatures et passez à la chausse pour les avoir très-claires ; pilez suffisante quantité de beau sucre blanc, pour délayer ensuite dans un vase en remuant avec une spatule de bois ; faites une pâte épaisse, prenez-la par partie dans un poêlon à bec que vous mettez sur le feu ; lorsqu'elle est bien chaude, versez-la dans des moules de fer-blanc arrondis et conoïdes, tronqués à leur base, d'une once à peu près. Lorsqu'elles sont refroidies, retirez-les et les mettez sur un tamis pour les faire sécher à l'étuve et les renfermer dans des boîtes, par lits successifs, et séparées par des bandes de papier. Il suffit d'en prendre une et de verser dessus de l'eau bouillante pour avoir de suite du très-bon café, ce qui ne laisse pas que d'être très-commode en voyageant : en versant dessus du lait au lieu d'eau, on fait de suite son café au lait.

Tablettes à la cannelle.

Clarifiez et faites cuire au petit boulé, trois livres de sucre choisi ; vous le retirez du feu et y ajoutez cannelle en poudre fine, une once, après l'avoir délayée dans un peu d'eau ; remettez sur le feu, et, après quelques minutes d'ébullition, retirez le mélange et y versez un gros d'esprit ou teinture de cannelle, pour couler sur le marbre et faire les tablettes.

Tablettes à l'eau de cannelle. Sucre, une livre; eau de cannelle simple, quatre onces. On fait cuire à la grande plume, et on coule sur le marbre frotté légèrement avec l'huile d'amandes douces; et, tandis que la matière est encore chaude, on la divise en petites tablettes que l'on enferme dans une boîte et que l'on conserve dans un lieu sec. On fait de même, et en suivant les procédés indiqués ici, *les tablettes de girofle.*

Tablettes de céleri.

Faire fondre dans suffisante quantité d'eau trois livres de sucre, le clarifier et laisser cuire jusqu'au petit boulé: retirez du feu, laissez reposer pendant quelques minutes, ajoutez une once des graines de céleri réduites en poudre très-fine, en la passant au travers d'un tamis de soie pour l'empêcher de se granuler; coulez sur le marbre imprégné d'huile d'amandes, et, avant qu'il ne refroidisse, divisez en tablettes.

Tablettes au citron.

Râpez six ou huit citrons sur le sucre dont vous enleverez la surface à mesure qu'elle sera humectée par l'huile essentielle qui se trouve à la pellicule qui recouvre l'extérieur; après avoir ôté tout ce qui les colore en jaune, clarifiez et faites cuire au petit boulé quatre livres de sucre blanc; retirez et coulez sur le marbre huilé légèrement, pour partager en tablettes. En suivant ce procédé, on peut faire des tablettes à *l'ananas,* à la *bergamote,* *au cédrat,* *à l'orange,* *au poncire,* et même *la limonade en poudre.* (*V.* cet art. dans le *Manuel du Limonadier.*)

Tablettes de cochléaria.

Broyez et pilez dans un mortier de marbre avec un pilon de bois, feuilles fraîches et mondées de cochléaria, une livre et demie, en y jetant une verrée d'eau bouillante ; laissez infuser pendant douze heures, pour passer le tout avec expression ; faites cuire, après l'avoir clarifié, quatre livres de sucre ; lorsqu'il arrive au petit cassé, versez la colature en remuant continuellement pour que le mélange soit exact ; remettez sur le feu, et faites venir le sucre au petit boulé ; coulez sur le marbre pour partager, pendant qu'il est encore chaud, en tablettes de différentes grandeurs.

Tablettes de coquelicot.

Faire bouillir dans une pinte d'eau jusqu'à réduction de moitié, fleurs de coquelicot, une once ; passez au tamis et sans expression, et délayez dans la colature, iris de Florence en poudre, une démi-once ; laissez infuser pendant douze heures après avoir exposé à une chaleur un peu élevée, passez de nouveau le mélange dans un linge ou à la chausse pour le clarifier. Faites cuire deux livres de sucre au petit boulé, et coulez sur le marbre pour faire les tablettes : on les fait de même avec les *fleurs de pavots*.

Tablettes de cynorrhodon

(ou fruit d'églantier.)

Dans la saison de l'automne, et par un beau temps, cueillez des fruits d'églantier bien mûrs ; après les avoir coupés en deux, séparez leurs pédicules, le haut du calice, les graines qu'ils renferment, et tout le duvet qui est à l'intérieur : mettez-les dans un vase de porcelaine ou de faïence, et les arrosez de bon vin rouge ; après vingt-quatre heures d'infusion continuée, et lorsqu'ils sont ramollis, broyez-les dans un mortier de marbre ; passez au travers d'un tamis à l'aide d'un pulpoir, et, pour une livre de résidu, vous ferez cuire au petit cassé trois livres de sucre, dans lequel vous le verserez, en remuant continuellement avec une spatule de bois ; remettez sur le feu, et tournez en agitant jusqu'à ce que vous aperceviez le fond de la bassine ; retirez du feu, et, lorsque le tout arrive au point de cuisson convenable, coulez sur le marbre ou dans des moules les tablettes refroidies ; mettez-les sur des tamis exposés à l'étuve ou tout autre endroit chaud, en les retournant plusieurs fois pour les bien dessécher : elles doivent être enfermées dans des boîtes ou des bocaux pour les préserver de l'humidité et de la grande lumière.

Tablettes délayantes et fondantes.

Broyez douze onces de bourrache dans un mortier de marbre ; concassez d'autre part, iris de Florence, demi-once ; racine de réglisse effilée, deux gros ; orge mondée, une once ; raisins secs, deux onces ; mettez le tout, excepté la bourrache, dans une bassine avec une pinte d'eau sur le feu, et faites réduire aux trois quarts ; passez avec expression à travers un linge, et ajoutez à la colature la bourrache en continuant de la broyer dans le mortier ; laissez macérer pendant deux heures, pour mettre en presse et en extraire tout le suc que le mélange contient ; clarifiez avec un blanc d'œuf, et, en ajoutant une verrée d'eau, passez encore à la manche. Après avoir clarifié deux livres et demie de sucre, faites-le cuire au petit cassé, retirez du feu, ajoutez la décoction, et faites-le venir au petit boulé ; retirez encore du feu, laissez reposer quelques minutes, remuez le sucre avec une spatule jusqu'à ce qu'il blanchisse autour ; faites-en autant dans le milieu du poêlon et coulez sur le marbre pour le partager encore chaud en tablettes plus ou moins grosses, ou versez-le dans des moules de papier ; après les avoir posées sur des tamis, placez-les à l'étuve pour enlever le reste de l'humidité.

Tablettes d'épine-vinette.

Egrener trois livres d'épine-vinette bien mûre, faire cuire deux livres de sucre au petit boulé pour la jeter dedans et lui donner quelques bouillons couverts, verser ensuite le mélange dans une terrine vernissée, le laisser refroidir et le passer au tamis; délayez dans ce même suc une certaine quantité de sucre blanc réduit en poudre, et amenez le tout à consistance convenable pour couler dans des moules ou sur le marbre, afin de le partager en tablettes avant qu'il ne soit entièrement refroidi.

Tablettes à l'eau de fleurs d'oranger.

Une livre de sucre blanc, eau de fleurs d'oranger très-odorante, six onces; on met ces deux substances dans une bassine, on fait cuire jusqu'à consistance requise, on coule ensuite la matière sur un marbre très-légèrement frotté avec l'huile d'amandes douces, et, tandis qu'elle est encore chaude, on la divise en tablettes qu'il faut porter sur un papier gris pour absorber l'huile qui se trouve à la surface; on les enferme ensuite dans un bocal ou une boîte pour les conserver dans un lieu sec.

Pour les faire avec la *fleur d'oranger même*, on clarifie trois livres de sucre, on le fait cuire après y avoir jeté quatre onces de fleurs d'oranger fraîches et mondées, et, au moment où le sucre est prêt à venir au petit boulé, on le retire, parce qu'il est parvenu à cuisson convenable, pour le couler sur le marbre comme le précédent. Il en est qui, au lieu de le mettre refroidir sur le marbre, en continuant l'évaporation sur le feu, en remuant continuellement avec une spatule de bois, jusqu'à ce que toute la masse devienne pulvérulente.

Tablettes à l'esprit de jasmin.

Faire cuire trois livres de sucre blanc et choisi, le clarifier ; arrivé au petit boulé, on y verse deux onces d'eau spiritueuse de jasmin (teinture de jasmin, esprit de jasmin) ; retirez la bassine lorsque le tout est arrivé à consistance convenable, pour couler sur le marbre et partager en tablettes.

On fait aussi des tablettes avec les *esprits de jonquille*, *de réséda*, *de tubéreuse*, que l'on appelle du nom des substances aromatiques spiritueuses employées à la même dose ; quant à celles qui sont ambrées ou musquées, pour les faire, il ne faut que la moitié de teinture spiritueuse, c'est-à-dire une once pour trois livres de sucre.

Tablettes de guimauve.

Réduire en poudre, aussi fine que possible, racine de guimauve et racine de réglisse, de chaque, deux onces ; iris de Florence, demi-gros ; faire cuire et clarifier trois livres de sucre ; arrivé au petit cassé, retirez du feu, versez cinq à six gouttes de laudanum *de Rousseau*, et mêlez toutes les poudres en les tamisant au-dessus de la bassine pour qu'elles ne forment pas de grumeaux ; remettez sur le feu jusqu'à ce que le mélange soit arrivé à consistance convenable ; coulez sur le marbre pour partager en tablettes, qui sont appelées *pectorales contre la toux et le rhume*, *anticatarrhales*, etc.

Tablettes à l'héliotrope.

Mêler exactement, en faisant du tout une pâte fine, molle et homogène, vanille en poudre deux gros ; esprit de vanille, demi-once ; esprit de jasmin et de tubéreuse, de chaque, huit ou dix gouttes ; eau de roses et de fleurs d'oranger très-odorantes, de chaque, deux onces. Faire cuire trois livres de sucre au petit cassé et y verser le mélange, remettre sur le feu, et, après quelques bouillons, il arrive au petit boulé, consistance convenable pour le couler sur le marbre et faire les tablettes.

Tablettes à la liqueur.

Réduire en poudre très-fine du beau sucre raffiné ; après l'avoir passé au tamis, on en forme une pâte fine et homogène avec une des liqueurs spiritueuses dont nous allons parler : seulement il faut avoir attention de mettre le poêlon sur un feu doux, d'agiter continuellement le mélange afin de ne pas le laisser bouillir ; lorsque la pâte est devenue liquide, on la coule sur le marbre ou bien on la verse dans des moules pour en faire des tablettes *à la cannelle*, *à la fleur d'oranger*, *au gérofle*, *au jasmin*, *au macis*, *à la menthe*, *à la muscade*, *au myrte*, *au noyau*, *au persicot*, *à la rose*, *au rossoglio*, *au scubac*, *à la vanille*, etc.

Tablettes de menthe poivrée.

Sucre très-blanc, huit onces ; eau distillée de menthe poivrée, deux onces ; huile volatile, aussi de menthe poivrée, demi-gros. On met dans un petit poêlon à long bec et à manche court, que l'on place sur un feu doux, quatre onces de sucre avec l'eau distillée de menthe, et on fait cuire jusqu'à une certaine consistance ; alors on retire du feu et on y ajoute quatre onces de sucre granulé, on réduit en petits grains, et mêlé exactement avec l'huile essentielle et volatile de menthe ; on remue, on agite pour former le mélange ; lorsqu'il est fait et encore fluide, on fait tomber la matière et on la coule sur un marbre pour la diviser en tablettes plus ou moins grandes, rondes, carrées ou en losange.

Tablettes d'orgeat portatives.

Mettre dans l'eau froide parties égales d'amandes douces et amères ; au bout de six ou huit heures, les peler, les piler ensuite dans un mortier de marbre avec un pilon de bois, en y ajoutant un peu d'eau ; ensuite, sur un marbre, on les broie par parties avec la molette pour les ramasser avec le couteau, et les mettre dans un vase où il y aura de l'eau de fleurs d'oranger ; faire une pâte homogène et épaisse pour la mettre en presse et couper en tablettes comme les précédentes.

Tablettes rafraîchissantes.

Laitue, pourpier, de chaque, cinq onces ; fleurs de violettes, quatre onces ; les piler dans un mortier de marbre avec un pilon de bois, en y ajoutant une verrée d'eau ; mettre le tout au bain-marie, et laisser macérer pendant deux heures ; le passer à la presse, et jeter la colature dans trois livres de sucre clarifié, et cuit jusqu'à consistance convenable, pour couler sur un marbre, et former des tablettes.

Tablettes de raifort.

Encore appelées *masticatoires*. Raifort sauvage, quatre onces ; galenga, trois onces ; pyrèthre, deux onces ; racines de gingembre, deux onces. Mettre les racines dans une bassine avec une pinte d'eau pour laisser réduire des trois quarts ; broyer et faire une pulpe homogène avec les plantes, la mêler avec le produit de la décoction pour la faire macérer pendant quatre heures au bain-marie ; foudre et clarifier trois livres de sucre pour le faire cuire à consistance convenable, en y mêlant la colature passée à l'étamine, pour couler sur le marbre, et faire les tablettes par les procédés accoutumés.

Tablettes à la rose.

Sucre rosat. Eau de roses très-odorante, quatre onces ; sucre, une livre. On fait cuire à la grande plume, et on coule sur un marbre légèrement frotté avec l'huile d'amandes douces; et, tandis que la matière est encore chaude, on la divise en tablettes plus ou moins grosses, que l'on enferme dans un bocal que l'on conserve dans un lieu sec : quelquefois on colore pour l'agrément ces tablettes avec un peu de cochenille ; mais, comme elles ont été coulées sur un marbre huilé, il faut leur ôter ce qu'elles pourraient conserver d'huile, les mettre pendant quelque temps sur une feuille de papier gris.

Tablettes au safran.

Prendre une once de safran gatinais en poudre, le mettre dans un vase de faïence ou de porcelaine, et verser dessus une verrée d'eau bouillante ; le boucher avec un papier ou un parchemin, et le laisser infuser pendant vingt-quatre heures, en le laissant dans un endroit dont la température soit un peu élevée ; filtrer, et tirer à clair en l'exprimant dans un linge ; faites clarifier et cuire au petit cassé quatre livres de sucre pour y verser la liqueur safranée, en faire un mélange exact, le remettre sur le feu ; laissez boursouffler, et coulez sur le marbre avec les précautions habituelles pour faire ces tablettes.

Tablettes de soufre.

Réduire en poudre fine une demi-livre de beau sucre, y ajouter deux onces de sucre sublimé et lavé (fleurs de soufre), en former une pâte avec suffisante quantité de mucilage de gomme adragant, mettre ce mélange en tablettes, et les faire sécher.

Tablettes à la vanille.

Clarifier et faire cuire au petit boulé trois livres de sucre, le retirer du feu, et y ajouter vanille en poudre une once, après l'avoir délayée dans un peu d'eau ; remettre sur le feu, laisser jeter quelques bouillons, le retirer et y ajouter une cuillerée à café d'esprit de

vanille; arrivé au point de cuisson convenable, coulez
sur le marbre pour faire des tablettes.

Tablettes au vinaigre.

Faire bouillir pendant quelques minutes, dans une
bassine d'argent ou de porcelaine, bon vinaigre fram-
boisé, une verrée; filtrez en passant à la chausse, et
l'étendez dans suffisante quantité de beau sucre pour
faire des tablettes.

Tablettes à la violette.

Choisir et monder huit onces de violette fraîche, la
froisser dans un mortier de marbre, la mettre dans un
vase de faïence, et jeter dessus un demi-setier d'eau
bouillante pour laisser infuser pendant vingt-quatre
heures; après avoir bouché avec un parchemin,
passez l'infusion au tamis de soie, et mêlez exactement dans trois livres de sucre clarifié et cuit au petit
cassé; lorsqu'il boursoufle, coulez sur le marbre pour
faire les tablettes : un peu avant cette dernière opération, il faut encore y incorporer un gros d'iris de
Florence en poudre très-fine.

TABLE DES MATIÈRES

CONTENUES

DANS CE VOLUME.

—

MANUEL DU LIMONADIER.

MANUEL DU CONFISEUR.

FIN DE LA TABLE.

A TROYES, DE L'IMPRIMERIE DE SAINTON FILS.

www.ingramcontent.com/pod-product-compliance
Lightning Source LLC
LaVergne TN
LVHW050139180726
843501LV00012B/747